신은 왜 우리 곁을 떠나지 않는가

신은 왜 우리 곁을 떠나지 않는가

지은이 • 앤드루 뉴버그 외　|　옮긴이 • 이충호
펴낸이 • 송주한　|　펴낸곳 • 한울림　|　등록 • 제14-34호

주소 • 서울시 영등포구 당산동 6가 374번지 삼성Ⓐ 상가 3층
전화 • (02)2635-1400(영업부)　(02)2635-0041(편집부)
팩스 • (02)2635-1415
E-Mail • han5505@chollian.net

2001년 11월 5일 1판 1쇄 펴냄　|　2001년 12월 20일 1판 2쇄 펴냄

ISBN 89-85777-59-9 03470

❖ 잘못된 책은 바꿔드립니다.

WHY GOD WON'T GO AWAY
by Andrew Newberg, M.D., Eugene d'Aquili, M.D., Ph.D. and Vice Rause.

Copyright ⓒ 2001 by Andrew Newberg, M.D., Eugene d'Aquili, M.D., Ph.D. and Vice Rause.
This translation published by arrangement with The Ballantine Publishing Group,
a division of Random House, Inc. and Shin Won Agency Co., Seoul.
Translation copyright ⓒ 2001 by Hanulim Publishing Co.

이 책의 한국어판 저작권은 신원에이전시(Shin Won Agency)를 통한
저작권자와의 독점계약으로 한울림 출판사에 있습니다.
신저작권법에 의해 한국 내에서 보호를 받는 저작물이므로 무단전재와 복제를 금합니다.

최신 두뇌과학이 밝혀낸 종교의 실체

신은 왜 우리 곁을 떠나지 않는가

앤드루 뉴버그 외 지음 | 이충호 옮김

한울림

■ 역자 서문

1885년, 니체는 "신은 죽었다."고 선언했다. 물론 이 말은 살아 있던 신이 죽었다는 말이 아니고, 신은 아예 살아서 존재한 적이 없었다는 것을 의미한다. 그 시대의 합리주의자들은 신이 비과학적인 과거의 잔재에 불과하며, 종교적 믿음은 미신과 자기 기만에 바탕을 두고 있다고 생각했다. 합리주의자들은 이제 인간의 이성으로 그러한 비합리적인 미신을 극복할 수 있다고 믿었고, 그러한 자신감이 니체의 선언으로 표출된 것이다. 그러나 그 후 니체는 죽었지만, 신은 여전히 사람들의 마음속에 살아남아 위세를 떨치고 있다. 무엇이 잘못되었는가? 어떻게 과학과 이성의 시대에 무지가 이성에 승리를 거둘 수 있었을까(니체의 입장에서 본다면)?

합리주의자들이 간과한 게 한 가지 있는데, 그것은 바로 종교의 질긴 생명력의 뿌리였다. 그 생명력의 뿌리는 바로 신비 체험이다. 인간의 논리와 이성을 초월하는 신비 체험은 시대와 문화와 종교에 관계 없이 일관되게 나타난다. 그리고 신비 체험이 존재하는 한 신과 종교는 사라지지 않는다. 왜 오랜 옛날부터 사람들은 신비 체험을 해왔고, 지금도 많은 사람들이 그러한 경험을 하고 있는 것일까? 그것은 바로 사람의 뇌 자체에 그러한 능력이 들어 있기 때문이란 게 저자들의 주장이다.

이 책의 저자들은 바로 이것을 증명하려고 노력했다. 즉, 뇌 속에서 신의 사진을 찍으려고 한 것이다. 그들은 영적 체험을 하는 사람들의 뇌 상태를 사진으로 찍어, 뇌의 특정 부위의 활동이 급격히 감소한다는 사실을 발견했다. 어떤 종교를 믿느냐에 관계 없이, 영적 체험을 하는 사람의 뇌의 활동 상태에는 거의 비슷한 변화가 일어난다. 그렇다면 모든 신비 체험은 단순히 뇌의 신경 경로에 생기는 전기화학적 깜빡임이 만들어낸 착각이나 환각에 불과한가? 저자들은 신비 체험은 현실보다 더 생생한 실체로 느껴지는, 실재하는 경험이라고 인정함으로써 신의 존재를 완전히 부정하지는 않는다.

그렇다면 뇌는 왜 신을 만들어냈을까? 신을 생각할 수 있는 존재는 사람밖에 없다. 초기 인류의 뇌가 발달해가는 과정에서 어느 순간, 사람은 자신이 죽을 수밖에 없다는 사실을 깨닫고 존재론적 불안을 느끼게 되었다. 그리고 바로 이 존재론적 불안을 해결하기 위해 신을 발명하게 된다. 이 흥미로운 가설은 신과 종교를 믿는 것은 진화론적으로 생존에 유리한 것이었다고(심지어는 지금도 그러하다고) 설명한다. 그런데 이러한 주장은 엄밀한 증거에 바탕한 과학이라기보다는 인문과학에 가깝다. 초기 인류가 맨 처음에 신을 어떻게 생각하게 되었는지, 종교는 어떻게 생겨나게 되었는지 분명하게 밝혀 줄 수 있는 증거는 너무 적다.

신과 종교의 기원을 신경생물학에 바탕해 연구하는 분야를 신경신학이라 하는데, 이러한 신경신학자들의 시도는 과학계와 종교계 양쪽으로부터 공격을 받을 수 있다. 무엇보다도 종교계에서는 신경신학자들이 신비 체험이라는 특수한 경험을 종교 자체와 혼동하고 있다고 비판한다. 그리고 신경신학은 뇌과학에 대해서는 많은 것을 이야기해줄 수 있을지 몰라도, 신의 존재 여부에 대해서는 어떤 새로운 사실도 말해주지 않는다고 공격한다. 과학의 입장에서도 신경신학자들은 너무 적은 증거로 신학에 대해 너무 많은 것을 이야기한다고 비판할 수 있을 것이다.

신이 존재하는지(또는 존재하지 않는지) 확실한 과학적 증거를 기대한 독자들은 이 책을 다 읽고 나서 좀 실망할지도 모르겠다. 오히려 신비주의에 대한 장황한 설명을 읽고 신비 체험이 실재한다는 확신만 얻음으로써 도대체 저자가 주장하는 바가 무엇인지 헷갈리기도 할 것이다. 그러나 아직도 뇌의 신비는 다 밝혀지지 않았고, 뇌 속에서 신의 사진을 찍는 연구도 이제 시작에 불과하다. 만약 연구가 더 이루어져 신비 체험을 일으키는 것과 똑같은 자극을 뇌에 가했더니, 피실험자가 모두 득도를 한다거나 하느님과 일체가 되는 경험을 하게 된다면? 그러면 마침내 신은 사라질까? 신경신학자들의 논리에 따르면, 그래도 사람의 뇌가 존재하는 한, 신은 사라지지 않을 것이다.

이 책은 신경신학이라는 흥미로운 분야를 소개하는 훌륭한 입문서로서, 뇌과학과 신경생물학이 밝혀낸 새로운 사실들도 흥미롭지만, 뇌가 실체를 어떻게 인식하는지 설명한 부분도 아주 탁월하다. 그리고 내면의 세계에 관심이 있는 사람들에게는 존재의 근본적인 미스터리에 대해 성찰해볼 수 있는 기회도 제공할 것이다.

2001년 10월

이충호

글싣는 순서

■ 역자 서문

제1장 **신의 사진?** - 믿음의 생물학에 대한 개설 11

제2장 **뇌의 기구** - 지각의 과학 25

우리를 사람으로 만드는 것 : 대뇌피질 37 | 지각의 결합 43 | 주위의 세계를 이해하고 그것에 반응하기 48 | 뇌는 어떻게 스스로의 마음을 만드는가 54

제3장 **뇌의 구조** - 뇌는 어떻게 마음을 만드는가 57

흥분계와 억제계 62 | 자율적 상태와 영적 체험 65 | 감정 뇌 : 변연계 68 | 마음은 세계를 어떻게 이해하는가 : 인지적 오퍼레이터 73

제4장 **신화만들기** - 이야기와 믿음을 만들고 싶은 충동 83

신화의 탄생 99

제5장 **종교 의식** - 의미의 물리적 발현 115

의식과 일체 121 | 의식의 진화론적 기원 123 | 의식의 신경생물학 129 | 의식과 신화의 관계 135

제6장 신비주의 – 초월의 생물학 145

신비주의의 정의 150 | 신비주의와 정신 건강 159 | 신비 체험의 신경생물학 167 | 절대적 일체 상태와 진화와 자아 180

제7장 종교의 기원 – 훌륭한 개념의 지속 185

종교와 제어 191 | 종교의 기원 194 | 신을 향한 창문 203

제8장 현실보다 더 실재적인 – 절대적인 것을 추구하는 마음 205

신비주의자들의 과학 209 | 현실이 과연 궁극적인 실체인가 211 | 마음은 자아를 어떻게 만드는가 217

제9장 신은 왜 우리 곁을 떠나지 않는가
  – 신의 은유와 과학의 신화 227

- 노트 248
- 참고문헌 281
- 찾아보기 297

# 1
신의 사진?

믿음의 생물학에 대한 개설

큰 대학 병원 실험실의 작고 어두운 방에서 로버트라는 젊은이가 양초들과 재스민 향이 나는 막대에 불을 붙인다. 그런 다음, 그는 바닥에 다리를 꼬고 앉아 가부좌 자세를 취한다. 독실한 불교 신자이자 티베트 명상 수행자인 로버트는 또다시 내면 세계로 명상 여행을 떠나려고 한다. 언제나처럼 그의 목표는 의식의 끊임없는 재잘거림을 잠재우고, 내면의 더 깊고 단순한 실체로 몰입하는 것이다. 이것은 전에 천 번도 넘게 해본 여행이지만, 이번에는 내면의 정신적 현실로 떠나갈 때(주위에 있는 물질 세계가 사라져가는 꿈처럼 스쳐 지나가면서), 그는 무명실로 지금 이 곳의 물리적 현실에 매인 채 남아 있다.

실의 한쪽 끝은 로버트의 옆에 있는 느슨한 코일에 묶여 있고, 다른 쪽 끝은 실험실 문 아래를 지나 옆방으로 이어져 있다. 그 방에서 나는 그 실을 내 손가락 주위에 감은 채 친구이자 오랜 연구 파트너인 유진 다킬리(Eugene d'Aquili) 옆에 앉아 있다. 진(유진의 애칭)과 나는 로버트가 실을 잡아당기기를 기다리고 있다. 그것은 그의 명상이 초월적인 절정에 이르렀음을 알리는 신호이다. 우리가 관심을 기울이는 것은 영적 세기가 이처럼 최고점에 이르는 순간이다.[1]

진과 나는 몇 년 동안 종교적 경험과 뇌의 기능 사이의 관계를 연구해왔다. 우리는 명상에서 가장 강렬하고 신비적인 순간에 이른 로버트의 뇌 활동을 조사하면, 사람의 의식과, 자신보다 더 거대한 어떤 것과 연결되고 싶어하는, 사람만이 지닌 영원한 갈망 사이의 신비스러운 관계에 대해 시사해주는 무엇인가를 발견하지 않을까 기대한다.

실험에 들어가기에 앞서, 로버트는 명상이 그러한 영적 절정 상태에 이를 때 자신이 느끼는 바를 우리에게 설명해주려고 애썼다. 먼저, 의식이 조용히 꺼져가고, 그 대신에 자신의 더 깊고 단순한 부분이 떠오른다고 그는 말했다. 로버트는 이 내면의 자아야말로 결코 변하지 않는 부분이자 자신의 진정한 부분이라고 믿는다. 로버트에게 이 내면의 자아는 은유나 생각이 아니다. 그것은 자신 그 자체이며, 항상 일정하고 실재한다. 그것은 의식적인 마음에서 걱정, 두려움, 욕망을 비롯해 모든 잡념을 떨쳐냈을 때 남는 부분이다. 그는 이 내면의 자아를 자기 존재의 본질이라고 믿는다. 더 깊이 물어보면, 그는 그것을 자신의 영혼이라고 말할지도 모른다.[2]

로버트가 이 깊은 내면의 의식을 뭐라고 부르든 간에, 내면을 바라보는 데 완전히 몰입한 그러한 명상의 순간에 그것이 나타날 때, 자신의 내면의 자아는 분리된 존재가 아니라, 다른 모든 피조물들과 뗄 수 없이 연결되어 있음을 갑자기 느끼게 된다고 로버트는 주장한다. 그러나 이 강렬한 개인적 직관을 말로 옮기려고 하면, 그도 영적 체험을 설명하기 위해 수천 년 동안 사용해온 상투적인 표현을 사용하지 않을 수 없다. "시간이 정지한 느낌과 무한의 느낌이 든다. 나는 존재하는 모든 사람과 모든 것의 일부처럼 느껴진다."라고 그는 말할 것이다.[3]

물론 전통적인 과학자들에게는 이러한 용어들이 무의미하게 들릴 것이다. 과학은 무게를 잴 수 있고, 셀 수 있고, 계산할 수 있고, 측량할 수 있는 것만을 다룬다. 객관적인 관찰을 통해 검증할 수 없는 것은 과학적이라고 부를 수 없다. 비록 개인적으로는 로버트의 경험에 흥미를 느끼더라도, 과학자의 입장에서는 로버트의 말은 물리적 세계에서 어떤 구체적인 것을 나타내기에는 너무 개인적이고 사변적인 것이라고 무시할 것이다.[4]

그러나 다년간의 연구를 통해 진과 나는 로버트가 한 것과 같은 체험은 실재하며, 엄밀한 과학을 통해 측정하고 검증하는 것이 가능하다고 믿게 되었다.[5] 내가 진과 함께 이 비좁은 실험실에서 손가락에 실을 감은 채 앉아 있는 것도 바로 이 때문이다. 나는 로버트가 신비적인 초월 단계에 이르는 순간을 기다리고 있는데, 그 순간의 뇌의 상태를 사진으로 찍기 위해서이다.[6]

우리는 로버트가 명상에 잠기고 나서 한 시간을 기다렸다. 그 때, 나는 실을 잡아당기는 약한 힘을 느꼈다. 이제 방사성 물질을 기다란 정맥 주사선에 주입할 시간이다. 이 선은 로버트의 방으로 이어져 그의 왼쪽 팔 정맥으로 들어간다. 우리는 로버트가 명상에서 깨어날 때까지 조금 더 기다렸다가 그를 병원의 핵의학과로 데려간다. 그 곳에는 거대한 최첨단 SPECT(single photon emission computed tomography : 단광자방출컴퓨터단층촬영 – 옮긴이) 카메라가 기다리고 있다. 이제 로버트는 금속제 테이블 위에 누워 있고, SPECT 카메라의 커다란 세 개의 수정 헤드가 로봇처럼 정밀하게 움직이며 그의 머리 주위를 빙빙 돈다.

SPECT 카메라는 방사능의 방출을 탐지하는 최첨단 영상 촬영 장치이다.[7] SPECT 카메라는 로버트가 실을 잡아당길 때 몸 속에 주입한 방사성 추적자(물질 대사의 경로를 추적하는 데 사용되는 방사성 동위 원소 - 옮긴이)의 위치를 포착함으로써 로버트의 머리 내부를 주사(走査)한다. 추적자는 혈액에 의해 운반되고, 거의 즉시 뇌세포들에 붙잡혀 몇 시간 동안 그 곳에 머물기 때문에, SPECT로 로버트의 머리를 촬영한 영상은 추적자 물질을 집어넣은 직후(그가 명상의 절정에 다다른 순간)의 뇌의 혈류 패턴을 정지 사진으로 정확하게 보여준다.

혈류가 뇌의 특정 부위에 많이 모이는 것은 그 부위의 활동이 증가하는 것을 의미한다.[8] 우리는 뇌의 다양한 영역들이 담당하는 특정 기능들을 잘 알고 있기 때문에, SPECT의 영상은 로버트가 명상의 최고조에 이른 순간에 그의 두뇌에 어떤 일이 일어나는지 많은 정보를 제공해주리라고 기대한다.

그 결과는 우리를 실망시키지 않았다. SPECT 영상들은 뇌의 위쪽 뒷부분에 자리잡고 있는 작은 회색 물질 덩어리에 특이한 활동이 일어났음을 보여주었다(그림 1-1 참고). 아주 특별한 이 뉴런 다발의 이름은 후상부두정엽(posterior superior parietal lobe)이지만, 이 책의 목적상 진과 나는 이것을 정위연합영역(orientation association area), 곧 OAA라고 부르기로 했다.[9]

OAA가 담당하는 주된 일은 물리적 공간에서 개인의 방향과 위치를 정해주는 것이다. 즉, 어느 쪽이 위쪽인지 아래쪽인지 판단하게 해주고, 각도와 거리를 느끼게 함으로써 주위의 위험한 공간 속에서 안전하게 움직이게 해준다.[10] 이 중요한 기능을 실행하기 위해서는 먼저

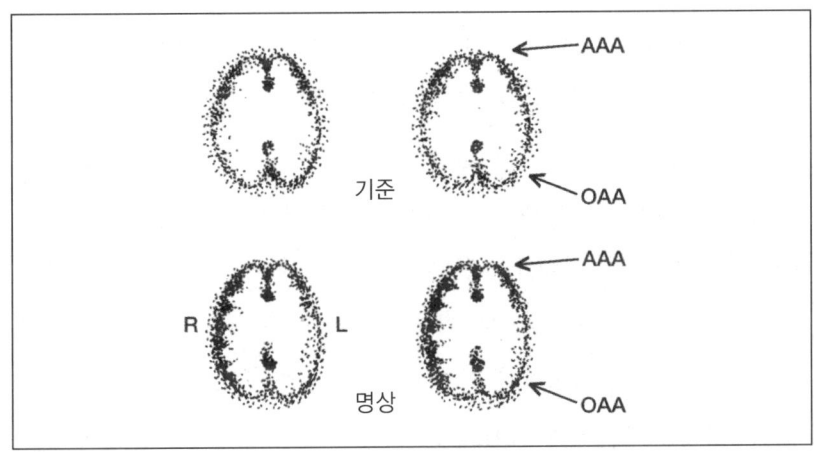

〈그림 1-1〉 위쪽의 영상은 쉬고 있는 명상자의 뇌를 보여주는데, 뇌 전체에 걸쳐 활동이 고르게 분포되어 있음을 알려준다. 오른쪽 그림에서 윗부분은 뇌의 앞부분과 주의연합영역(attention association area : AAA)의 일부를 나타내고, 아랫부분은 정위연합영역(OAA)의 일부를 나타낸다. 아래쪽의 영상은 명상 중에 있는 뇌를 보여주는데, 정위연합영역의 왼쪽(여러분에게는 오른쪽)은 오른쪽에 비해 활동이 두드러지게 감소했다(어두울수록 활동이 활발하고, 밝을수록 활동이 적다). 이 영상들은 회색 음영으로 나타냈는데, 인쇄된 종이 위에서는 더 선명한 대비를 보여주기 때문이다. 그렇지만 컴퓨터 화면상에서는 영상들은 대개 컬러로 나타난다.

자신의 신체적 한계에 대해 명확하고도 일관성 있는 인식을 가지고 있어야 한다. 더 간단히 말해서, 자신과 그 밖의 모든 것을 명확하게 구별할 수 있어야 한다. 즉, 나머지 우주 전체를 구성하는 무한한 '내가 아닌 것'과 '나'를 구별해야 하는 것이다.

'나'와 '내가 아닌 것'을 구별하기 위해 뇌에 특별한 메커니즘이 필요하다는 것이 이상해 보일지도 모르겠다. 정상적인 인식의 관점에서 본다면, 이러한 구별은 너무나도 명백해 보이기 때문이다. 그러나 그렇게 생각되는 것은 OAA가 자신의 역할을 한치의 오차도 없이 아주 잘 수행하고 있기 때문이다. 실제로 정위영역(정위연합영역을 줄여서 그냥 이렇게 부르기로 한다)에 손상을 입은 사람들은 물리적 공간에서 움직이는 데 큰 어려움을 겪는다. 예를 들면, 침대를 향해 다가갈 때 이러한 사람들의 뇌는 각도와 두께와 거리가 계속 변하는 것에 혼란을 일으켜, 침대에 몸을 눕히는 것조차 거의 불가능한 일이 되고 만다. 계속 변하는 신체의 좌표들을 계속 추적하는 정위영역이 없다면, 사람은 정신적으로나 신체적으로 공간상에서 자신의 위치를 정할 수 없게 되고, 침대 위에 몸을 눕히지 못하고 마루로 떨어지거나, 또는 겨우 매트리스 위로 몸을 가져가는 데에는 성공하지만 어색하게 벽에 걸친 채 몸을 눕히게 된다.

그러나 정상적인 경우에는 OAA는 세상에 대한 우리 자신의 물리적 정위를 분명하고도 정확하게 느끼도록 해주기 때문에 우리는 이 문제에 대해 생각할 필요조차 없다. 자신의 역할을 잘 수행하기 위해 정위영역은 신체의 감각기들로부터 쏟아져 들어오는 신경 자극들에 의존한다. OAA는 우리가 살아가는 거의 모든 순간마다 즉각적으로 이러한 자극들을 분류하고 처리한다. 이것이 처리하는 일의 용량과 속도는 10여 대의 슈퍼컴퓨터의 회로에도 부담을 줄 정도이다.

따라서, 로버트가 명상에 들어가기 전에 보통 상태에 있을 때 그 뇌를 SPECT로 주사한 기준 영상은 정위영역을 포함해 뇌의 많은 영역이 격렬한 신경 활동의 중심임을 보여준다. 그러한 활동은 붉은색과 노란색의 빛이 요동치는 모습으로 나타난다.

그러나 로버트가 명상에서 절정의 단계에 이르렀을 때 찍은 사진은 정위영역이 녹색과 파란색(활동 수준이 급격히 감소한 것을 시사함)의 어두운 얼룩 속에 묻혀 있음을 보여준다.

이러한 결과에 우리는 큰 호기심을 느꼈다. 정위영역은 결코 쉬는 법이 없다는 사실을 우리는 알고 있다. 뇌의 이 작은 부분에서 활동 수준이 비정상적으로 급격히 떨어진 이유는 무엇일까?

우리는 이 문제에 대해 숙고하다가 한 가지 흥미로운 생각이 떠올랐다. 정위영역은 전과 다름없이 열심히 활동하고 있지만, 들어오는 감각 정보가 어떤 경로를 통해 차단된 것이 아닐까?[11] 그렇다면 이 영역에서 뇌의 활동이 급격히 감소한 것을 설명할 수 있다. 게다가, 이것은 OAA가 일시적으로 자신의 역할을 적절히 수행하는 데 필요한 정보를 박탈당한 '눈먼' 상태에 놓인다는 것을 의미한다.

만약 OAA가 자기 역할을 수행하는 데 필요한 정보를 전혀 얻지 못한다면 어떤 일이 일어날까? 그래도 그것은 자신의 경계를 찾으려고 계속 노력할까? 감각 기관에서 들어오는 정보가 아무것도 없다면, OAA는 어떤 경계도 발견할 수 없을 것이다. 뇌는 그것을 어떻게 해석할까? 정위영역은 자신과 외부 세계 사이의 경계를 발견하지 못하는 사태를 그러한 구별이 아예 존재하지 않는 것으로 해석하지는 않을까? 만약 그렇다면, 뇌는 자신이 무한하며, 마음이 감지하는 모든 것들과 서로 긴밀하게 얽혀 있는 것으로 인식할 수밖에 없을 것이다.

이것은 로버트와 동양의 수많은 신비주의자들이 명상적이고 정신적이고 신비적인 절정에 이른 순간을 묘사한 것과 정확하게 일치한다. 힌두교의 베다 경전인 우파니샤드에는 다음과 같은 구절이 나온다.

강들이 동쪽으로 서쪽으로 흘러가다가

서로 별개의 강이었다는 사실은 싹 잊어버린 채
바다에서 만나 하나로 합쳐지듯이,
모든 피조물도 결국 하나로 합쳐질 때
각자의 구별을 잊게 된다.[12]

로버트는 우리의 뇌 영상 연구에 참여한 여덟 명의 티베트 명상 수행자 중 한 명이다. 모든 사람은 똑같은 조건에서 실험을 했으며, 사실상 모든 경우에 명상의 절정에 이른 순간을 찍은 SPECT 사진은 정위영역에 비슷한 활동 감소가 나타남을 보여주었다.[13]

나중에 우리는 이 실험을 확대하여 기도하고 있는 프란체스코회 수녀들도 실험 대상으로 삼았다.[14] 수녀들이 아주 강렬한 종교적 체험의 순간을 경험할 때 찍은 SPECT의 사진에서도 비슷한 변화가 나타났다. 그러나 불교도와는 달리 수녀들은 그 순간 하느님에게 가까이 다가가 하느님과 섞이는 것을 생생하게 느꼈다고 표현했다.[15] 그들이 묘사한 것은 과거의 기독교 신비주의자들이 묘사한 것과 일치하는데, 그 중에 13세기의 프란체스코회 수녀인 폴리뇨의 안젤라(Angela of Foligno)는 이렇게 말했다.

"이 합일을 성사시킨 분의 그 넓은 자비여……, 나는 하느님을 완전하게 소유하게 되어 더 이상 옛날의 일상적인 상태가 아니며, 하느님과 일체가 되고 모든 것에 만족하는 평화로운 상태로 인도되었도다."

우리의 연구가 계속되고, 데이터가 쌓이면서 진과 나는 피실험자들의 신비 체험(자신이 좀더 큰 어떤 것에 흡수되는 것으로 묘사한 마음의 변화 상태)은 감정적인 착각이나 단순히 희망적인 생각의 결과가 아니라, 관측할 수 있는 일련의 신경학적 사건들(비록 특이한 것이긴 하지만, 정상적인 뇌 기능 범위 밖에 있는 것이 아닌)과 관련이 있는 것이 아닌가 의심하게 되었다. 다시 말해서, 신비 체험은 생물학적으로나 관측적으로나 과학적으로 실재한다는 것이다.

우리는 이 결과에 놀라지 않았다. 사실, 이것은 이전에 우리가 했던 모든 연구가 예측하던 결과였다. 우리는 믿음의 생물학에 대한 직관을 얻기 위해, 종교적 행위와 뇌의 관계를 조사한 연구 문헌을 다년간 뒤져왔다. 우리의 접근 방법은 광범위하고도 포괄적인 것이었다. 우리는 단순히 생리학만을 검토한 일부 연구(예컨대, 명상에 몰입한 사람의 혈압 변화를 측정한 연구)를 발견했다. 어떤 연구들은 기도하는 사람의 치유 능력을 측정하는 것과 같은 좀더 고상한 문제를 다루려고 했다. 우리는 임사(臨死) 체험에 관한 연구도 읽었고, 간질과 정신분열증이 야기한 신비적 상태에 대해서도 연구했으며, 약물이나 뇌의 전기 자극에 의해 일어나는 환상에 관한 자료도 검토했다.

이러한 과학적인 자료 조사 외에도 우리는 전세계의 종교와 신화에서 묘사하는 신비적 요소들도 조사했다. 진은 특히 고대 문화의 종교 의식(儀式)을 연구하여 의식 행위와 사람 뇌의 진화 사이의 관계를 밝히려고 노력했다. 종교 의식과 뇌 사이의 관계를 보여주는 정보는 풍부하게 존재하지만, 그것을 분류하거나 종합하여 일관성 있게 체계화하려는 시도는 지금까지 없었다.

그러나 진과 내가 종교적 체험, 의식, 뇌과학에 관한 방대한 자료를 검토해나가는 과정에서 중요한 퍼즐 조각들이 서로 합쳐지고, 의미 있는 패턴이 나타나기 시작했다. 그리고 우리는 점차 영적 체험은 그 뿌리가 사람의 생물학과 긴밀하게 얽혀 있다는 것을 시사하는 가설을 만들게 되었다. 그 생물학은 어떤 점에서는 영적 충동을 강요한다.

SPECT의 영상은 영적 체험에 들어간 사람들의 실제 뇌 활동을 보게 해줌으로써 이 가설을 검증하는 데 도움을 주었다. 그 사진들은 우리의 가설을 의심의 여지 없이 증명해주지는 않지만, 영적 행위가 일어나는 순간에 사람의 뇌가 우리의 이론이 예측한 바와 비슷하게 행동한다는 것을 보여줌으로써 우리의 가설을 강하게 지지해준다.[16] 이러한 고무적인 결과는 연구에 대한 우리의 정열을 불타오르게 했고, 다년간의 연구에서 제기된 흥미로운 의문들에 대한 관심을 더욱 고조시켰다. 그 의문들은 다음과 같은 것들이다. 사람은 생물학적으로 신화를 만들어내게끔 만들어져 있는가? 종교 의식의 힘 뒤에 숨어 있는 신경학적 비밀은 무엇인가? 위대한 종교적 신비주의자의 예지력과 직관력은 정신적 또는 감정적 망상에 바탕을 둔 것인가, 아니면 건전하고 건강한 마음의 정상적인 신경학적 기능에 의해 형성된 일관성 있는 감각 지각의 결과인가? 종교적 무아지경(ecstasy)이 생물학적으로 발달하는 데 과연 성적 관심이나 짝짓기와 같은 진화론적 요인이 영향을 미쳤을까?

우리 이론에 내포된 의미를 이해하려고 애쓰는 동안에 우리는 다른 어떤 것보다 더 깊은 반향을 일으키는 한 가지 의문에 계속 마주치게 되었다. 그것은 과연 우리가 모든 종교적 체험에 공통되는 생물학적 뿌리를 발견했느냐 하는 것이었다. 또, 만약 그렇다면, 그것은 영적 충동의 본질에 대해 무엇을 이야기해주는가 하는 의문이었다.

회의론자는 신적인 어떤 존재와 연결되고 싶어하는 보편적인 갈망을 포함하여 모든 영적 갈망과 체험의 생물학적 기원은 신경 세포 다발의 화학적 오발에서 초래된 망상으로 설명할 수 있다고 주장할지도 모른다.

그러나 SPECT의 영상은 다른 가능성을 시사한다. 정위영역은 특이하게 작동했지만 틀리게 작동하지는 않았으며, 우리는 SPECT의 컴퓨터 화면에서 뇌의 능력이 영적 체험을 실재적인 것으로 만드는 증거를 컬러 화상으로 보고 있다고 생각한다. 다년간에 걸친 과학적 연구와 그 결과를 신중하게 검토한 끝에 진과 나는, 우리 인간으로 하여금 물질적인 존재를 초월하여, 모든 것과 연결시켜주는 절대적이고 보편적인 실체로 인식되는, 더 깊은 영적인 자신의 부분을 인식하고, 그것과 연결될 수 있도록 진화한 신경학적 과정의 증거를 보았다고 믿는다.

이 책의 목적은 이 가설에 대한 깜짝 놀랄 만한 전체 배경을 보여주기 위한 것이다. 우리로 하여금 신화를 만들어내게 하는 생물학적 충동과 그러한 신화들에 형태와 힘을 부여하는 신경학적 기구에 대해 살펴볼 것이다. 또, 신화와 종교 의식 사이의 관계에 대해 논의하고, 종교 의식 행위의 신경학적 효과가 집회에 모인 회중이 느끼는 가벼운 영적 일체감에서부터 더 강렬하고 장기간의 종교 의식에서 나타나는 더 깊은 일체감의 상태에 이르기까지, 광범위한 영적 체험과 관련된 두뇌 상태들을 어떻게 만들어내는지 보여줄 것이다. 또, 모든 종교의 성인들이나 신비주의자들이 묘사하는 심오한 영적 체험은 종교

의식에 초월적인 힘을 부여해주는 뇌의 활동으로 설명할 수 있다는 것도 보여줄 것이다. 또, 우리는 이러한 경험들을 이해하려고 하는 마음의 욕구가 특정 종교의 믿음을 탄생시킨 생물학적 기원을 어떻게 설명해줄 수 있는지도 보여줄 것이다.

애석하게도, 나의 동료이자 친구인 진 다킬리는 이 책을 쓰는 작업이 시작되기 직전에 세상을 떠나고 말았고, 나로서는 그의 도움을 받을 수 없게 된 것이 무척 아쉬웠다. 나에게 마음과 영혼의 관계에 대한 연구에 흥미를 가지도록 맨 처음 자극을 준 사람은 바로 진이었고, 그는 우리의 두개골 안에 숨어 있는 신비의 기관이 지닌 복잡한 구조를 새로운 눈으로 바라보라고 가르쳤다. 우리가 함께 한 연구(이 책의 기초가 된 과학적 연구)는 종교에 대한 나의 기본 태도와, 인생과 현실을 대하는 태도, 그리고 심지어는 자아에 대한 느낌마저도 수시로 재고하게 만들었다. 그것은 자신을 변화시키는 여행이자 자아 발견의 여행이었으며, 나는 뇌가 우리를 그 곳을 향해 나아가도록 강요한 여행이었다고 믿는다. 이 책에서 앞으로 전개되는 이야기는 마음의 가장 깊은 신비와 자아의 가장 깊은 중심으로 찾아가는 여행이다. 그 여행은 다음과 같은 단순한 질문으로 시작된다. 뇌는 우리에게 어떤 것이 실재한다는 것을 어떻게 알려주는가?

2
뇌의 기구

지각의 과학

19 80년대 초에 선구적인 연구를 하고 있던 어느 대학의 로봇공학센터에서 과학자들은 그들이 새로 만든 로봇이 자기 세계의 한쪽 끝에서 다른 쪽 끝으로 불안정하게 움직였다 멈추었다 반복하며 굴러가는 모습을 지켜보고 있었다. 그 로봇의 '우주'는 대학 건물 내의 지하 창고에 여러 가지 장애물이 어지럽게 널려져 있는 길이 6m 정도의 방에 지나지 않았다. 그렇지만 이것은 로봇이 자신에게 프로그램된 정보를 통해 알 수 있는 유일한 세계였다.

로봇 자체(굴러갈 수 있는 금속 틀에 컴퓨터 처리 장치들을 볼트로 꼴사납게 붙여놓은 것)는 못생긴 여행자처럼 생겼다. 물론 이 로봇은 아름다움을 위해 만든 것이 아니라, 똑똑한 일을 하도록 만들어졌고, 강력한 컴퓨터 뇌에는 방을 가로질러가는 방법을 '생각하는' 것을 도와주도록 특별히 만든 소프트웨어가 들어 있었다. 로봇은 기초적인 시각도 지니고 있었는데, 그것은 금속 틀에 부착된 비디오카메라를 통해 여행을 성공적으로 하는 데 필요한 '감각' 정보를 디지털 뇌에 공급해주도록 되어 있었다.

로봇을 만든 과학자들의 목표는 간단한 것이었다. 로봇이 시각을 이용해 여러 가지 장애물이 놓여 있는 방을 안전하게 헤쳐나간 다음,

복도로 나가는 큰 문을 발견하여 그 문을 여는 것이었다. 지나가는 구경꾼이 본다면 최첨단 기계가 하기에는 아주 하찮은 과제가 아니냐고 생각하겠지만, 과학자들은 로봇이 그 임무를 해내기 위해서는 자신의 계산 능력을 극한까지 사용해야 한다는 사실을 잘 알고 있었다. 이 실험은 인공 지능 시스템이 움직이면서 주위 환경을 지각하고 그것에 반응하는 능력에 관해 중요한 사실들을 알려줄 것으로 기대되었다.

이 실험에서 가장 중요한 것은 움직임이었다. 로봇의 컴퓨터 뇌에 부과된 요구가 얼마나 엄청난가 하는 것은 로봇이 동작 하나하나를 취할 때마다 들이는 그 엄청난 노력에서 명백하게 드러났다. 앞으로 약간 움직이는 정도의 간단한 동작조차도 고통스러울 정도로 긴 시간을 들여 분석한 다음에야 그 동작을 할 수 있었다. 예컨대, 단순히 책상을 피해가는 데에도 몇 시간이 소요될 정도였다.

로봇이 앞으로 나아가는 동작이 왜 그렇게 엄청나게 느린가를 이해하기 위해서는 로봇이 주위 환경을 지각하는 원시적인 방식을 이해해야만 한다. 로봇이 주위의 풍경에 대해 얻을 수 있는 유일한 정보는 비디오카메라를 통해 컴퓨터에 입력되는 시각적인 상의 형태로 들어온다. 로봇은 이 시각적인 상에 의지해 주위의 세계에 대한 자신의 위치를 파악하지만, 1cm만 앞으로 움직여도 그 모든 상은 조금씩 변하게 된다. 각도와 거리가 변하고, 그림자도 약간 움직이며, 일부 물체는 더 가까워진 반면, 또 다른 물체들은 더 멀어진다.

물론 방 자체가 물리적으로 변하는 것은 아니다. 다만, 방에 놓여 있는 모든 물체와 로봇의 물리적 관계가 변하는 것이다. 로봇은 앞으로 약간 나아갈 때마다 자신의 세계를 조금씩 다르게 인식한다. 이렇게 달라지는 영상들은 아주 미미한 정도의 차이밖에 없지만, 그러한 미미한 차이에도 총명한 로봇의 동작은 중단되고 만다. 지금 들어온 상들은 조금 전에 보았던 세계가 약간 변한 것일 뿐이라는 사실을 이해할 수 있을 만큼 로봇의 처리 장치들의 계산 능력은 충분하지 못했고, 소프트웨어 역시 그것을 처리할 만큼 고도화되지 못했다.

로봇의 입장에서는 '어떤' 변화라도 그것은 '완전한' 변화로 보이고, 각각의 새로운 상은 완전히 다른 새로운 우주로 보였다. '구(舊)' 세계의 경험은 새로운 세계로 자연스럽게 옮겨가지 않았기 때문에(로봇에게 현실은 하나의 순간에서 다음 순간으로 연속적으로 흐르지 않는다), 각각의 새로운 시각 상은 처음부터 다시 파악해야 하는 완전히 새로운 현실로 비쳤다.

이러한 처리 과정은 로봇의 디지털 뇌에 엄청난 부하를 가했고, 그 결과 로봇이 앞으로 나아가는 동작은 굉장히 느릴 수밖에 없었던 것이다. 마침내 출발한 지 열 시간쯤 지난 후에야 로봇은 목적지인 문에 도달하여 갈고리손으로 손잡이를 잡은 다음, 천천히 당겨 문을 열었다.

로봇이 여행을 마치자 연구원들은 잠깐 동안 환호를 보냈다. 그 후, 로봇을 다시 출발점으로 돌려보낸 다음, 그 여행을 처음부터 다시 하도록 지시했다. 로봇은 충실하게 다시 애를 쓰면서 느릿느릿 움직이며 여행을 시작했다. 그리고 역시 많은 시간이 흐른 후에 목적지인 문 앞에 섰다. 그러나 카메라가 문을 비추고, 컴퓨터 뇌가 그 상을 기억 회로에 저장된 시각 주형과 비교하는 순간, 로봇은 갑자기 동작을 멈추고 말았다. 누군가 문에다 접착 테이프 조각을 조그맣게 X자 모양으로 붙여놓았는데, 그 X자가 모든 것을 변화시키고 만 것이다. 로봇은 문에 X자가 표시된 물체에 대해서는 아는 것이 전혀 없었다. 실리콘에 기초한 로봇의 감각에서는 X자 표시가 있는 문도 여전히 문이라는 사실을 알려주는 것이 아무것도 없었다. 단지 그 X자 때문에 로봇이 알고 있던 '문의 속성'은 해체되어버리고, 로봇은 돌아서서 다른 곳에서 문을 찾는 작업을 계속할 수밖에 없었던 것이다.

위에 소개한 실험은 첨단 기술 시대가 개막되고, 인공 지능의 전망에 대한 열정적인 탐구가 막 시작되던 20여 년 전에 이루어진 것이다. 그 이후 점점 더 큰 기억 용량과 더 빠른 처리 속도를 가지고 아주 복잡한 계산을 수행할 수 있는 능력을 지닌 새로운 세대의 컴퓨터들이 등장했다. 음성 인식과 가상 현실 같은 경이로운 일들도 상식이 되었고, 가장 빠른 컴퓨터는 뉴턴이 다섯 평생 동안 풀 수 있는 것보다 더 많은 방정식을 순식간에 풀 수 있다.

그러나 20년 동안 극적인 기술 발전이 일어났음에도 불구하고, 가장 빠르고 강력한 인공 지능 시스템도 아직 뇌만큼 부드럽고 유동적으로 현실을 번역하지는 못한다. 그리고 이러한 기계들에게 로봇에게 방을 가로질러갈 수 있도록 정보를 처리하라고 지시를 내린다면, 가장 우수한 기계조차도 아장아장 걷는 아기나 고양이 또는 햄스터보다 훨씬 뒤떨어진 능력을 보인다.

인공 지능 시스템이 지닌 이러한 단점은 스마트 기계를 만들기 위해 노력하고 있는 과학자들의 총명함이 부족해서 그런 것은 물론 아니다. 그러나 이것은 현실에서 유리된 수백조 비트의 데이터를, 그 속에서 개별 생명체가 안전하고 생산적으로 움직여 다닐 수 있는, 통일적이고 동적이고 지속적인 '세계'로 해석하는 것이 얼마나 어려운지 여실히 보여준다. 그러나 이것은 가장 미천한 생명체조차도 늘 수행하고 있는 묘기이다. 사실, 그것은 생존의 필수 조건이다. 생명체는 항상 변하는 감각 데이터의 홍수를 끊임없이 처리할 수 있어야 한다. 그것을 분류하고, 처리하고, 잘 엮어짜 유용한 현실로 해석한 다음, 생존 기회를 최대한 높여주는 방식으로 그 현실 속에서 자유롭게 움직여 다녀야 한다.

간단하게 말해서 동물의 생존은, 짝과 먹이를 찾는 확률은 최대화하고, 절벽에서 떨어지거나 굶주린 포식동물에게 걸려들 확률은 최소화하는 방향으로 환경과 타협할 수 있는 능력에 달려 있다. 쉽게 자기 위치를 잊어버리는, 위에 소개한 로봇은 이러한 일들을 처리하는 능력이 현저히 떨어진다. 만약 그 로봇이 먹이가 될 수 있는 물질로 만들어졌다면, 다른 동물에게 쉽게 잡아먹히고 말 것이다. 세계 도처에 널려 있는, 시시각각 변하는 위험과 기회를 재빠르게 포착하고 반응할 수 있는 원숭이나 토끼, 생쥐 같은 동물이 훨씬 더 오래 살아남을 것이다.

최첨단 컴퓨터가 지니지 못한 그러한 놀라운 감각 처리 능력을 생물이 지니고 있는 가장 그럴듯한 이유는, 입력된 감각 정보를 해석하는 생물의 정교한 신경망은 과학자들에 의해 하향식으로 전달되는 방식처럼 논리적으로 작동하지 않기 때문이다. 유기적인 그 내부 네트워크는 수백만 년이 넘는 진화의 시행착오를 거치면서 뉴런 하나하나가 상향식으로 연결되어 있다.[1] 눈앞에 닥친 특정 생존 문제들에 의해 빚어지고, 수많은 세대를 거치면서 유전적으로 조정된 이 신경망들은 총명한 소프트웨어 공학자조차도 꿈만 꿀 수 있는 수준의 복잡성과 우아한 통합적 체계에 도달하였다. 그 신경망의 정교한 정도에 관계 없이, 살아 있는 모든 뇌의 목표는 감각 데이터에 반응하고, 그것을 타협 가능한 세계의 모습으로 해석하면서 그 생물의 생존 확률을 높이는 것이었다.

뇌가 자신의 기능을 수행하기 위해 의존하는 기본 단위(신경 세포)는 모든 생명체가 아주 비슷하다.[2] 가장 원시적인 동물의 신경계조차도 사람의 신경생물학을 움직이는 화학적 자극과 전기 전달이라는 똑같은 기본 원리에 따라 작동한다. 예를 들면, 단순한 편형동물[3]은 몸 전체에 신경 세포가 겨우 수백 개 정도밖에 없지만, 이 원시적인 신경망이 편형동물의 단순한 행동을 인도하는 과정(영양을 섭취하고, 생식하고, 잠재적인 위험을 피하는 것)은, 그것이 더 정교해지고 크게 늘어나 엄청나게 복잡해진 사람의 뇌에서, 아인슈타인의 전설적인 사고 실험을 가능케 하고 셰익스피어의 시를 창조해내는 것과 똑같은 과정이다.

사람의 뇌와 지렁이의 신경계 사이의 엄청난 신경학적 거리는 측정하기 어렵지만, 무한대는 아니다. 그 차이는 주로 복잡성의 문제이다. 실제로 신경학적으로 지렁이와 두꺼비가 구별되고, 두꺼비와 침팬지가 구별되고, 침팬지와 스티븐 호킹이 구별되는 주된 요소는 복잡성이다.

동물들의 뇌의 진화는 일반적으로 복잡성의 증가로 나타난다.[4] 이러한 복잡성의 결과로 생물은 환경을 더욱 정밀하게 지각하고, 환경에 대해 더 다양하고 효과적인 적응 반응을 나타내는 능력이 발달하게 되었다. 지렁이와 같은 원시적인 생물의 신경계는 단순한 실 모양의 신경 세포들로 이루어져 있다. 이러한 신경계는 아주 조야한 해석만을 할 수 있으며, 단순한 접근이나 회피 반응만을 수행할 뿐이다.

그러나 생물의 진화를 추적해보면, 이러한 신경의 실은 점점 더 길어지고 복잡해진다. 그것들은 고리 모양을 이루고, 서로 얽히기 시작하여 정교한 신경망으로 진화한다. 처음에는 수백만 개로, 그 다음에는 수억 개로 그 수가 증가함에 따라, 신경 세포들은 서로 모여서 감각 정보들을 더욱 정교하게 처리할 수 있는 고도로 특성화된 구조들로 분화한다. 결국에는 이 구조들을 서로 연결시키는 회로가 발달하여 서로간에 정보를 나누고 통합하는 것이 가능하게 되고, 이제 생물은 환경을 다층적으로 풍부하게 지각하고, 아주 효율적인 방식으로 적응하는 능력을 갖게 된다.

신경계의 진화에서 나타나는 두드러진 특징인 복잡성의 증가는 현재까지는 사람 뇌의 정교한 공학에서 절정에 이르렀다. 고도로 발달된 신경 건축술 덕분에 뇌는 사람에게 감각과 지각을 통해 다층적으로 주위의 세계를 이해할 수 있게 해준다. 또한 이것은 환경이 제기하는 위협과 기회에 반응하는 정교한 행동도 아주 다양하게 발달시킨다.

사람은 좋은 상황과 나쁜 상황을 기대할 수 있는 능력과, 대체 상황과 갖가지 결과를 상상할 수 있는 능력과, 최적의 결과를 얻기 위한 계획을 짤 수 있는 능력을 가지고 있다. 크고 복잡한 뇌 덕분에 초기 인류는 미래를 위해 식량을 저장하고 작물을 심고 우물을 파는 법을 터득했다. 생존 기회를 높이기 위해 그들은 씨족이나 부족 단위로 무리를 지었고, 의사 소통 방법을 발달시킴으로써 더 효율적으로 사냥을 하거나 자원을 분배하거나 자신들을 지킬 수 있게 되었다. 사회가 발달함에 따라 사람들은 도시나 국가, 정부, 종교, 문화, 기술, 그리고 결국에는 과학의 형태로 환경을 지배할 수 있는 더 정교한 방법을 발견하였다.

사람에게 이러한 일들을 가능하게 해준 뇌의 기능들은 창조성, 천재성, 직관, 영감 등의 다양한 이름으로 불려왔다. 그러나 세계를 풍부하고 효율적이고 의미 있게 지각하는 뇌의 능력이 없었더라면, 본질적으로 인간만의 재능이라고 할 수 있는 이러한 기능들 중 어느 것도 발달하지 못했을 것이다.

사람 뇌의 평균 무게는 1600g 정도이다. 크기는 큰 꽃양배추만 하며, 색이나 밀도는 단단한 두부덩어리와 비슷하다. 작은 인대들이 뇌를 두개골 벽에 잘 붙어 있도록 도와주며, 두개골과 뇌의 바깥 표면 사이에 얇은 액체층이 있어 완충 작용을 한다. 대뇌 표면의 주름인 뇌회(腦回)는 복합적인 뇌의 구조를 이루는 여러 개의 구조들이 겹친 형태이다. 이 각각의 구조는 고도로 전문화된 기능들을 지니고 있지만, 각 구조는 뇌의 나머지 전체 부분과 복잡하고도 정교한 방식으로 협력하여 몸의 신경망을 통해 쏟아져 들어오는 정보의 홍수를 전달하고 해석하고 반응할 수 있게 해준다.

뇌에서 어느 부분이 어떤 기능을 담당하는지 알아내는 기본적인 방법으로는 두 가지가 있다.

하나는 뇌의 일부가 손상된 사람을 연구하는 방법이다. 흔히 뇌 손상은 종양이나 외상 또는 뇌졸중의 결과로 일어난다. 예를 들면, 손상된 뇌 부분을 상실된 기능과 연결짓는 방법을 통해, 과학자들은 후두엽 손상은 시각 장애를 초래하며 측두엽 손상은 말하는 능력에 영향을 미친다는 사실을 알아냈다.

두 번째 방법은 피실험자가 특정 행위나 과제를 수행할 때 촬영한 뇌의 사진을 연구하는 것이다. 이것을 활성화 연구(activation study)라 부르는데, 특정 행위를 할 때 뇌의 어떤 부분이 활성화되는지를 조사하는 것이다.

뇌의 해부학적 연구를 자세히 소개하는 것은 이 책의 목적에서 벗어난다. 그러나 뇌와 영성(靈性, sprituality)의 관계를 이해하기 위해서는 기초적인 뇌의 기능을 이해하는 것이 필요하다. 이것을 염두에 두고, 영적 체험 현상에 가장 적절하다고 생각되는 뇌 구조들을 소개하려고 한다. 이 구조들 중 일부는 감정 상태나 신경생물학적 상태를 일으키는 데 관여하며, 다음 장에서 다시 자세히 다룰 것이다. 이 장에서는 종종 우리의 본성이 자리잡고 있는 곳으로 간주되는 장소인 대뇌피질에 초점을 맞출 것이다. 대뇌피질은 고도의 지각 기능 대부분을 처리하며, 그것의 다양한 처리 중추, 즉 연합영역들이 신경자극의 홍수를 의미 있는 지각으로 분류함으로써 뇌는 세계를 느끼게 된다.

우리는 전문가가 아닌 일반 대중이 쉽게 이해할 수 있는 용어와 기술(記述) 방식을 사용하려고 노력했다. 그러므로 이 책에 나오는 용어들은 신경과학자들이 사용하는 용어가 아닐 수도 있다. 게다가, 여기서 이야기되는 내용 중에는 실험적 사실에 바탕을 둔 것도 있지만, 가설에 바탕을 둔 것도 있다. 우리는 이 두 가지를 명확하게 구별하기 위해 최선을 다할 것이다. 그러나 사실적인 것이든 이론적인 것이든, 우리가 이야기하는 모든 내용은 엄격한 과학 연구에 바탕을 둔 것이다. 흥미를 가진 독자들은 이 책의 끝부분에 있는 노트에서 그 배경 정보를 찾아볼 수 있는 참고 문헌을 참고하기 바란다.

우리를 사람으로 만드는 것 : 대뇌피질

사람 뇌의 대부분은 눈에 익은 주름진 대뇌피질 속에 들어 있다. 대뇌피질은 모든 고차원의 지각 기능이 일어나는 곳이다.

대뇌피질의 대부분은 '신피질'이라 부르는데, 뇌에서 가장 최근에 진화한 부분이기 때문이다. 이 '신피질'이 진화함으로써 우리는 다른 동물들과 결정적으로 구분되는 대뇌의 지능을 가지게 되었고, 언어와 예술, 신화, 문화를 만들어낼 수 있게 되었다.

피질은 기초적인 생명 유지 체계와 호르몬의 활동과 기본적인 감정을 조절하는 더 원시적인 '피질하' 구조들을 통해 신체와 연결되어 있다. 피질하 구조들은 신피질을 뇌간과 연결하고, 뇌간은 뇌를 척수와 신체의 생물학적 과정들과 연결한다(그림 2-1 참고).[5] 따라서, 대뇌

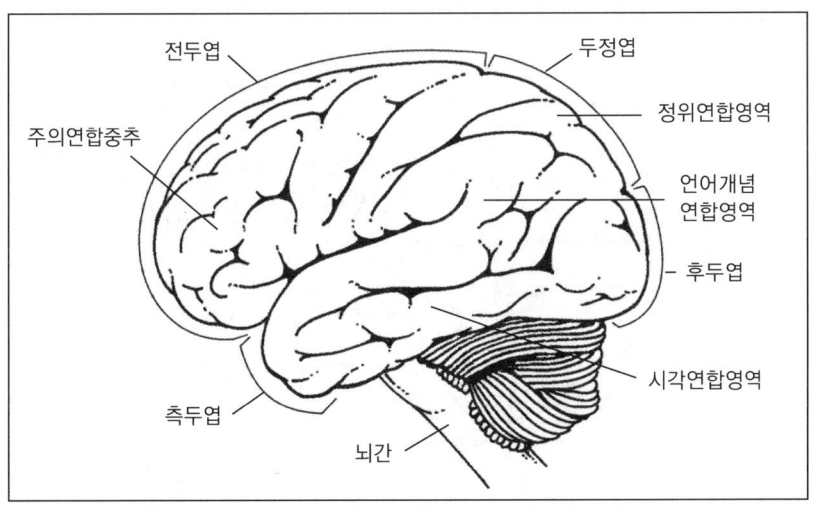

〈그림 2-1〉 옆에서 본 뇌의 모습(왼쪽이 뇌의 앞쪽임)

피질은 감각과 운동을 제어하는 중요한 중추이기도 하다. 마음과 육체가 함께 결합하여 우리의 자아상과 세계관을 만들어내는 장소가 바로 이 곳이다.

대뇌피질은 좌반구와 우반구로 나뉘어 있으며, 각 반구는 또다시 엽(葉)이라고 부르는 네 개의 큰 구조로 나뉘어 있다(그림 2-1과 2-2 참고). 머리의 양옆을 따라 위치한 측두엽은 언어 및 개념적 사고와 관계가 있다. 머리 뒤쪽에 위치한 후두엽은 시각에 관여하고, 머리 꼭대기 아래에 있는 두정엽은 감각 지각, 시각-공간적 일과 신체의 정위에 관여하며, 이마 바로 뒤에 있는 전두엽은 주의 및 근육 활동을 시작하게 하는 일에 관여한다.

뇌의 두 반구는 모양이 서로 비슷하고, 하는 기능도 어느 정도는

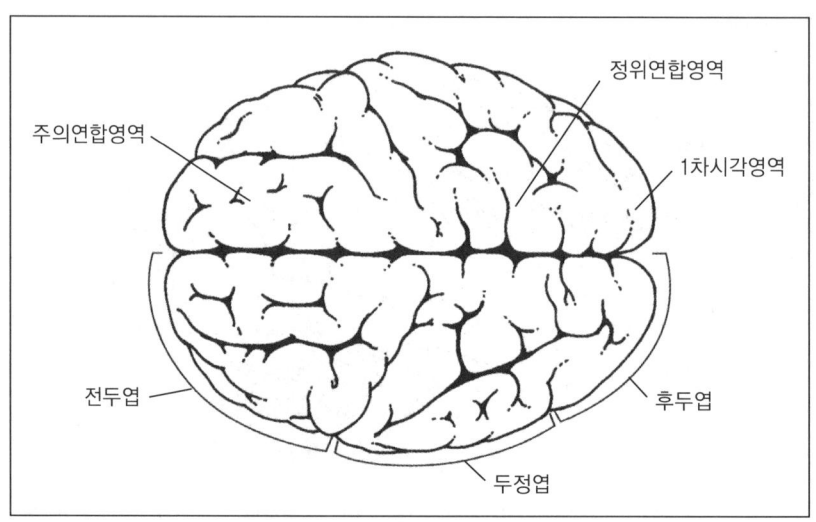

〈그림 2-2〉 위에서 본 뇌의 모습(왼쪽이 뇌의 앞쪽임)

비슷하다. 예를 들면, 좌반구는 신체의 오른쪽 부분에서 오는 감각 신호를 받고 분석하고 신체의 오른쪽 부분의 운동을 지배하는 반면, 우반구는 신체의 왼쪽 부분에 대해 같은 일을 한다. 또한 두 반구에는 언어를 처리하는 중추들도 있으며, 이들이 서로 협력하여 작용함으로써 우리는 말로 표현하여 의사를 소통하는 능력을 지닌다.

그러나 두 반구가 작용하는 방식에는 중요한 차이점도 있다. 전통적으로, 좌반구는 분석적 사고에 치중하는 경향이 강하며, 언어와 수학적 과정의 중추로 여겨져왔다.[6] 우반구는 좀더 추상적이고 종합적인 방식으로 작용하며, 언어로 표현되지 않는 사고, 시각-공간적 지각, 감정의 지각과 조절과 표현을 담당하는 중추로 여겨져왔다. 그러나 두 반구는 모두 비슷한 정신적 기능에 기여한다는 점을 강조해두고자 한다.

좌반구는 일반적으로 말이나 문자 언어에 대한 신경학적 토대를 제공하고, 이 기능들은 의식적인 사고를 기술하고 표현하는 데 아주 중요하기 때문에, 종종 '우성(dominant)' 반구로 일컬어지기도 한다. 그러나 뇌가 적절하게 기능하기 위해서는 피질의 양쪽이 서로 조화롭게 반응해야 한다. 두 반구 사이의 커뮤니케이션을 가능하게 해주는 것은 바로 두 반구를 연결하는 신경 돌기들의 망이다. 연구에 따르면, 신경망의 특성상 두 반구를 연결해주는 이 구조들은 복잡한 사고나 지각을 전달할 수 없고, 단지 뉘앙스만을 전달해줄 수 있다고 한다.

예를 들어 원 속에 정사각형을 집어넣는 것과 같은 복잡한 기하학 문제를 풀 때에는 분석적 사고 과정은 주로 좌뇌에서 일어난다. 좌뇌가 길이와 원주를 측정하는 논리 문제에 매달려 있는 동안, 우뇌는 그

도형들을 전체적으로 바라본다. 좌뇌와 우뇌 사이를 연결해주는 신경 돌기들은 자세한 입력 내용을 전달하지 않기 때문에 우뇌는 좌뇌의 분석 결과를 완전하게 알지 못한다. 우뇌는 자신이 파악한 상을 가지고 문제를 푸는 과정에 완전히 참여하지 않는다. 그러나 우뇌의 상과 좌뇌의 분석이 일치할 때에는 두 반구는 뇌의 감정중추에 전기 자극을 보내 그 문제가 풀렸다고 선언한다.[7]

이렇게 아주 단순한 사고나 지각의 정신적 활동을 표현하는 신호들은 뇌의 한쪽에서 다른 쪽으로 전달되면서 세계를 경험하는 뇌의 정밀도에 큰 영향을 미친다.[8] 이 점은 뇌가 청각 자극을 의미 있는 말로 전환시켜 이해하는 방식을 살펴보면 더욱 분명해진다. 이 과정은 1차청각중추에서 온 자극이 좌반구에 위치한 뇌의 주언어중추에 도달하면서 시작된다. 예를 들면, 뇌는 '갔다'나 '같다'와 음이 똑같은 '갓따'라는 소리를 듣고는, 이 청각 입력 신호를 의미 있는 단어나 문장으로 전환시킨 다음, 문법과 구문론에 비추어 논리적으로 이해한다.

한편, 우반구에 위치한 2차언어중추는 연결 구조들을 통한 자극에 의해서뿐만 아니라 1차청각중추로부터 직접 좌반구의 활동을 전달받는다. 그러면 우반구는 즉시 추상적이고 직관적인 지각 능력을 발휘하여 미묘한 의미 차이를 담고 있는 감정적 어조와 억양을 해석한다.

우반구의 언어영역이 손상되었을 때, 이 과정이 얼마나 중요한 것인지 분명하게 드러난다. 이 경우, 좌반구에 있는 언어중추는 여전히 논리적으로 단어와 구가 지닌 문자 자체의 의미를 이해할 수 있지만, 우뇌의 직관적인 능력 없이는 단어에 담긴 감정은 전혀 파악하지 못한다.[9] 그 결과, 어떠한 상황에서 "저리 가!"라는 말을 들은 사람은 이 말에 담긴 감정을 전혀 판단하지 못한다. 그것이 자기를 싫어해서 하는 명령인지, 아니면 단순한 농담인지 알 길이 없는 것이다.

좌뇌와 우뇌의 협력이 중요하다는 사실은, 간질을 치료할 때 국부적인 발작이 뇌 전체에 영향을 미치는 것을 막기 위해 가끔 행하는 수술처럼 양자를 연결해주는 구조들을 외과적인 방법으로 절단할 때에도 드러난다. 그러한 분할뇌 환자의 경우, 뇌는 마치 별개의 의식이 두 개 있는 것처럼 보이는 상태를 만들어낸다. 뇌과학자이자 노벨상 수상자인 로저 스페리(Roger Sperry)는 분할뇌 환자에 대한 연구를 통해 다음과 같이 결론내렸다.

"우리가 관찰한 모든 사실은, 이 수술이 환자들에게 두 개의 마음, 즉 서로 분리된 두 개의 의식 중심을 남겼다는 것을 시사한다. 우반구에서 경험하는 것은 완전히 좌반구 영역 밖에 있는 것처럼 보인다."[10]

예를 들면, 분할뇌 환자에게 시각 정보가 좌뇌에만 전달되는 방식으로 망치 그림을 보여주었을 경우, 그 환자는 자기가 본 것이 망치라고 말할 수 있다. 그러나 시각 정보가 우뇌에만 전달되는 방식으로 망치 그림을 보여주었을 경우, 환자는 자기가 본 것을 말로 표현하지 못한다.[11] 시각 정보를 논리적으로 말의 개념으로 전환시키는 좌뇌의 도움을 받지 못하면 우뇌는 그림을 말로 바꾸지 못한다. 그러나 자기가 본 것을 그림으로 그려보라고 하면, 환자는 망치와 비슷하게 생긴 그림을 그린다.

흥미로운 사실은, 그림을 우뇌에만 보여주어 강한 감정적 반응이 일어날 경우, 좌뇌는 그러한 반응에 대한 논리적 이유를 찾으려고 노력한다는 것이다. 예를 들어 분할뇌 환자에게 히틀러의 사진을 우뇌에만 보여주었을 경우, 환자는 분노나 혐오의 표정이 얼굴에 떠올린다. 그런데 왜 그런 감정을 느끼는지 물어보면, 환자는 "누가 나를 화나게 만든 때가 생각나서요."라는 식의 그럴듯한 이유를 지어낸다.

이러한 연구들에 바탕을 두고 연구자들은 뇌의 두 반구는 인식 능력이 있지만, 그것을 경험하고 표현하는 방법은 서로 아주 다르다는 결론을 얻었다. 사람의 의식은 뇌의 두 반구의 조화로운 통합을 통해 완전하게 펼쳐지는 것이 분명하다.

대뇌피질에 포함되어 있는 복잡한 구조들은 사람에게 고유한 것으로 생각되는 마음의 상태를 만들어내지만, 피질의 구조들은 수많은 감각 정보들을 받아들이고, 그것들을 결합하여 우리의 마음을 형성하는 명료한 감각적 지각으로 만드는 데에도 관여한다.

지각의 결합

사람의 신경계에서 기본적인 기능 단위는 아주 가늘고 긴 뉴런(neuron)[12]이다. 뉴런들은 아주 복잡하게 꼬인 긴 신경 사슬로 배열하여 감각 자극을 뇌로 전달해준다. 기초 단계에서 감각 데이터는 피부, 눈, 귀, 입, 코의 수많은 감각기에서 수집한 수십억 개의 미소한 전기 화학적 에너지의 섬광 형태로 신경계에 들어온다. 이 신경 자극들은 신경 경로를 따라 달리는데, 도미노가 연속적으로 쓰러지는 것과 같은 방식으로 시냅스 틈을 뛰어넘으며 화학적 신경 전달 물질의 방출을 촉발하면서 감각 메시지를 뇌로 전달하게 된다.

일단 뇌에 도착한 감각 정보는 적절한 신경 경로를 통해 전달된다. 예를 들면, 시각 정보는 뇌의 시각계 경로로 나아가고, 후각에서 온 자극은 후각 회로를 따라 나아간다. 이 정보들이 뇌 속에서 여기저기로 나아가는 동안에 개개 자극들은 적절한 처리 영역으로 보내지고 다시 보내진다.[13] 그리고 적절한 처리 영역에서 이것들은 다른 감정중추와 감각에서 온 정보들과 서로 비교되고 증폭 또는 억제되고 통합된 다음, 마침내 그 뇌를 가진 주인에게 유용하고 개인적인 의미가 있는 하나의 지각으로 결합된다.

감각 처리의 첫 번째 단계는 다섯 가지 감각계 각각에 해당하는 1차수용영역에서 일어난다. 이 영역들에서는 처리되지 않은 입력 정보를 감각으로부터 직접 받아들여 미처리 데이터를 거칠고 예비적인 지각으로 결합한다. 이 지각은 역시 특정 감각계를 담당하는 각각의 2차수용영역으로 보내져 그 곳에서 더욱 세밀하게 다듬어진다.

그런 다음, 감각 지각들은 연합영역으로 보내지며, 그 곳에서 가장 정교한 처리가 이루어진다. 이 곳은 뇌의 여러 부분에서 온 신경 정보를 서로 합치는, 즉 '연합'이 이루어지기 때문에 연합영역이라 부른다. 가장 높은 이 단계에서는 하나의 감각에서 온 정보가 그 밖의 모든 감각에서 온 정보와 통합되어 풍부하고 다층적인 지각을 만들어 내며, 이것이 의식의 구성 블록이 된다. 연합영역은 결국 기억중추와 감정중추로 연결되어 우리가 되도록이면 가장 완전한 방식으로 조직되어 외부 세계에 반응할 수 있게 해준다.

뇌가 어떻게 미처리 정보를 완성된 유용한 지각으로 전환시키는지 알아보기 위해 시각 처리 시스템을 따라 감각 정보가 흘러가는 경로를 따라가보기로 하자.

시각 이미지는 시신경을 따라 뇌로 들어오는 전기화학적 자극에서 생겨난다. 피질에 도착한 후 이 자극들이 맨 먼저 머무는 곳은 1차시각영역인데, 여기서 자극은 조야한 시각 요소들(추상적인 선, 모양, 색의 혼합)로 번역된다.

의식적인 마음은 1차시각영역에서 구별된 거친 상태의 시각 패턴을 아직 인식하지 못하지만, 무의식 단계에서는 뇌가 그것을 인식한다는 증거가 있다. '맹시(盲視, blindsight)' 현상은 흥미로운 예이다.[14] 이것은 1차시각영역에 심각한 손상을 입어 시각 정보가 2차 단계에 도달하지 못할 때 일어난다.

정상인의 경우, 2차 단계에 도달한 시각 정보는 더 세밀하게 다듬어져 최종적인 상이 되어 결국 의식에 떠오르게 된다. 1차시각영역에 그러한 손상을 입은 사람은 자신을 봉사라고 생각하지만, 분명히 의식적인 시력은 없는데도 불구하고, 자기 앞에 있는 물체에 손을 뻗을 수 있고, '바라보고' 있는 물체에 대한 질문에 정확하게 답할 수 있으며, 심지어는 사람들이 가득 찬 방 안을 헤쳐나갈 수 있다. 이러한 '맹시' 현상은 뇌의 무의식이 제대로 형성되지 않은 시각 데이터를 인식할 수 있는 능력이 있기 때문에 나타난다. 그러한 시각 데이터는 비록 제대로 처리되지 않은 것이긴 해도, 그 사람에게 물리적 환경과 안전하게 타협하게 해줄 만큼 충분한 정보를 지니고 있다.

맹시 현상을 확실하게 설명해주는 이론은 없다. 1차처리영역을 건너뛸 수 있는 대체 시각 경로가 발달하여 자극을 2차 단계까지 전달해주는지도 모른다. 또, 손상된 1차 영역 중 아주 작은 일부가 여전히 제 기능을 하고 있을 가능성도 있다. 맹시의 정확한 메커니즘이 어떤 것이든 간에, 이 상태는 뇌의 처리 시스템에 대해 흥미로운 직관을 제공한다.

정상적으로 작동하는 뇌에서 1차시각영역에서 처리된 추상적인 모양과 색은 2차 영역에서 더 세밀히 조직되고, 인식 가능한 상이 형성되기 시작한다. 예를 들어 감각 입력 정보가 푸들을 바라본 결과라면, 1차 단계에서 형성된 패턴들은 결합 또는 연합되어 조그맣고 곱슬곱슬한 털을 가진 개를 닮은 복합적인 상으로 변할 것이다.

그러나 이 완성된 상은 의식적인 마음에 떠오르지 못할 수도 있다. 왜냐하면, 뇌가 아직 그 상을 기억과 감정 요소들과 결합하지 않았기 때문에 상은 '개'라는 개념과 합쳐지지 않았다. 그래서 최종 처리 단계를 거치기 전까지는 그 상은 내용과 의미가 결여된 채 그냥 자유롭게 떠다니는 그림에 불과하다.

최종 단계는 시각연합영역에서 일어나는데, 여기서 푸들의 상은 뇌의 다른 부분들에서 입력된 정보와 결합되어 다차원의 완전성과 감정적인 의미를 지니게 된다.

예를 들면, 후각영역에서는 낯익은 강한 냄새의 정보를 보내온다. 청각영역에서는 듣기 좋은 짖는 소리 정보를 보내온다. 기억영역에서는 그 상을 과거에 경험한 내용과 일치시키고, 마침내 감정영역은 갑작스런 애정을 분출시킨다. 이제 그 상은 더 이상 단순히 하나의 상이 아니라, 자기가 사랑하는 개를 바라보는 현실적이고 완전히 통합된 경험으로 발전했기 때문이다. 그러나 개에 대해 불쾌한 기억을 갖고 있거나 개가 사람을 공격했다는 뉴스를 읽은 사람은 자신의 개가 잠재적인 위험으로 보일 것이다.

시각연합영역은 뇌의 지각을 의미 있는 것으로 해석하는 데 필수적인 역할을 한다. 이 영역이 손상된 사람은 종종 친구나 가족 또는 애완 동물을 인식하지 못한다. 그러한 사물을 보는 능력이 없어지지는 않지만, 그 사물의 상을 의미 있는 감정이나 기억 내용 속에서 찾지 못하게 된다. 심한 경우에는 거울에 비친 자신의 얼굴을 알아보지 못하는 사람도 있다.

시각연합영역은 시각적인 내용을 포함하는 종교적 체험이나 영적 체험에서 중요한 역할을 담당하는지도 모른다. 예를 들면, 시각연합영역은 명상이나 기도를 돕기 위해 시각적인 상(촛불이나 십자가)을 사용하는 사람들에게 큰 영향을 끼칠 가능성이 있다. 게다가, 명상이나 기도 중에 나타나거나 임사 체험과 같은 특별한 영적 상태에서 나타나는 자연 발생적 환각은 이 부분에서 발생하는지도 모른다.[15] 또,

이 영역은 뇌의 기억 은행과 밀접한 관계가 있기 때문에 저장된 시각이 훗날의 종교적 또는 영적 체험으로 기억되거나 결합될 가능성도 있다(필시 완전히 의식되지 않은 채).

주위의 세계를 이해하고 그것에 반응하기

대뇌피질에는 이 모든 감각 정보들을 결합하도록 설계된 연합영역들이 여러 개 있다. 어떤 것은 단 하나의 감각에만 몰두하는 반면, 어떤 것은 두 가지 이상의 감각계로부터 정보를 받는다. 이들은 모두 똑같은 최종적인 목표를 향해 정보를 처리하고 통합한다. 그 목표란, 특정 물체들을 확인하고, 그것들에 대한 우리의 감정, 인지, 행동의 반응을 결정함으로써 두개골 바깥에 있는 세계에 대한 우리의 이해를 풍부하게 만드는 것이다.

우리는 특히 네 가지 연합영역이 마음의 신비적 잠재 능력을 만들어내는 데 중요한 역할을 한다고 믿고 있다. 위에서 살펴본 시각연합영역도 그 중 하나이다. 나머지 세 가지는 정위연합영역, 주의연합영역, 언어개념연합영역이다.[16] 아래에서 이 각각의 영역에 대해 간단하게 소개하면서 마음의 신비적 능력에서 이 영역들이 담당하고 있을지도 모르는 일부 증거들도 살펴볼 것이다.

자아를 정의하는 곳 : 정위연합영역

두정엽 뒷부분에 위치한 정위연합영역은 촉감으로부터 감각 정보를 받으며, 그 밖에도 다른 감각 양식, 그 중에서도 특히 시각과 청각으로부터 정보를 받는다. 이 때문에 정위영역은 '신체'의 3차원 감각을 만들어내고, 공간상에서 신체의 위치를 정하는 능력이 있다.[17]

정위영역은 두 군데가 있어서 뇌의 두 반구에 하나씩 위치한다. 뇌영상 연구에서 밝혀진 바에 따르면, 서로 연관은 있지만 각자 별개의 일을 수행한다. 왼쪽 정위영역은 물리적으로 정의된 제한적인 신체에 대한 마음의 감각을 만들어내는 일을 한다. 오른쪽 정위영역은 신체를 그 속에 위치시킬 수 있는 기반을 제공하는 공간 좌표의 감각을 만들어내는 일을 한다. 좀더 간단하게 말하자면, 왼쪽 정위영역은 자신의 공간적 감각을 만들어내는 반면, 오른쪽 정위영역은 자신이 그 속에 존재할 수 있는 물리적 공간을 만들어낸다.

뇌가 자신과 타자의 기본적인 범주를 만들어내는 과정은 명확하게 이해되지 않았지만, 연구자들은 기대를 모으는 단서들을 일부 발견했다. 예를 들면, 왼쪽 정위영역의 일부 뉴런들은 팔이 닿는 거리 안에 있는 물체들에만 반응하는 반면, 다른 것들은 그 밖에 있는 물체들에만 반응한다는 사실이 밝혀졌다. 이 흥미로운 사실로부터 일부 연구자들은 자신과 타자 사이의 구분은 왼쪽 정위영역이 이 간단한 두 가지 범주의 현실(즉, 붙잡을 수 있는 것과 붙잡을 수 없는 것)을 판단하는 능력에 그 뿌리가 있는 것이 아닌가 추측한다.[18]

정위 반응의 기원이 어떤 것이든 간에, 그리고 뇌가 그것을 어떻게 돕든지 간에, 중요한 사실은 정위영역의 양쪽은 함께 협력하여 작용함으로써 미처리 감각 데이터를 생생하고 복잡한 자아의 인식으로, 그리고 자신이 그 속에서 움직일 수 있는 세계로 엮을 수 있다는 것이다. 물론 이 '자아'가 정신적인 표현에 불과하고, 그것이 미처리 감각 데이터가 결합되어 만들어졌다고 해서 물리적 신체나 그 주위의 세계가 존재하지 않는다는 것은 아니다. 요점은 마음이 자아를 알고, 자아와 나머지 현실의 차이를 경험할 수 있는 유일한 방법은 뇌의 정교하고도 끊임없는 노력을 통해서 가능하다는 것이다.

우리는 뇌가 종종 시간과 공간, 자신과 자아의 지각 변화를 포함하는 신비적이고 종교적인 체험을 느끼는 데 정위영역이 아주 중요한 역할을 한다고 믿는다. 정위영역은 이러한 기본적인 지각을 만드는 데 결정적인 역할을 하기 때문에 이것은 어떠한 식으로든지 영적 체험에서 필수적인 부분을 담당하고 있는 게 분명하다.

의지의 산실 : 주의연합영역

전전두엽 피질이라는 이름으로도 알려져 있는 주의연합영역은 복잡하고 통합적인 신체의 움직임과 목표를 달성하는 것과 관련된 행위를 지배하는 데 중요한 역할을 한다.[19] 예를 들면, 주의영역은 원하는 물체를 향해 손을 뻗는다든지 원하는 곳을 향해 움직여 가는 데 필요한 행동들을 조직하는 것을 도와준다.[20] 더 복잡한 단계에서 주의영역은 목표를 지향하는 모든 행위와 행동, 심지어는 특정 물체나 생각에 마음을 집중시키기 위해 의도적으로 사고 패턴을 조직하는 데 결정적으로 관여하는 것처럼 보인다.

실제로 이 구조는 그러한 의도적 행위에 아주 깊이 관여하고 있기 때문에 많은 연구자들은 주의영역을 의지가 존재하는 신경학적 산실로 여긴다.[21] 여러 연구 결과는, 주의영역은 신경학자들이 '여유도(redundancy) 검사'라고 부르는 과정을 통해 마음을 중요한 일에 집중하게 해준다고 시사한다.[22] 여유도 검사는 뇌로 하여금 과잉의 쓸데없는 입력 정보를 제거하고 어떤 목표에 집중하도록 해준다. 시끄러운 레스토랑에서 책을 읽거나 인파가 들끓는 거리에서 생각에 잠겨 걸어갈 수 있는 것도 이 때문이다.

주의영역이 의도를 만들어내고, 그것에 따라 행동하게 하는 능력을 지녔다는 사실은, 이 부분에 손상을 입으면 집중력을 상실하고, 미래의 행동을 계획하지 못하고, 고도의 집중력이나 지속적인 주의력을 요구하는 복잡한 일을 수행하는 능력을 상실한다는 연구들이 뒷받침해준다. 예를 들면, 그러한 손상을 입은 사람은 흔히 긴 문장을 만들지 못하거나 그 날의 일과 계획을 짜지 못한다. 그들은 또 종종 감정적 단조로움이나 의욕 결핍, 주위의 사건에 대한 깊은 무관심을 보인다.[23] 뇌 영상 연구와 함께 이러한 연구 결과들은 전두엽이 변연계와 함께 감정의 처리와 통제에 관여하고 있음을 시사한다.

주의영역이 어떻게 작용하는가를 설명하기 위해 한 실험자는 큰 소리로 수를 말하는 피실험자들에게서는 주로 운동영역, 그 중에서도 혀와 입술, 입의 움직임에 관여하는 부분의 뇌 활동이 증가한다는 사실을 보여주었다. 그러나 마음속으로 수를 센 피실험자들은 주의영역의 활동이 증가했는데, 이것은 운동 활동을 수반하지 않고서 마음을 집중시키는 데 이 부분이 관여한다는 것을 시사한다.[24]

주의영역은 이미 여러 종교적, 영적 상태에서 중요한 역할을 하는 것으로 밝혀졌다. 우리뿐만 아니라 다른 사람들이 행한 뇌 영상 연구에서도 어떤 종류의 명상을 하는 동안에는 주의영역에 뚜렷한 활동 증가가 일어난다는 사실이 밝혀졌다.[25] 그 밖의 많은 연구에서도 주의를 계속 집중시키고 있는 동안에 뇌파기록법(EEG : electroencephalography)으로 측정한 결과 전두엽의 전기적 활동이 변하며, 이 변화는 특히 선(禪) 수행자들이 명상에 들어갔을 때 두드러지게 나타나는 것이 관찰되었다.[26]

깊은 집중 상태에 빠진 사람들의 뇌파를 측정한 데이터는 많이 있지만, 피실험자가 '절정'에 가까운 상태에 이르렀을 때 뇌파를 측정한 보고서는 단 하나밖에 없다. 절정의 경험은 아주 드물게 일어나기 때문에 뇌파 측정계에 묶인 피실험자가 절정에 이르는 순간을 포착할 확률은 매우 낮다. 명상에 몰입한 이 피실험자의 뇌파를 기록한 결과는 정위영역뿐만 아니라 주의영역에서도 두드러진 변화를 보인다.

명상과 같은 정신적 수행을 하는 동안에 주의영역의 활동이 증가하는 이유 중 일부는 그 부분이 감정 반응에 깊이 관여하기 때문이라고 우리는 믿는다(종교적 체험은 대개 매우 감정적인 것이다). 따라서, 명상이나 종교적 체험 상태에서는 주의영역이 감정의 기초를 이루는 다른 뇌 구조들과 중요한 상호 작용을 나누는 것이 분명해 보인다.

세계에 이름을 붙이고 분류하기 : 언어개념연합영역

측두엽, 두정엽, 후두엽이 만나는 부분에 위치한 언어개념연합영역은 주로 추상적인 개념을 만들어내고, 그러한 개념들을 단어와 연결 짓는 일을 담당한다.[27] 언어를 사용하고 이해하는 데 필요한 대부분의 인지 작용(개념의 비교, 반대되는 것과 짝짓기, 사물에게 이름 붙이기, 고차원의 문법적·논리적 기능)은 언어개념연합영역에서 일어난다. 이러한 일들은 의식의 발달과 언어를 통해 의식을 표현하는 데 매우 중요하다.

언어개념연합영역은 우리의 모든 정신적 작용에 매우 중요한 역할을 담당하므로, 종교적 체험에서도 아주 중요한 역할을 한다는 것은 놀라운 일이 아니다. 거의 모든 종교적 체험은 인지적 또는 개념적 요소(즉, 우리가 생각하고 이해할 수 있는 어떤 부분)를 지니고 있기 때문이다. 캘리포니아 주립대학의 라마찬드란(V. S. Ramachandran)이 한 연구에 따르면, 측두엽 간질병 환자들은 종교적 언어, 특히 종교 용어와 상징에 높은 반응을 보인다. 이 연구는 측두엽이 그러한 체험에 매우 중요한 역할을 한다는 것을 시사한다.[28] 게다가, 이 부분에는 우리가 어떻게 신화를 만들어내며, 결국에는 신화가 종교 의식에서 어떻게 표현되는지에 관계하는 다른 중요한 뇌 기능들(인과론적 사고와 같은)도 자리잡고 있다.

이 네 가지 연합영역은 뇌에서 가장 복잡한 신경학적 구조이다. 풍부하고 완전히 통합적인 그 지각들 덕분에 우리는 현실을 하나의 순간에서 다음 순간으로 부드럽고 이해할 수 있게 흘러가는 생생하고 응집력 있는 전체로서 경험한다. 이 지각들이 완전할수록 우리의 생존 기회도 높아진다. 이것은 뇌의 모든 신경생물학적 작용의 궁극적인 목표이다.

뇌는 어떻게 스스로의 마음을 만드는가

사람의 뇌가 진화하는 도중에 아주 놀라운 일이 일어났다. 위대한 지각 능력을 가진 뇌가 스스로의 존재를 인식하기 시작했고, 사람은 마치 멀리서 쳐다보는 것처럼 스스로의 뇌가 만들어낸 지각들을 돌아볼 수 있는 능력을 갖게 된 것이다. 사람의 머릿속에는 따로 떨어져서 스스로를 관찰하는 내부의 인식이 자리잡고 있는 것처럼 보인다. 우리는 스스로의 감정과 감각과 인식을 지닌 이 자아를 마음의 현상이라고 생각하게 되었다.

신경학은 어떻게 그런 일이 일어날 수 있는지 완전히 설명하지 못한다. 단순한 생물학적 기능들로부터 어떻게 비물질적인 마음이 나타날 수 있는가? 살과 피로만 이루어진 뇌가 어떻게 갑자기 '인식'을 가질 수 있는가? 사실, 과학자들과 철학자들은 수백 년 이상 이 문제에 매달려왔으나, 아직까지 결정적인 답은 얻지 못했으며, 조만간 그러한 답을 얻을 수 있는 전망마저도 보이지 않는다.

지금까지 우리는 '뇌'와 '마음'이라는 용어를 다소 엄밀하지 않게 사용해왔다. 그렇지만 이 책의 목적을 위해서, 점차 확장되어가는 정신적 과정에 대한 이해를 바탕으로 간단하고도 직접적인 정의를 두 가지 하고 넘어가기로 하자. 이 정의들은 특히 뇌의 구조들이 미처리 데이터를 외부 세계에 대한 통합적인 지각으로 전환시키기 위해 조화롭게 작용하는 방식을 표현한다. 즉, 뇌는 감각적, 인지적, 감정적 데이터를 모으고 처리하는 물리적 구조들의 집합이다. 한편, 마음은 뇌의 지각 과정에서 생겨나는 생각, 기억, 감정 현상이다.[29]

더 간단하게 말하자면, 뇌가 마음을 만들어낸다. 뇌의 신경학적 작용의 결과가 아닌 다른 방식으로 마음이 출현하는 것은 과학적으로 증명할 방법이 없다. 다양한 종류의 입력 정보를 아주 정교한 방식으로 처리하는 뇌의 능력이 없다면, 마음을 구성하는 생각과 감정은 아예 존재하지도 않을 것이다. 반대로, 뇌가 가장 생생하고 정교한 지각을 만들어내려고 하는 충동을 가졌다는 것은 뇌가 마음의 기본 요소인 생각과 감정을 만들어낼 수밖에 없다는 것을 의미한다.

신경학적으로 말하자면, 뇌가 없으면 마음은 존재할 수 없다. 그리고 뇌는 존재하는 이상, 마음을 만들어내게 된다. 마음과 뇌의 관계는 서로 아주 밀접하게 연결되어 있기 때문에, 두 가지 용어는 같은 것의 서로 다른 측면을 나타내는 것이라고 보는 게 타당할 것이다.

예를 들어 한 가지 생각이 존재하기 위해서는 뉴런 수십만 개의 매우 복잡한 상호 작용이 필요하다고 가정해보자. 마음을 뇌와 분리시키기 위해서는 각각의 뉴런을 그 기능과는 다른 무엇으로 간주하는 것이 필요한데, 그것은 파도에 물질을 제공하는 바닷물과 파도에 그 모양과 운동을 제공하는 에너지를 구별하려고 하는 것과 비슷하다. 파도가 존재하기 위해서는 두 가지 요소가 다 필요하다. 에너지가 없다면 파도는 일지 않고 그냥 잠잠하게 머물러 있을 것이다. 또, 물이 없다면 파도의 에너지는 그것을 표현할 형체를 지니지 못할 것이다. 마찬가지로, 개개 뉴런을 그 기능과 분리하는 것은 불가능하다. 만약 그것이 가능하다면, 어떤 생각이 그 신경학적 기초로부터 따로 떨어져 나오는 게 가능하고, 마음은 뇌와는 별개의 어떤 존재, 즉 '영혼'으로 간주할 수 있는, 혼자서 자유롭게 떠다니는 의식으로 생각하는 것이 가능할 것이다.

그러나 그러한 분리는 단 하나의 생각만 고려하더라도, 일어나기가 불가능할 정도로 어렵다. 뇌 전체의 방대한 통합적인 신경학적 활동을 고려한다면, 뉴런을 그 기능과 분리한다는 것은 상상할 수 없는 일이다. 합리적으로 생각한다면, 마음이 존재하기 위해서는 뇌가 필요하고, 뇌가 마음을 만들어내며, 양자는 본질적으로 동일한 실체라는 결론에 이르게 된다.

생물학적 뇌와 비물질적인 그 마음 현상의 불가해한 통일성은 우리가 마음의 신비적 잠재 능력으로 정의한 것이 지니는 첫 번째 특징이다. 두 번째 특징은, 우리의 SPECT 연구가 시사한 바처럼, 마음이 영적 체험을 실재적인 것으로 해석하는 능력이다. 의식변용상태(altered state of consciousness : 기도, 단식, 명상 등에서 얻어지는 평상시와는 다른 이상한 정신 상태 – 옮긴이)에 들어갈 수 있고, 현실에 대한 자신의 평가를 신경학적으로 조절할 수 있는 마음의 능력에 기초한 이 능력은 생물학과 종교를 이어주는 근본적인 연결 장치이다. 그러나 그러한 연결의 본질을 이해하기 전에 이 신비스러운 마음을 만들어내는 뇌의 기초인 감정적 및 신경학적 구성 요소들을 먼저 살펴볼 필요가 있다.

3

뇌의 구조

뇌는 어떻게 마음을 만드는가

피조물과 접촉할 때마다 영혼의 힘들은 피조물의 이미지와 유사점을 받아들이고 흡수한다. 피조물에 대한 영혼의 지식은 이런 방식으로 생겨난다. 피조물은 이것보다 더 가까이 영혼에 다가갈 수 없고, 영혼은 이미지들을 스스로 받아들이는 것을 통해서만 피조물에 다가갈 수 있다. 영혼은 이미지의 존재를 통해서만 창조된 세계에 다가갈 수 있다. 이미지는 영혼이 스스로의 힘으로 창조하는 것이기 때문이다. 영혼이 돌이나 말 또는 사람의 본성을 알기를 원하는가? 그러면 그것은 이미지를 만든다.

─마이스터 에크하르트(Meister Eckhart), "신비주의적인 글(Mystiche Schriften),"
『신비주의(*Mysticism*)』에서 이블린 언더힐(Evelyn Underhill)이 인용한 구절

중세의 독일 신비주의자 마이스터 에크하르트가 살았던 시대는 신경학이 탄생하기 수백 년 전이었다. 그럼에도 불구하고, 그는 신경학의 기본 원리 중 하나를 직관적으로 파악한 것처럼 보인다. 우리가 현실로 생각하는 것은 뇌가 만들어낸 하나의 해석에 불과하다.

뇌의 지각 능력에 대해 밝혀진 오늘날의 지식은 에크하르트의 생각을 뒷받침해준다. 의식에 온전한 모습 그대로 들어오는 것은 아무것도 없다. 현실을 직접적이고 객관적으로 경험할 수 있는 방법은 없다. 마음이 지각하는 모든 것(생각, 감정, 기억, 직관, 욕망, 계시 등)은 깜빡이는 신경 신호의 소용돌이와 감각적 지각, 그리고 뇌의 구조와 신경 경로에 흩어져 있는 인식들이 뇌의 처리 능력에 의해 결합되어 만들어진 것이다.

현실에 대한 우리의 모든 경험은 객관적으로 실재할 수도 실재하지 않을 수도 있는 어떤 것을 '2차적으로' 묘사한 것에 불과하다는 개념은, 사람의 존재와 영적 체험의 신경학적 본질의 가장 기본적인 진실에 대해 심오한 의문을 일부 제기한다. 예를 들면, 티베트 불교의 명상가들과 프란체스코회 수녀들을 대상으로 한 우리의 실험에서는 그들이 영적인 것이라고 간주한 사건들이 실제로는 관찰 가능한 신경학적 활동과 관계가 있음이 드러났다. 환원주의(생명 현상은 물리학적, 화학적으로 모두 설명이 가능하다는 주의)의 입장에서 본다면, 이것은 종교적 체험은 오직 신경학적으로만 상상할 수 있으며, 신은 물리적으로 '전부 자신의 마음속'에 있다는 주장을 지지해줄 수 있다. 그러나 뇌와 마음이 결합되는 방식과 현실을 경험하는 방식을 완전하게 이해하게 되자, 완전히 다른 견해가 오히려 가능성이 높아졌다.

여러분이 뇌 영상 연구의 피실험자라고 상상해보자. 실험의 일부로 여러분은 집에서 만든 사과파이를 먹으라는 지시를 받는다. 여러분이 사과파이를 맛있게 먹는 동안 뇌를 촬영한 영상은 감각을 통해 입력된 정보들이 특정 신경 지각으로 전환되어 사과파이를 먹는 경험을 만들어내는 뇌의 여러 처리 영역에서 일어나는 신경학적 활동 장면들을 포착한다. 후각영역은 사과와 계피의 향긋한 향기를 기록하고, 시각영역은 갈색 껍질의 모습을 지각하며, 촉각중추는 우툴두툴하고 끈적끈적한 결을 지각하고, 풍부하고 달콤한 맛은 맛을 담당하는 영역에서 처리된다. SPECT로 촬영한 뇌 영상은 티베트 불교의 명상가들과 수녀들의 뇌 활동을 보여준 것과 같은 방식으로 이 모든 활동을 컴퓨터 화면상에 밝은 색깔의 얼룩들로 보여줄 것이다. 엄밀한 의미에서 사과파이를 먹는 경험은 모두 여러분의 마음속에서 일어나는 것이지만, 그렇다고 해서 사과파이가 실재하지 않는다거나 그것이 맛이 없는 것은 아니다.

이와 마찬가지로, 영적 체험이 신경학적 행동으로 설명된다고 해서 영적 체험의 실재가 부정되는 것은 아니다. 예를 들어 만약 신이 존재하고, 어떤 모습으로 우리 앞에 나타난다면, 우리는 신경학적으로 만들어지는 현실의 해석 외에는 신의 존재를 체험할 수 있는 다른 방법이 없을 것이다. 신의 음성을 듣기 위해서는 청각 처리 과정이 필요하고, 그의 얼굴을 보기 위해서는 시각 처리 과정이, 그리고 그의 메시지를 이해하기 위해서는 인지적 처리 과정이 필요할 것이다. 설사 신이 말이 아니라 신비적인 방식으로 여러분에게 말을 했다 하더라도, 그 의미를 이해하기 위해서는 인지적 기능이 필요하고, 황홀감과 경외감에 빠지기 위해서는 뇌의 감정중추가 필요할 것이다. 신경학은 이 점을 분명히 해준다. 뇌의 신경 경로를 통하지 않고서는 신이 여러분의 머릿속에 들어올 수 있는 다른 방법은 없다.[1]

그러므로 신은 여러분의 마음속말고는 다른 어떤 곳에서도 실체로 존재할 수 없다. 이러한 맥락에서, 영적 체험과 일상적인 물질 자연의 경험은 마음 속에서 모두 똑같은 방식으로(뇌의 처리 능력과 마음의 인지적 기능을 통해) 실재적인 것으로 만들어진다고 할 수 있다. 영적 체험의 궁극적 본질이 무엇이든 간에(실제로 영적 실체를 지각하는 것이든, 아니면 단순히 신경학적 기능의 해석에 불과한 것이든), 사람의 영성에서 의미가 있는 것은 모두 마음속에서 일어난다. 달리 표현하면, 마음은 본래 신비주의적 성격을 띠고 있다. 우리는 왜 그러한 능력들이 진화했는지 확실하게 말할 수 없지만, 일부 기본 구조들과 기능들에서, 주로 자율 신경계와 변연계 그리고 뇌의 복잡한 분석적 기능에서 그 신경학적 뿌리의 흔적을 발견할 수 있다.

흥분계와 억제계

흥분계와 억제계는 신체의 신경계에서 가장 기본적인 체계이며, 그 섬유들은 뇌와 신체의 나머지 부분을 이어주는 주요 신경학적 다리 역할을 한다. 다양한 뇌 구조들의 입력 신호를 받아들이는 자율 신경계는 심박동, 혈압, 체온, 소화와 같은 기본적인 기능들을 조절하는 일을 담당한다. 그와 동시에 자율 신경계는 더 높은 뇌 구조들과 연결되어 있기 때문에 감정과 기분의 생성을 포함해 뇌 활동의 여러 측면과도 중요한 관계가 있다.

자율 신경계는 교감 신경계와 부교감 신경계라는 두 개의 가지로 이루어져 있다.[2] 교감 신경계는 우리 신체에서 싸우거나 도망가는 반응의 기초를 이루고 있으며, 위험으로부터 도망가거나 스스로를 방어해야 할 때에는 아드레날린의 분비를 촉진한다. 흥분계는 긍정적인 경험에 의해서도 활성화된다. 예를 들면, 사냥꾼이 사냥감에 가까이 다가갈 때, 흥분계는 사냥꾼의 심장 박동을 빠르게 한다. 흥분계는 짝짓기에도 관여한다. 사실, 생존과 관계 있는 상황은 어떤 것이든 교감 신경계를 활성화시킨다. 그 상황이 위협이든 기회이든 간에, 반응은 똑같이 강한 대비 자세나 흥분의 고조로 나타난다. 이것은 생리학적으로는 심박동의 증가, 혈압 상승, 가쁜 호흡, 근육의 긴장 등으로 나타난다. 이러한 흥분 상태에서 신체는 결정적인 행동을 위해 에너지를 사용하게 된다.

신체를 행동에 대비하게 하는 이러한 능력 때문에 우리는 그것이 뇌와 부신에 연결된 부분과 함께 교감 신경계를 신체의 흥분계로 부르고자 한다.

　이러한 흥분 기능을 견제하는 기능을 담당하는 것이 부교감 신경계이다. 부교감 신경계는 에너지를 절약하고, 신체의 모든 기본 기능들을 조화롭게 균형잡는 일을 담당한다. 부교감 신경계는 잠을 조절하고, 긴장을 완화시키고, 소화를 촉진하고, 필수 영양분을 신체 전체에 고루 분배하고, 세포 성장을 감독한다. 신체를 진정시키고 안정시키는 능력 때문에 우리는 뇌의 윗부분과 아랫부분에 존재하는 관련 구조들과 함께 부교감 신경계를 억제계라 부르고자 한다.

　일반적으로, 흥분계와 억제계는 길항적으로 작용한다. 즉, 한쪽의 활동이 왕성해지면 다른 쪽의 활동은 감소하는 것이다.[3] 이 때문에 신체와 뇌는 부드럽게 행동하면서 앞에 닥친 상황에 적절하게 반응할 수 있다. 예를 들어 위험에 처했을 때, 억제계는 흥분계에 역할을 넘겨 신체가 행동을 취하도록 생리적으로 준비시키는 데 에너지를 사용하게 한다. 위험이 사라지면 마찬가지 방식으로 흥분계는 억제계에 바통을 넘겨주어 혈압을 낮추고, 호흡을 느리게 하고, 신체에 저장된 연료와 에너지를 효율적으로 절약하게 한다.

　이러한 교대적인 상호 반응은 매일매일의 일상 활동 속에서 일어난다.[4] 그러나 활동이 최대한으로 일어날 때에는 흥분계와 억제계가 모두 동시에 작용한다는 증거가 있으며, 이것은 비정상적인 의식의 교대 상태와 연관지어져왔다. 이러한 비정상적인 교대 상태는 춤이나 달리기 또는 지속적인 집중과 같은 다양한 종류의 강한 신체적 또는 정신적 활동에 의해 야기될 수 있다.[5] 이러한 상태는 예배 의식이나 명상과 같은, 본질적으로 순전히 종교적인 행동을 통해 의도적으로 일으킬 수도 있다. 의도적으로 일으킨 상태와 무의식적으로 일어난 상태가 유사한 결과를 나타내는 것은 자율 신경계와 영적 체험을 할 수 있는 뇌의 잠재 능력 사이에 분명한 연결 관계가 있음을 시사한다.

실제로 우리는 자율 신경계가 종교적 체험에 근본적인 역할을 한다고 생각한다. 예를 들면, 이전의 연구들에서 탄트라 요가나 초월 명상법(입을 다물고 진언을 외우는 등의 방법으로 정신적, 육체적으로 자신을 초월하는 것을 지향함-옮긴이) 같은 행위들은 심박동, 혈압, 호흡(이것들은 모두 자율 신경계가 조절하는 것이다)의 큰 변화와 관계가 있다는 것이 밝혀졌다.[6]

이 연구들과 명상에 관한 그 밖의 연구들에서는 피부의 전기 전도도 변화(역시 자율적 기능)를 측정했는데, 그것은 상황에 반응하여 우리 몸이 만들어내는 땀의 양에 따라 달라진다. 우리는 흥분하거나 스트레스를 받을 경우에 땀을 더 많이 흘린다. 일부 연구들은 명상 동안에 흥분계와 억제가 모두 활성화된다는 사실을 시사하지만, 명상의 종류에 따라 흥분계에 더 큰 효과를 미치는 것도 있고, 억제계에 더 큰 효과를 미치는 것도 있는 것으로 보인다. 물론 명상의 수행과 그 결과를 모든 종교적 체험에 확대 적용하는 것은 간단한 일이 아니다. 그러나 우리는 광범한 범위의 비상한 정신 상태와 잠재적 영적 상태를 이해하는 데 기여하리라고 생각되는 네 가지 자율 신경계 상태를 확인했다.[7] 이 상태들은 자율 신경계와 종교적 체험 사이의 관계를 연구하는 데 도움을 줄 수 있다.[8]

자율적 상태와 영적 체험

1. 과억제

과억제는 긴장이 과도하게 완화된 상태이다. 대개 깊은 잠에 빠졌을 때 이런 상태를 경험하지만, 어떤 명상 단계에서도 일어날 수도 있다. 찬송을 부르거나 집단 기도를 드리는 것처럼 느리고 조용하고 신중한 종교 의식 도중에 일어날 수도 있다. 강렬한 단계에서는 어떤 생각과 감정 또는 신체 감각도 의식에 떠오르지 않고, 몸과 마음이 깊은 고요함과 행복감에 젖어든다. 불교도들은 명상을 통해 도달하는 이와 비슷한 상태에 대해 이야기하는데, 이것을 '접근 의식(access consciousness)' 또는 우파카라 사마디(Upacara samadhi)'라 부른다.

2. 과흥분

과억제와는 동전의 양면 관계에 있는 과흥분 상태는 흥분을 억제할 수 없는 상태로, 흥분감과 경계심이 고조되고, 관계 없는 감정이나 생각을 배제하는 강한 집중을 낳는다. 과흥분은 수피교 신비주의자들이나 부두교 주술사들의 격렬한 의식의 춤처럼 연속적이고 리드미컬한 활동을 통해서도 일어날 수 있다. 마라톤 주자나 장거리 수영 선수들도 과흥분 상태를 경험한 사례가 보고되고 있다. 일부 경우에는 결정적인 상황에 처해 방대한 양의 감각 정보를 처리하면서 순간적인 판단을 내려야 하는 개인(예를 들면, 올림픽에서 활강 스키 경주를 하는 선수나 공중전을 벌이는 전투기 파일럿)에게도 자연 발생적으로 과흥분 상태가 나타난다. 그러한 사람에게는 정상적이고 의식적인 생각은 파멸을 가져오는 딴 생각이 될 수 있다.

과흥분 상태에 빠진 사람은 종종 아무 힘도 들이지 않고 엄청난 에너지를 의식을 통해 보내고 있는 듯한 느낌이 들며, 전형적인 '몰입(flow)'을 경험하게 된다.[9]

3. 흥분의 분출로 이어지는 과억제

어떤 특이한 조건에서는 자율 신경계의 억제 활동이 너무 강해져서 교감 신경계와 부교감 신경계 사이에 작용하는 정상적인 길항 반응을 압도할 때가 있다. 그 결과, 억제계의 활동 대신에 흥분계가 큰 자극을 받게 된다. 이러한 신경학적 '과잉' 또는 '돌파'는 아주 강렬한 '비상한 정신 상태'를 낳을 수 있다.

명상이나 명상 기도를 할 때, 강한 억제 활동이 큰 행복감을 낳을 수 있지만, 억제의 수준이 최고조에 달하면 흥분계도 동시에 분출하여 기분좋은 에너지를 분출시킬 수 있다. 어떤 물체(예컨대 촛불이나 십자가)에 집중함으로써 이런 상태를 경험하는 사람은 자신이 그 물체 속으로 흡수되는 듯한 느낌을 받을 수도 있다. 불교도들은 이러한 흡수 상태를 '아파나 사마디(Appana samahdi)'라고 부른다.

4. 억제의 분출로 이어지는 과흥분

흥분계가 극도로 자극될 때에 과잉 효과가 일어날 수 있는데, 이때에는 억제 반응이 분출된다. 그 결과로 오르가슴 같은 황홀한 에너지가 분출되면서 무아지경의 상태를 경험하게 된다. 이러한 상태는 빠른 동작의 종교 의식의 춤처럼 강렬하고 지속적인 집중을 통해 이를 수 있으며, 때로는 섹스의 절정에 이르렀을 때 잠깐 동안 느낄 수 있다. 흥분계와 억제계, 그리고 이것들의 상호 작용으로 일어나는 네 가지 상태는 몸을 마음과, 그리고 마음을 몸과 연결시켜준다. 이 상태들은 대개 감정과 밀접한 연관이 있기 때문에 자율 신경계는 감정을 조절하는 변연계와 밀접하게 연결되어 있는 것이 분명하다. 자율 신경계는 우리가 긍정적인 감정과 부정적인 감정을 어떻게 느끼는가에 관여하고, 그러한 감정은 변연계에서 생겨나기 때문에, 우리의 감정 뇌가 어떻게 마음에서 감정들을 만들어내는지 추적해볼 필요가 있다.

감정 뇌 : 변연계

사람의 변연계는 감정 자극들을 높은 사고와 지각들과 엮어짜 혐오, 좌절, 질투, 놀라움, 기쁨과 같은 아주 복잡한 감정 상태들을 광범위하게 만들어낸다. 비록 기본적인 감정들은 다른 동물들에서도 어느 정도 발견되지만, 이러한 감정 덕분에 사람은 아주 다양하게 발음되는 감정 섞인 어휘들을 구사할 수 있다.

연구 결과들은 변연계가 종교적 체험 및 영적 체험에 필수적임을 시사한다. 피실험자들의 변연계에 전기 자극을 가한 결과, 꿈 같은 환각이나 유체 이탈, 기시감(既視感 : 실제로는 경험한 일이 없는데도 경험한 것처럼 느끼는 것-옮긴이), 환영을 일으켰는데, 이것들은 모두 영적 상태에서 느끼는 것으로 보고된 것들이다.[10] 한편, 신경 정보가 변연계에 들어가는 것을 차단할 때에도 환각을 경험할 수 있다.[11] 변연계는 종교적 체험 및 영적 체험에 이렇게 깊이 관련되어 있기 때문에 때로는 '신과 대화할 수 있는 송화기(transmitter to God)'로 일컬어지기도 했다.[12] 그러나 영적 상태와 어떤 관련이 있든지 간에, 변연계의 가장 기본적인 목적은 두려움이나 공격성, 분노와 같은 기본적인 감정을 일으키고 조절하는 것이다. 진화론적으로 말한다면, 중추 신경계를 가진 대부분의 동물들이 지니고 있는 변연계의 구조는 아주 오래 된 것이다. 우리의 변연계가 다른 동물들이나 우리의 먼 조상들의 변연계와 다른 점은 그 동안 우리가 미묘한 것들을 많이 발달시켜왔다는 것이다. 시기, 자부심, 후회, 부끄러움, 자랑스러움과 같은 감정들은 모두 고도로 발달된 변연계가 만들어낸 것들이며, 특히 변연계의 기능이 뇌의 나머지 부분과 결합되면서 생겨난 것들이다. 그래서 우리의 먼 조상들은 자식의 돌던지기 경기에 참석하지 못한 데 대해 실망감을 느꼈겠지만, 우리는 일말의 죄책감마저 느낀다.

변연계의 1차적 구조는 시상하부, 소뇌편도, 해마회로 이루어져 있다. 이것들은 모두 원시적인 기관이지만, 사람의 마음에 미치는 영향력은 아주 크다.

변연계가 생존에 기여하는 이점은 명백하게 드러난다. 변연계는 동물들이 먹이를 찾을 때 필요한 공격성과, 포식자나 다른 위험한 상황을 피하도록 해주는 두려움, 그리고 짝짓기를 하고 새끼를 돌보게 해주는 귀속 갈망(원한다면 원시적인 '사랑'이라고 불러도 좋다)을 준다. 사람의 경우, 변연계의 활동으로 생겨난 1차적인 감정이 신피질의 더 높은 인지적 기능과 합쳐져 더 풍부하고 다양한 감정적 경험을 만들어낸다.

최고 통제자 – 시상하부

진화론적 관점에서 볼 때, 시상하부는 변연계에서 가장 오래 된 구조로, 뇌간 위쪽 끝부분에 위치한다. 비록 시상하부는 변연계의 일부이긴 하지만, 자율 신경계를 제어하는 최고 통제자로 간주된다.[13] 시상하부는 기본적으로 내부와 외부의 두 부분으로 이루어져 있다. 내부는 억제계에 연결되어 있어 마음을 진정시키는 감정을 만들어낼 수 있다. 외부는 흥분계가 연장되어 뇌로 이어지는 부분이다. 시상하부는 보통의 즐거움과 행복감과 같은 긍정적인 상태뿐만 아니라 분노나 공포와 같은 기본적인 감정을 만드는 데 기여할 수 있다.

시상하부가 담당하는 중요한 역할 중 하나는 자율 신경계의 동작을 신피질의 더 높은 구조들과 연결시키는 것이다. 시상하부는 뇌가 자율 신경계에게 신체를 조절하라는 지시를 내릴 수 있도록 중요한 연결 장치를 제공한다. 시상하부는 자율 신경계의 자극이 뇌의 더 높은 구조들로 전달되는 통로이기도 하다. 따라서, 시상하부는 신체의 어떤 기관이나 부분에도 영향을 미칠 수 있다.

명상 및 다른 영적 체험에 대한 연구에서는 그러한 상태에 몰입했을 때 시상하부의 작용을 구체적으로 관찰하진 못했지만, 시상하부의 활동으로 인해 일어나는 결과는 그러한 상태 동안에 관찰되는 자율 신경계의 이동과 호르몬 변화에서 분명히 볼 수 있다. 명상은 혈압 조절에 관여하는 바소프레신, 갑상선 자극 호르몬, 성장 호르몬, 테스토스테론과 같은 호르몬 분비량에 변화를 가져오는 것으로 관찰되었는데, 이 호르몬들은 정도의 차이는 있지만 모두 시상하부의 통제를 받는다.[14] 따라서, 영적 체험이나 종교적인 행위가 일어나는 동안에 시상하부에 무슨 일이 일어나고 있을 가능성이 매우 높다.

파수꾼 – 소뇌편도

측두엽의 중간 부분에 위치한 소뇌편도는 뇌에서 가장 오래 된 구조 중 하나로서, 높은 차원의 감정적 기능을 사실상 모두 제어하고 조정한다.[15] 소뇌편도는 사랑, 호감, 우정, 불신과 같은 미묘한 감정적 뉘앙스를 구별하고 표현할 수 있을 만큼 충분히 복잡하다. 소뇌편도는 이 구조를 뇌의 다른 영역들과 연결시켜주는 풍부한 신경망 덕분에 중요한 감시 기능도 수행할 수 있다. 소뇌편도는 그러한 연결 회로들을 이용하여 뇌 전체를 지나가는 감각 자극을 감시하고, 행동을 요구하는 입력 신호(기회나 위험의 신호 또는 주의를 기울일 가치가 있는 어떤 것)를 찾아낸다.

우리의 주의를 요구하는 자극이 제시되면, 소뇌편도는 아주 기초적인 방식으로 그 중요성을 분석한 다음, 그 자극에 감정적 가치를 부여함으로써 마음으로 하여금 주의를 기울이게 만든다. 예를 들면, 밤 중에 수상한 소리를 들었을 경우, 신체의 흥분계를 통해 맥박을 빨리 뛰게 하고 눈을 동그랗게 뜨게 만드는 공포감을 일으키는 일을 하는 것이 바로 소뇌편도이다. 긍정적인 자극을 받았을 경우(예를 들어 음식 냄새를 맡거나 매력적인 이성을 본 경우)에도 똑같은 과정이 일어난다. 소뇌편도는 그 자극에 적절한 감정 반응을 부여함으로써 마음으로 하여금 주의를 기울이게 만든다.

이러한 감시 기능은 동물 실험에서 확인되었는데, 소뇌편도에 전기 자극을 가했을 때, 동물의 머리는 주위를 살펴보고 찾는 동작이 빨라졌다.[16] 동물은 뭔가 간절히 기대하는 것처럼 보였고, 심박동과 호흡 속도가 빨라졌고, 그 밖의 생리학적 흥분 효과들도 나타냈다. 뇌 영상을 연구한 결과도 흥분 상태에서 소뇌편도의 활동이 증가하는 것을 보여준다.

소뇌편도가 자율 신경계에 흥분 활동을 일으키는 능력은 사람의 감정을 만들어내는 핵심 요소이긴 하지만, 소뇌편도는 자율 신경계에 직접 영향력을 미치지는 않는다. 대신에, 소뇌편도가 시상하부를 활성화시키면, 시상하부가 자율 신경계를 활동하게 만든다.[17]

외교관 – 해마회

측두엽의 소뇌편도 조금 뒤에 위치한 해마회는 시상하부의 활동에 큰 영향을 받는다. 두 구조는 종종 상호 보완적으로 작용하여 흥미로운 감각 입력 정보에 마음의 주의를 집중시키고, 감정을 만들어내고, 그렇게 만들어낸 감정을 상이나 기억, 학습과 연결시킨다.[18]

해마회는 변연계의 또 다른 구조인 시상(視床)을 조절하는 영향력을 지닌 것으로 보인다. 해마회는 종종 혼자서 또는 시상과 함께 작용하여 감각 입력 정보가 여러 신피질 영역으로 가는 것을 차단한다.[19] 또한 해마회는 지나친 흥분 상태를 피하고 감정적 평형을 유지하기 위해 자율 신경계에서 발생하는 억제 반응과 흥분 반응을 조절하는 힘도 있다. 소뇌편도와 시상하부와는 달리, 소뇌편도는 직접적으로 감정을 일으키지는 않지만, 뇌의 다른 주요 부위에 조절 효과를 미칠 수 있기 때문에 개인의 마음 상태에 큰 영향력을 행사한다.

감정 뇌, 그것의 최고 통제자, 파수꾼, 외교관은 모두 일상 생활의 지각을 만들어내는 데 관여하고 있으며, 영적 체험에도 모두 중요한 역할을 한다. 게다가, 이 구조들은 뇌의 다른 부분들과 복잡한 방법으로 서로 긴밀하게 협력하여 마음의 더 높은 기능들과 독특한 개인적 생각과 견해를 만들어낸다.

마음은 세계를 어떻게 이해하는가 : 인지적 오퍼레이터

제2장에서 아주 느릿느릿 움직이면서 방의 한쪽 끝에서 다른 쪽 끝으로 가는 여행을 반복하는 데 성공하지 못했던 로봇을 기억하는가? 과학자가 문에 써놓은 단순한 X자 때문에 그 로봇은 두 번째 여행을 무사히 마칠 수 없었다. 그렇지만 우리는 거의 아무런 힘도 들이지 않고서 X를 무시하고 문을 발견한다.

매순간 우리는 주의를 흩뜨리는 것들을 버리고, 혼란스러운 정신적 자극과 외부의 자극들을 잘 걸러냄으로써 두개골 바깥에 존재하는 세계에 대해 정확하고 신뢰할 수 있는 해석을 만들어낸다. 그런데 원시적인 로봇 뇌가 직면했던 그 문제는 세계와 상호 반응하는 가장 기초적인 단계에서 사람의 뇌가 마주쳤던 문제이다. 즉, 우리가 존재하는 매순간 쏟아져 들어오는 감각 정보의 홍수로부터 의미 있는 것과 적절한 것을 가려내야 하는 문제이다.

우리가 로봇과 다른 것은, 뇌의 서로 다른 부분들 사이에서 거의 순간적으로 일어나는 커뮤니케이션과 상호 작용 때문이다. 우리는 이 기적 같은 일이 어린아이에게서 일어나는 것을 분명하게 볼 수 있다. 예를 들어 얼룩무늬 고양이와 함께 사는 어린아이가 커다란 검은색 개를 보았을 때, 그 아이는 그 개를 '고양이'라고 부를지도 모른다. 그러나 그 아이는 침대 위에 놓여 있는 보숭보숭한 얼룩무늬 베개를 보고 '고양이'라고 부르지는 않는다. 로봇의 뇌에서와 마찬가지로 아이의 뇌에 도달하는 모든 감각 정보의 양이 똑같다고 해도, 아이는 그 반대로 생각하지는 않을 것이다. 아이는 고양이가 베개보다는 개를 더 닮았다는 사실을 구별할 줄 안다. 뇌가 만들어내는 이러한 풍부한 지각은, 우리가 받아들인 데이터와 그것을 분석한 결과가 결합되는 영역에서 만들어진다. 복잡한 이 구조들은 우리 주위의 세계에 대한 풍부한 해석을 만들어내고, 우리로 하여금 주위 환경에 효과적이고 자신 있게 반응하게 해준다.

이 영역들은 비유적인 의미로 마음의 신경학적 닻이라고 부를 수 있다. 이것들은 일부 '인지적 오퍼레이터(cognitive operator)'를 보조해준다. 인지적 오퍼레이터란, 사람 마음에서 가장 보편적인 분석적 기능들을 나타내기 위해 진과 내가 만들어낸 용어이다.[20] 인지적 오퍼레이터를 설명하기는 쉽지 않다. 간단하게 말한다면, 인지적 오퍼레이터는 효율적인 마음이 할 수 있고, 또 하려고 하는 일들을 가리킨다. 인지적 오퍼레이터 자체는 뇌의 구조가 아니다. 더 정확하게 말한다면, 인지적 오퍼레이터는 다양한 뇌 구조들의 집단 기능을 일컫는 말이다. 예를 들어 계량적 오퍼레이터(수와 수학을 다루고, 그것을 우리의 일상 생활에 활용하는 오퍼레이터)는 복잡한 수학 문제를 푸는 것을 도와준다고 말한다면, 그 문제를 푸는 데 관여하는 모든 뇌 구조와 기능은 계량적 오퍼레이터의 일을 하고 있다고 말할 수 있다.[21]

진과 나는 간단한 질문을 던짐으로써 인지적 오퍼레이터를 확인하였다. 사람만의 특유한 것이라고 규정할 수 있는 방식으로 세계를 생각하고 느끼고 경험할 수 있으려면, 마음은 어떤 종류의 능력이 필요한가? 그 답이 바로 인지적 오퍼레이터이다. 인지적 오퍼레이터는 우리의 모든 생각과 느낌을 빚어내지만, 그 자체는 개념이 아니다. 그것은 오히려 마음의 조직 원리라고 할 수 있다. 인지적 오퍼레이터는 마음의 전반적인 기능을 가리키며, 그렇게 하기 위해 많은 핵심적인 뇌 구조들에 의존한다. 인지적 오퍼레이터는 세계를 생각하고 느끼고 해석하고 분석하는 우리의 일반적인 능력을 말한다. 인지적 오퍼레이터는 또한 우리 각자에게 독자적인 개개인의 지적 특징을 부여한다. 우리의 생각과 감정을 자신만의 고유한 것으로 만들어준다.

인지적 오퍼레이터는 다른 것들도 있을 수 있지만, 여기서는 종교적 체험을 논의하는 데 가장 적절한 것으로 생각되는 여덟 가지를 선택해 각각 이름을 붙여보았다. 논의의 편의상 이들 각각의 기능을 별개의 과정으로 취급할 것이다. 그러나 대개의 경우, 우리가 생각하고 느끼고 의식적인 존재로 살아가는 것은 오퍼레이터들이 완전한 조화를 이루어 작용한다.[22]

나무는 보지 않고 숲만 본다 – 전체론적 오퍼레이터

전체론적 오퍼레이터는 우리에게 세계를 하나의 전체로서 보게 해준다. 이러한 정신적 기능 덕분에 우리는 부분들(예컨대 나무 껍질, 잎, 가지)로 구성된 전체 모습을 보고서 즉각 그것이 나무라는 것을 알 수 있다. 전체론적 오퍼레이터는 우뇌의 두정엽 영역의 활동에서 일어날 가능성이 매우 높다.

숲은 보지 않고 나무만 본다 – 환원주의적 오퍼레이터

주로 분석적인 경향이 있는 좌뇌의 활동에서 비롯되는 환원주의적 오퍼레이터는 전체론적 기능의 안티테제에 해당하는 방식으로 작용한다. 환원주의적 오퍼레이터는 마음에게 전체를 분해하여 그 구성

부분들을 보게 해준다. 예를 들면, 전체를 이루는 전 지구적 환경 속에서 작은 기후대 부분들을 보도록 도와주는 마음의 기능이 바로 이것이다.

마음의 분류학자 – 추상적 오퍼레이터

좌뇌 두정엽의 작용에서 비롯되는 것으로 생각되는 추상적 오퍼레이터는 지각된 개개 사실들로부터 일반적인 개념을 형성하도록 도와준다. 예를 들면, 추상적 오퍼레이터는 닥스훈트(사냥개의 일종 – 옮긴이), 달마시안, 아이리시 울프하운드(대형 사냥개 품종 – 옮긴이)를 모두 같은 개념적 범주에 속하는 것으로 인식하게 해준다. 일단 그러한 범주가 형성되고 나면, 뇌의 다른 부분들이 그 범주에 이름을 부여한다(이 경우에는 '개과 동물'). 추상적 기능이 없다면, 범주들에 이름을 붙이는 것을 포함해 언어의 기반을 이루는 그 밖의 모든 일반적인 개념과 생각은 불가능할 것이다.

추상적 오퍼레이터는 마음으로 하여금 별개의 두 사실 사이에서 연결 관계를 발견하도록 도와주는 더 복잡한 기능도 수행한다. 사실적 증거에 바탕을 두고 있지만, 그 자체가 사실인지 알려져 있지 않은 개념은 모두 추상적 오퍼레이터가 만들어낸다. 따라서, 추상적 기능은 과학 이론이나 철학적 가설, 종교적 믿음, 정치적 이데올로기를 만들어낼 수 있다.

수학적 마음 – 계량적 오퍼레이터

계량적인 기능은 지각한 다양한 요소들로부터 양을 추상화할 수 있게 해준다. 계량적 오퍼레이터는 수학 연산을 수행하는 마음의 능력과 관계가 있는 게 분명하지만, 그 밖에도 시간과 거리의 추정, 양(구할 수 있는 먹이나 다가오는 적의 수와 같은)을 인식해야 할 필요성, 물체들과 사건의 순서를 어떤 수 체계에 따라 정리해야 할 필요성과 같은 더 기본적인 생존 기능들을 수행한다. 연구 결과들에 따르면, 계량적 기능은 유전적으로 주어지는 것으로 보이며, 만 한 살도 안 된 아기들조차 덧셈이나 뺄셈과 같은 수학의 기초 개념을 이해할 수 있다고 한다.[23]

'어떻게' 와 '왜' – 인과론적 오퍼레이터

인과론적 오퍼레이터는 마음으로 하여금 현실을 어떤 원인과 결과의 순서로 해석하도록 해준다. 인과론적 오퍼레이터는 원인을 예상하고 확인할 수 있는 능력을 줄 뿐만 아니라, 원인이 될 가능성이 있는 존재도 인식하는 능력을 준다. 원인과 결과 사이의 관계는 단순하고 자명해 보이지만, 뇌의 신경학적 기구가 그것을 먼저 처리해주지 않는다면 어떤 것도 마음에 자명하게 받아들여지지 않을 것이다. 실제로, 인과론적 기능을 담당하는 신경학적 기초가 위치한 뇌 부분에 손상을 입은 사람들은 아주 간단한 사건의 원인을 판단하는 능력조차도 상실하는 것으로 드러났다. 예를 들면, 그러한 사람은 현관의 초인종 소리를 듣고 의아하게 생각할 수 있다. 현관에 방문객이 기다리고 있다는 사실을 마음에 알려주는 신경 구조들이 손상되었기 때문이다.

사람이 느끼는 거의 모든 호기심 뒤에는 인과론적 오퍼레이터가 작용하고 있을 가능성이 높다. 인과론적 오퍼레이터는 흥미롭거나 자신과 관계 있는 모든 것의 원인을 알아내도록 충동질하며, 우주의 수수께끼를 설명하려는 과학과 철학, 그리고 특히 종교의 모든 시도 뒤에 숨어 있는 원동력이다.

이것이냐 저것이냐 – 이분법적 오퍼레이터

이분법적 오퍼레이터는 마음에 현실을 조직하는 가장 강력한 도구 중 하나를 제공하며, 물리적 세계에서 우리가 자신감 있고 효율적으로 움직일 수 있게 해준다. 이분법적 오퍼레이터는 가장 복잡한 시간과 공간의 관계를 서로 반대되는 성질들의 짝(위와 아래, 안과 밖, 왼쪽과 오른쪽, 이전과 이후 등)으로 간단하게 축소함으로써 우리 마음으로 하여금 사물들을 근본적으로 이해하게 해준다.

원인의 존재와 마찬가지로, 반대되는 것들의 존재는 현실 관찰자에게는 기정 사실로 보일 수도 있다. 그러나 인과론적 오퍼레이터의 작용이 없이는 마음이 원인의 가능성을 이해하지 못하는 것과 마찬가지로, 이분법 기능이 존재하지 않는다면 마음이 사물들을 그 반대되는 속성으로 정의할 수 있는 능력도 불가능할 것이다. 실제로, 이분법적 오퍼레이터에 필요한 신경학적 활동을 수행하는 하두정엽이 손상된 사람들은 어떤 물체나 단어와 반대되는 이름을 대지 못한다. 마찬가지로, 그런 사람은 어떤 물체를 다른 것과 비교하거나 상대적인 정도의 차이로 그것들을 설명하는 능력도 상실한다. 예를 들어 그 사람에게 볼링 공과 구슬의 차이를 말해보라고 한다면, 그는 어쩔 줄 몰라 할 것이다. 왜냐하면, '~보다 큰'이나 '~보다 작은'과 같은 개념은 그의 마음이 이해할 수 있는 능력 밖에 있기 때문이다. 이분법적 오퍼레이터는 마음으로 하여금 물리적 세계와 관념적 세계에서 중요한 구별을 할 수 있도록 도와준다.

출구 없음 – 존재론적 오퍼레이터

존재론적 오퍼레이터는 뇌가 처리한 감각 정보에 존재감이나 현실감을 부여하는 마음의 기능이다. 간단하게 말해서, 이 오퍼레이터는 뇌가 우리에게 보여주는 것이 실재한다는 느낌을 준다.

존재론적 오퍼레이터의 존재는 최근에 여러 연구 결과에서 암시되었다. 한 연구에서 아기들에게 테이블 위에서 왼쪽에서 오른쪽으로 굴러가다가 스크린 뒤로 사라지는 공을 보여주었다. 스크린을 들어올리면 아기들은 공이 오른쪽 벽에 가 붙어 있는 것을 보게 된다. 그 실험을 다시 반복하는데, 이번에는 아기들은 스크린을 들어올렸을 때 공이 딱딱한 상자의 왼쪽 면에 붙어 있는 것을 보게 된다. 그리고 나서 공을 세 번째로 굴리는데, 이번에는 스크린을 들어올렸을 때 공이 딱딱한 상자의 오른쪽 면에 붙어 있다. 관찰 결과에 따르면, 아기들은 마치 상자 속을 통과해 굴러간 것처럼 보이는 이 세 번째 공을 다른 경우보다 훨씬 더 오랫동안 바라본다.[24]

이것은 아기들도 자기가 보고 있는 사건의 불가능성(딱딱한 물체는 다른 딱딱한 물체를 통과할 수 없다는 것)을 나름대로의 방식으로 이해하고 있음을 시사하는 것으로 해석되었다. 이것은 아기들조차 현실의 실재성을 자연적으로 이해한다는 것을 암시한다.

존재론적 오퍼레이터는 최소한 일부는 변연계에 위치하고 있을 가능성이 아주 높다. 모든 실제적인 경험에서 감정이 아주 중요한 부분을 담당하기 때문이다. 그러나 사물이 실재한다고 느끼기 위해서는 감각 요소들도 필요하기 때문에(어떤 것이 실재한다고 판단하기 전에 우리는 그것을 만지고, 듣고, 냄새 맡고, 맛보고, 보는 것이 필요하다) 존재론적 오퍼레이터의 기능 중 일부는 감각연합영역에서 일어날 가능성도 있다.

일어나는 일에 대한 느낌 - 감정적 가치 오퍼레이터

앞에서 언급한 모든 인지적 오퍼레이터들은 세계를 해석하는 정교한 방법(사람만이 가진 특별한)을 제공해준다. 그것들은 우리 주위의 세계를 구성하고 있는 요소들에서 원인과 양, 질서, 통일성을 추론할 수 있게 해주거나, 그러한 요소들을 서로 반대되는 것들로 바라보게 해주거나, 그것들을 더 작은 부분들로 분해하게 해준다. 이들 각각의 기능은 모두 명백한 생존 가치를 지니고 있지만, 이것들은 모두 우리의 지각을 정신적으로 해석한 것에 불과하다. 이것들은 뇌가 감정적으로 지각하는 것에 대해 우리가 평가를 하도록 해주지는 못한다.

감정적 가치 오퍼레이터는 지각과 인식의 모든 요소에 감정적인 값을 부여하는 역할을 한다. 감정적 가치를 부여하는 기능이 없다면, 우리는 그저 지능이 높은 로봇처럼 세상을 돌아다닐 것이다. 환경을 이해하고 효율적으로 분석하기 위해서는 마음의 다른 기능들이 필요하지만, 두려움이나 즐거움 또는 생존의 갈망을 느끼는 데서 오는 동기의 자극이 없다면, 우리는 지금과 같은 큰 성공을 거둔 종이 될 수 없었을 것이다.

감정적 가치 오퍼레이터의 중요성에 대한 증거 중 일부는 안토니오 다마시오(Antonio Damasio)가 자신의 저서『일어나는 일에 대한 느낌(*The Feeling of What Happens*)』에서 소개한 신체 표지 가설(somatic marker hypothesis)에서 얻을 수 있다.[25] 다마시오는 사람의 추론과 합리적 사고에서 감정이 아주 중요한 역할을 한다고 주장한다. 감정적 가치 오퍼레이터의 작용이 없다면, 우리는 다른 사람들과 어울릴 필요성도 느끼지 못할 것이고, 짝을 구하려는 충동도, 자식을 돌보려는 마음도 들지 않을 것이다. 이러한 중요한 행위들에 감정적 가치를 부여함으로써 뇌는 우리에게 강렬하고 열정적으로 생존을 추구하게 만든다.

활동 중인 뇌의 관찰

PET, SPECT, fMRI를 사용한 뇌 활동 연구를 통해 뇌의 각 구조들이 담당하는 구체적인 기능들에 대해 상당히 자세한 그림을 얻게 되었다. 우리는 뇌의 어느 부분이 오감의 각 감각과 연관이 있는지, 전신 운동에서부터 새끼손가락을 까닥이는 움직임에 이르기까지 어떤 운동 행위에 의해 어떤 부분이 활성화되는지 알 수 있다. 우리는 피실험자들이 덧셈과 뺄셈을 하거나 편지를 쓰거나 고통을 경험하거나 친구의 얼굴을 바라볼 때, 뇌의 어느 부분들에 신호가 들어오고 나가는지 조사할 수 있다.

이렇게 날로 늘어나는 지식 자산으로부터 얻을 수 있는 결론은 우리에게 일어나는 모든 사건과 우리가 취하는 모든 행동은 뇌 속의 하나 또는 둘 이상의 특정 영역에서 일어나는 활동과 관련지을 수 있다는 것이다. 여기에는 물론 모든 종교적, 영적 체험도 포함된다. 그리고 연구에서 드러난 증거들을 살펴볼 때, 만약 신이 정말로 존재한다면, 신이 자신의 존재를 드러낼 수 있는 유일한 장소는 복잡하게 뒤엉킨 뇌의 신경 경로와 생리학적 구조들이라는 사실을 믿지 않을 수 없다.

4
신화만들기

이야기와 믿음을 만들고 싶은 충동

자욱한 안개가 덮여 있는 인류의 선사 시대 역사 중 어딘가에서, 석기 시대에 살았던 우리의 사촌(오늘날 네안데르탈인이라 불리는)이 지구상의 생물 중 최초로 죽은 동료를 매장하는 의식을 치렀다. 이 거친 털투성이의 유목민들이 동료를 땅 속에서 영원히 쉬도록 매장하면서 어떤 생각을 했는지는 단지 상상만 해볼 수 있을 뿐이다. 그런데 그들은 시체만 땅 속에 묻은 것이 아니었다. 연장과 무기, 옷 그리고 그 밖의 필수품들도 함께 묻어놓았다. 이것들은 어쩌면 오늘날 우리가 추도의 뜻으로 무덤 주위에 장식하는 꽃이나 화환, 비석, 나무처럼 망자에게 준 선물이었는지도 모른다. 그렇지만 그보다는 죽은 사람이 앞으로 맞이하게 될 신비스러운 모험에서 도움이 될 만한 필요한 것들을 갖추어주었을 가능성이 더 높아 보인다.

　이 희망 섞인 제스처(형이상학적 기대를 어렴풋하게 드러낸 역사상 최초의 사례)는 우리의 네안데르탈인 조상에 대해 두 가지 중요한 사실을 말해준다. 첫째는 그들은 피할 수 없는 육체적 죽음의 필연성을 이해할 수 있을 만큼 뇌가 충분히 발달했다는 것이고, 둘째는 그들은 이미 최소한 개념적으로는 죽음을 극복하거나 죽음에 대처할 수 있는 방법을 발견했다는 것이다.

네안데르탈인이 장례 의식을 치렀다는 증거는 유럽과 아시아에 흩어져 있는 구석기 시대 매장지에서 발견되었다. 인류학자들은 네안데르탈인의 신화에 대해서는 아는 것이 거의 없지만, 그들은 죽은 뒤에도 살아갈 수 있다는 어떤 믿음 체계를 만들어낸 것이 분명하다.[1]

네안데르탈인은 그들의 세계가 혼돈스러운 곳이 아니라, 강력하고 질서 있는 힘들의 지배를 받고 있다고 믿었던 것 같다. 그들은 적절한 의식을 통해 그러한 힘들에 호소할 수 있으며, 또 어느 정도는 그러한 힘들을 통제할 수 있다고 믿었다. 네안데르탈인의 매장지가 높은 산의 동굴 속에서 발견되는 것을 통해서 이 사실을 알 수 있는데, 그 주위에는 곰의 두개골이 어떤 의식을 따른 것처럼 피라미드 모양으로 쌓여 있고, 조야한 작은 제단에는 20만 년 전에 동물을 희생으로 바치면서 생긴 검게 탄 흔적이 아직 선명하게 남아 있기 때문이다.[2]

네안데르탈인의 무덤은 원시 종교의 행위를 보여주는 최초의 증거이다. 그것이 인류 문화가 나타난 최초의 증거(도기, 복잡한 연장, 초보적인 가정용품)와 시기적으로 일치한다는 사실은 뭔가 중요한 것을 시사한다. 호미니드(hominid : 직립 보행을 한 영장류. 대개 사람의 초기 조상이나 친족 관계에 있는 존재들을 가리킴 – 옮긴이)가 사람처럼 행동하기 시작할 무렵, 그들은 존재의 가장 심오한 신비에 대해 궁금해하고 불안해하기 시작했다. 그리고 그들은 우리가 신화라고 부르는 이야기를 통해 그러한 신비에 대한 해결책을 찾았다.

저명한 신화학자 조지프 캠벨(Joseph Campbell)은 이렇게 말했다.

"신화는 분명히 인류와 같은 시대에 태어났다. 다시 말해서, 여기저기 흩어져 파편으로 존재하는, 우리 종의 출현에 대한 최초의 증거를 추적할 수 있는 과거의 먼 시기에 이미 신화적인 목적과 관심이 호모 사피엔스의 예술과 세계를 빚어내고 있었음을 시사하는 흔적들이 발견되었다."[3]

신화는 분명히 인류의 문화만큼 오래 된 것이지만, 신화적 사고를 먼 과거의 흔적으로 간주하는 것은 잘못이다. 신화들은 오늘날 모든 현대 종교의 뿌리를 이루는 근원적인 설화, 예컨대 예수에 관한 설화나 부처가 깨달음을 얻기까지의 과정에 관한 설화에 살아 있다. 이것은 두 설화가 반드시 사실이 아니라는 의미는 아니다.

오늘날 신화라는 단어에 담겨 있는 뉘앙스와는 달리, 신화는 '환상'이나 '지어낸 이야기'와 동의어가 아니다. 신화를 뜻하는 영어 단어 myth는 훨씬 더 오래 되고 깊은 의미를 담고 있다. 그것은 그리스어 mythos에서 유래했는데, mythos는 '단어'라는 뜻이지만, 의심의 여지가 없는 깊은 권위를 지닌 단어를 의미했다. 또, mythos는 musteion이란 그리스어에서 나왔는데, 『신의 역사(A History of God)』라는 책을 쓴 종교학자 캐런 암스트롱(Karen Armstrong)에 따르면, musteion은 '눈을 감거나 입을 다무는 것'을 의미한다. 그래서 '어둠과 침묵의 경험 속에서' myth의 어원이 되었다고 암스트롱은 말한다.

조지프 캠벨은 그러한 어둠과 침묵은 사람의 영혼 한가운데에 자리잡고 있다고 본다. 신화의 목적은 이 내면의 깊은 곳으로 들어가 '우리 자신에게 근본적인 문제, 즉 의식을 가진 우리의 마음이 자신의 가장 비밀스러운, 충동을 불러일으키는 깊은 내면과 계속 접촉하길 원한다면 알아두는 것이 좋은 영원한 원리들'을 말해주기(은유와 상징으로) 위한 것이라고 그는 말한다.[4]

신화는 우리에게 사람으로서 살아가는 길을 보여준다고 캠벨은 말한다. 신화는 무엇이 가장 중요하며, 내면의 삶에서 볼 때 무엇이 가장 심오한 진리인지를 보여준다. 신화의 힘은 문자가 지닌 표면상의 의미 이면에 숨어 있으며, 논리와 이성만으로는 할 수 없는 방법으로 우리를 자신의 가장 근본적인 부분들과 연결시켜주는 보편적인 상징과 주제를 제시하는 능력에 있다. 이 정의를 따른다면, 우리에게 뭔가 의미 있는 것을 주려면 종교는 반드시 신화에 바탕을 두어야만 한다. 이런 의미에서 예수의 설화는, 설사 그것이 문자 그대로 그리고 역사적으로 사실이라 할지라도, 신화이다. 마찬가지로 설사 신화에서 이야기하는 기이한 사건들이 절대로 일어나지 않았다 하더라도, 그리고 신화에 나오는 인물들이 지구상에 존재한 적이 전혀 없었다 하더라도, 과거 문화들에서 지속되어온 신화들은 모두 오늘날 독자들의 정신과 영혼에 공명을 일으키는 심리적·정신적 진리를 담고 있다.

모든 종교는 본질적으로 신화에 바탕을 두고 있다. 그렇다면 종교적 체험에 대한 신경학적 뿌리를 찾는 일은 신화를 이야기하고 믿는 사람의 천재적인 재능을 검토하는 것에서 시작해야 한다는 결론이 나온다. 간단한 질문을 던지는 것으로 시작하기로 하자. 어떤 종교, 어떤 시대를 막론하고 사람의 마음은 왜 가장 골치 아픈 문제들에 대한 답을 신화에서 찾으려고 하는가? 얼핏 생각하기에는 그 답은 명백해 보인다. 우리는 이해할 수 없고 위험한 세상에서 자신의 존재론적 두려움을 완화시키고, 위안을 얻기 위해 신화에 의지한다는 것이다.

그러나 뇌와 마음은 개개인의 육체적인 생존 기회를 높이는 방향으로 진화했다는 사실을 받아들인다면, 때로는 믿기 어려운 이 이야기들로부터 위안을 얻는다는 것은 좀 이상하게 생각될 것이다. 아주 실용적인 경향을 지닌 마음이 어떻게 스스로의 상상 속에서 창조적으로 지어낸 이야기에 위안을 얻을 수 있겠는가? 이 질문에 대한 완전한 답을 얻기 위해서는 신화를 만들고 싶은 충동 뒤에 숨어 있는 생물학적·진화론적 목적과, 그 목적이 어떻게 사람 마음의 가장 깊은 정신적 잠재력을 열 수 있는 신경학적 메커니즘을 낳았는지 이해해야만 한다.

자연계에서 죽음이 이상한 것으로 여겨진 적은 결코 없었다. 야생 동물들은 늘 마주치는 죽음에 대해 어떻게 생각하는지 우리로서는 알 길이 없다. 코끼리는 살아 있는 존재가 죽는 것에 대해 약간 염려하는 것처럼 보인다. 죽은 친척 코끼리의 남은 뼈를 쓰다듬어주기 위해 코끼리 가족들이 상당히 먼 거리를 여행하는 것을 연구자들은 목격한 적이 있다. 고래나 개, 원숭이 같은 지능이 높은 다른 동물들도 슬픔을 느끼는 것처럼 보인다. 그러나 동물들도 죽음의 신비에 대해 생각한다고 믿을 만한 근거는 전혀 없다. 동물들은 오히려 위험을 감지하고 피하는 데 더 관심을 쏟는 것처럼 보인다. 무자비한 동물계에서 위협은 항상 눈앞에 존재하며, 위험은 전혀 신비로울 게 없는 낯익은 이웃이다.

예를 들면, 영양이 치타를 피해 달아나는 행동에는 어떤 의미도 숨어 있지 않다. 영양은 무사히 달아나든지 그러지 못하든지 할 뿐이다. 만약 무사히 달아나서 자기 무리에 합류한다면, 그 영양은 아주 무섭지만 구체적인 위험에서 벗어났다는 사실만 알 뿐이다(영양이 그것을 어떤 방식으로 알든지 간에). 우리는 영양이 죽음의 더 큰 의미를 생각할 능력이 있는지에 대해 어떤 확실한 증거도 갖고 있지 않다. 영양이 풀을 뜯으면서 왜 풀이 자랄까, 태양을 떠 있게 하는 것은 무엇일까 생각할 능력이 있는지에 대한 증거가 없는 것과 마찬가지이다. 영양에게 죽음은 곧 치타이며(그 이상도 그 이하도 아니다), 지구상의 모든 영양은 치타의 그림자가 어른거리면 도망가야 한다는 사실을 알고 있다.

도망가려고 하는 충동 뒤에 숨어 있는 생물학적 자극은 영양의 변연계에서 시작되며, 그것은 위험의 감각 지각(예컨대 치타의 모습을 보거나 냄새를 맡는 것)에 흥분 반응을 일으킨다. 변연계 구조들이 활성화되면 자율 신경계를 자극하고, 그러면 자율 신경계는 아드레날린을 분비하여 심박동과 호흡 속도를 증가시키고, 근육을 긴장시키고, 전체적으로 영양에게 행동을 취할 준비 태세를 갖추게 함으로써 흥분 반응을 강화한다.

영양과 같은 동물들의 변연계와 자율 신경계는 사람의 그것과 비슷하며, 변연계와 자율 신경계가 흥분 반응을 활성화하는 방식도 서로 비슷하다. 중요한 차이는 동물들의 경우 두려움의 반응은 주로 자극에 기인한다는 점이다. 다시 말해서, 싸우거나 도망가는 반응이 완전히 촉발되는 경우는 지각된 위험이 현존할 때뿐이다. 추상적인 사고에 필요한 복잡한 뇌 구조를 갖지 못한 영양 같은 동물들은 치타의 존재를 추상적으로 예상할 수 없다. 예를 들어 풀을 뜯던 영양이 덤불이 부스럭거리는 소리에 놀란다면, 자율 신경계가 도망칠 준비를 하는 동안 영양은 불안한 눈으로 소리가 나는 쪽을 바라볼 것이다. 그러나 불안한 자극이 계속되지 않는 한, 또는 포식동물의 실제 모습이 확인되지 않는 한, 흥분 활동의 수준은 영양을 달아나게 할 만큼 높은 정도에 이르지 않는다.

특정 자극의 존재나 부재에 대한 이러한 행동 반응의 제한 때문에 영양은 비교적 제한적인 견해밖에 가지지 못한다. 즉, 자극이 지속되지 않는다면 변연계와 자율 신경계의 신경학적 활동은 잦아들고, 영양은 안심하고 다시 풀을 뜯기 시작한다. 만약 자극이 계속되거나 포식동물의 모습이 실제로 눈에 보인다면, 흥분 반응이 고조되어 영양은 도망가거나 유사시에는 싸워야만 한다.

사람의 경우, 두려움의 반응은 변연계 구조들의 자극을 통한 자율 신경계의 활성화도 포함하지만, 사람 뇌의 복잡성은 여기에 새롭고 중요한 요소를 첨가시킨다. 주로 고차원의 인지 기능을 수행할 수 있는 대뇌피질 덕분에 사람의 마음은 동물의 뇌가 할 수 없는 일을 할 수 있다. 즉, 추상적으로 위험을 생각할 수 있고, 당장 눈앞에 위험이 닥치지 않았더라도 위험의 가능성을 예상할 수 있다. 피질의 구조들은 더 원시적인 변연계와 자율 신경계의 기능들과 아주 밀접하게 연결되어 있기 때문에 사람은 위험을 생각하는 것만으로도 생물학적인 두려움의 반응을 나타낼 수 있다.[5] 예를 들어 사자가 많이 살고 있는 장소를 걷고 있는 부시먼은 사자가 눈에 띄지 않더라도 어느 정도 긴장을 느끼지만, 그 주위에서 풀을 뜯고 있는 동물들은 조금도 걱정하지 않고 평화롭게 지낸다.

주변의 잠재적 위협에 대한 이러한 지식 때문에 초기 인류는 세계를 복잡하고 한없이 위험한 장소로 보았을 가능성이 높다. 초기 인류가 물리적 세계에 대해 더 많은 것을 알게 될수록 그들은 물리적 세계가 제기하는 위험들을 생각하지 않을 수 없었다. 그들은 포식동물뿐만 아니라 동족하고도 싸워야 했다. 홍수, 가뭄, 질병, 기아와 같은 자연 재해도 일어났다. 생존을 위협하는 이러한 도전들은 그들을 항상 불안한 흥분 상태에 놓여 있게 했다.

고맙게도, 이러한 두려움을 만들어낸 큰 뇌는 발명을 통해 그러한 두려움을 해결하는 방법도 제공해주었다. 사람들은 연장과 무기와 간단한 기술을 발달시켰다. 그들은 무리를 지어 삶으로써 협력하여 사냥을 하고, 자원을 나누어 가지고, 외부의 적으로부터 효율적으로 방어할 수 있었다.[6] 그들은 스스로를 보호하기 위한 개념들도 발명했다. 법, 문화, 종교, 과학이 바로 그러한 것으로서, 이것들은 그들을 세계에 잘 적응하게 해주었다. 우리를 오늘날 이 곳까지 데려다놓은 그 모든 발명품(최초의 박편에서부터 최근의 획기적인 심장 이식 수술법에 이르기까지)은 모두 그 기원을 추적해보면, 뇌가 우리에게 위험을 경고해주는 방식인 불안을 감소시키기 위한 마음의 필요에서 비롯된 것이다.

인류가 복잡한 위협을 지각하고, 그것을 창조적이고 정교한 방식으로 해결하게 해준 고차원의 사고 과정들은 앞에서 우리가 인지적 오퍼레이터라 부른 것들이다. 마음의 이 일반적인 분석 기능들은 우리로 하여금 독특한 방식으로 세계를 생각하고 느끼고 경험하게 해준다. 이러한 정신적 속성 덕분에 우리 종은 지구상에서 가장 열악한 환경에서조차 창조적이고 성공적으로 적응할 수 있었다.

인지적 오퍼레이터와 관련된 기능들은 적응상의 이점 때문에 모든 사람의 뇌에서 표준 장비로 진화하였다. 실제로 이러한 인지 능력은 아주 효과적이어서, 마치 진화가 사람의 뇌에 그 능력을 사용하라고 생물학적 충동을 부여한 것처럼 보인다. 진과 나는 이 무의식적인 마음의 충동을 '인지적 명령(cognitive imperative)'[7]이라고 이름 붙였다. 이것은 현실의 인지적 분석을 통해 사물을 이해하려는, 거의 저항할 수 없는 생물학적 욕구이다.[8]

연구자들은 마음이 엄청나게 많은 감각 정보에 맞닥뜨릴 때 불안감이 증가하는 반응을 보인다는 사실을 밝힘으로써 인지적 명령의 존재를 뒷받침했다. 이러한 불안감은, 혼란스러운 것을 질서 있는 것으로 분류하려는 욕구가 좌절되고 엄청난 정보에 압도될 때 겪는 어려움 때문에 발생한다는 결론이 나왔다.

인지적 명령의 존재를 증명하는 더 간단하고 설득력 있는 방법이 있다. 주위를 돌아보면서 일관성 있게 보이는 세계의 모습을 인식하지 않으려고 노력해보라. 더욱 간단한 방법도 있다. 전혀 생각을 하지 않으려고 노력해보라. 명상 수련을 처음 하는 사람들이라면 잘 알듯이, 마음은 그런 식으로 만들어져 있지 않다.

인지적 명령은 마음의 고차원의 기능으로 하여금 뇌가 처리한 지각을 분석하고, 그것을 의미와 목적으로 가득 찬 세계로 변형시키게 한다. 그렇게 함으로써 인지적 명령은 사람에게 누구에게도 뒤지지 않는 적응 및 생존 능력을 제공한다. 그러나 이러한 인지적 능력에는 부정적인 측면도 있다. 우리에게 해를 입힐 잠재성이 있는 어떤 위협을 확인하고 해결하려고 끊임없이 노력하는 과정에서 마음은 어떤 자연적 수단으로도 해결할 수 없는 놀라운 근심을 한 가지 발견했는데,

그것은 바로 누구나 죽는다는 깨달음이었다.

이 무서운 발견은 선사 시대 사람들의 마음속에서 자기 인식이 반짝이기 시작하고 나서 불과 얼마 후에 일어났을 것이다. 인지적 명령은 즉시 마음으로 하여금 해결책을 찾게 했을 것이다. 이 문제는 대뇌피질을 다른 추상적인 사고를 다루는 것과 똑같은 방식으로 작동하게 했을 것이고, 곧 변연계와 자율 신경계는 흥분 반응을 나타냈을 것이다. 그러한 반응에 의해 생겨난 불안의 강도는 더 심각한 관심(예컨대 지진이나 호랑이의 공격)에 의해 생겨나는 반응만큼 통렬하지는 않을 것이다. 그러나 불안이 남아 있는 한, 인지적 명령은 계속 마음의 분석 능력을 그것에 쏟도록 할 것이다.

그러나 초기의 인류가 직면했던 존재론적 근심은 죽음뿐만이 아니었다. 죽을 수밖에 없다는 운명을 이해함으로써 그들은 새로운 차원의 형이상학적 근심거리들과 마주치게 되었고, 의문을 품는 그들의 마음은 곳곳에서 대답하기 어려운 질문들을 제기했을 것이다. 왜 우리는 결국에는 죽으려고 태어나는가? 죽고 난 다음에는 무슨 일이 일어날까? 우주 속에서 우리의 위치는 무엇인가? 고통은 왜 존재하는가? 우주를 유지하고 살아 있게 만드는 것은 무엇인가? 우주는 어떻게 만들어졌는가? 우주는 얼마나 오랫동안 지속될까?

그리고 무엇보다도 절박한 문제는, 어떻게 하면 이 불확실한 세계에서 살아가면서 불안해하지 않을 수 있겠는가 하는 것이었다.

이것들은 아주 난처한 질문들이지만, 인지적 명령은 그것들을 그냥 내버려둘 수 없기 때문에 마음으로 하여금 끊임없이 해결책을 찾으라고 닦달한다. 수천 년 동안 전세계의 많은 문화들에서 그 해결책은 신화의 형태로 발견되었다. 사실, 신화는 항상 일부 형이상학적 문제에 대한 근심과 함께 시작되며, 그 문제들은 은유적인 이미지와 주제(이브가 사과를 먹는다든지 판도라가 상자를 여는 것 등)를 사용한 신화 속에서 해결된다. 그 이야기를 배우고 후손에게 전해주는 것을 통해 우리는 고통과 선과 악을 비롯해 많은 형이상학적 문제들에 대한 답을 얻고, 그것을 이해했다고 느끼게 된다.

본질적으로 모든 신화는 단순한 틀로 환원시킬 수 있다.[9] 첫째, 신화는 중요한 존재론적 관심사(예컨대 세계의 창조라든가 악은 어떻게 생겨나게 되었는가 등)에 초점을 맞춘다. 그 다음에는 그런 관심사를 서로 융화될 수 없는 대립되는 것들의 짝(영웅과 괴물, 신과 사람, 삶과 죽음, 천국과 지옥)으로 틀을 짓는다. 마지막으로, 이것이 가장 중요한데, 신화는 종종 신이나 다른 영적인 힘의 작용을 통해 우리의 존재론적 근심을 완화시켜주는 방식으로 서로 대립되는 것들을 화해시킨다.

예를 들어 예수의 신화를 살펴보자. 신화의 첫부분에서는 세상은 죄악에 빠져 있고, 천국은 이를 수 없는 곳이다. 이 이야기에서 서로 대립되는 요소들은 분명하다. 멀리 떨어져 있는 하느님과 고통받는 인류가 그것이다. 예수는 이 대립되는 요소들을 여러 가지 방식으로 해결한다. 첫째, 인간의 형상을 한 하느님의 아들로서 예수는 자신의 몸을 통해 그것들을 해결한다. 둘째, 자신의 죽음과 부활을 통해 예수는 영생의 약속으로 하느님과 사람을 통합시킨다. 부처도 깨달음의 추구와 출가와 자비심의 실천은 인간이 겪는 고통의 영원한 윤회를 이해하고, 우리의 진정한 존재인 숭고한 일체와 다시 하나가 되는 데 도움이 된다는 것을 보여줌으로써 이와 비슷한 '구원'을 제공했다.

이와 똑같은 주제들은 고대 세계의 신화들, 곧 신과 영웅들의 이야기에서도 반복되는데, 그 중에서도 특히 그들의 죽음과 부활은 상징적으로 하늘과 땅 사이의 균열을 메워주는 역할을 한다. 이집트의 오시리스, 그리스의 디오니소스, 시리아의 아도니스, 메소포타미아의 타무즈(Tammuz : 봄과 식물의 신-옮긴이)가 그런 예이다.

사실상 모든 신화는 똑같은 패턴으로 환원시킬 수 있다. 즉, 중요한 존재론적 관심사를 확인하고, 그것을 서로 양립할 수 없는 대립되는 한 쌍의 요소로 규정하고, 근심을 덜어주고 우리가 더 행복하게 살아갈 수 있는 해결책을 찾는 것이다. 왜 신화는 그런 구조를 가지고 있을까? 우리는 마음이 물리적 세계를 기본적으로 이해할 때 사용하는 것과 똑같은 인지적 기능을 사용해 신화의 문제들을 이해하기 때문이라고 생각한다.

복잡한 신화를 만들어내기 위해서는 모든 인지적 오퍼레이터들의 창조적이고 협력적인 상호 작용이 필요하지만, 그 중에서도 특히 두 가지가 중요한 역할을 하는 것 같다.

첫째는 인과론적 오퍼레이터로서 신화는 본질적으로 사물의 근본 원인에 관한 것이기 때문에 이것은 당연하게 여겨진다. 인과론적 오퍼레이터는 추상적인 원인을 통해 생각하는(예를 들어 멀리서 들려오는 으르렁거리는 소리를 사자가 숨어 있을 가능성과 연결짓거나 복통의 원인을 어젯밤에 먹은 이상한 열매에 연결짓는 식으로) 마음의 능력이라고 한 것을 기억할 것이다. 매순간의 의식적 사고의 흐름 속에서 우리는 그러한 인과론적 연결을 당연하게 여기지만, 인과론적 오퍼레이터의 분석 능력이 없다면 마음은 원인이라는 개념을 이해할 능력이 없을 것이다. 또한, 창조에 관한 많은 이야기를 지어낼 능력도 없을 것이다.

신화를 만들어내는 마음에 중요한 두 번째 인지적 오퍼레이터는 이분법적 오퍼레이터이다. 이것은 세계를 서로 대립되는 기본적인 요소들의 짝으로 틀짓는 뇌의 능력을 말한다. 시간과 공간의 가장 복잡한 관계들을 서로 반대되는 것들의 간단한 쌍(위와 아래, 안과 밖, 왼쪽과 오른쪽, 이전과 이후 등)으로 축소하는 뇌의 능력은 마음에 외부의 현실을 분석하는 강력한 방법을 제공해준다.

이번에도 우리는 이 중요한 마음의 과정을 당연한 것으로 여긴다. '위'가 '아래'의 반대라는 개념보다 더 명백한 것이 어디 있겠는가? 그러나 '위'와 '아래'의 관계는 얼핏 생각하는 것처럼 절대적인 것이 아니다. 실제로, 그 관계는 상대적이고 임의적이지만, 단지 우리의 마음이 그렇게 생각하도록 진화해왔기 때문에 명백한 것으로 여겨질 뿐이다.

다시 말해서, 이분법적 오퍼레이터는 대립되는 것들을 관찰하고 확인하는 것이 아니라 그것들을 만들어내며, 진화의 목적을 위해 그런 일을 한다. 환경과 자신 있게 타협하기 위해 우리는 시간과 공간을 좀 더 이해하기 쉬운 단위들로 나누는 방법이 필요하다. 위와 아래, 안과 밖, 이전과 이후 등의 관계는 외부 세계에 대해 우리 자신의 위치를 정하고, 환경 속에서 움직이는 우리의 길을 느낄 수 있는 기초적인 방법을 제공한다.

물론 이 관계들은 관념적인 것이지, 절대적인 것이 아니다. 예를 들면, 지구에서 아주 멀리 떨어진 곳에 있는 우주인에게는 '위'라는 개념이 거의 아무런 의미도 없을 것이다. 그러나 이분법적 오퍼레이터의 인지적 처리를 통해 이 관계들은 좀더 구체적이고 절대적인 것으로 변하며, 물리적 세계를 이해하는 데 도움을 준다. 따라서, 어떤 존재론적 두려움으로 인해 인지적 명령이 이분법적 오퍼레이터의 기능에게 형이상학적 풍경을 파악하라고 지시한다면, 이분법적 오퍼레이터는 그 존재론적 문제를 중단시키고, 그것을 신화의 핵심 요소인 양립할 수 없는 대립되는 것들의 쌍(천국과 지옥, 선과 악, 탄생과 죽음과 재탄생, 분리와 통일)으로 재편함으로써 그 명령을 수행한다.

신화의 탄생

앞에서 언급한 것처럼, 신화적 행동에 대한 최초의 물리적 증거는 네안데르탈인에게까지 거슬러 올라간다. 네안데르탈인의 뇌는 호모 사피엔스의 뇌보다 다소 덜 정교했지만, 인과론적 기능과 이분법적 기능을 돕는 신경학적 구조들이 들어 있었을 가능성이 높다. 그렇지만 신화만들기가 그보다 더 이전의 호미니드종에서 시작되었는데도, 그러한 활동의 흔적이 시간의 흐름과 함께 지워지고 말았을 가능성도 있다. 비록 불완전하기는 하지만 선행 인류의 뇌를 연구한 결과는 실제로 존재의 형이상학적 측면들을 지각하고 이해하기 위한 필요성이 인류 가족의 계보가 출현하던 아주 초기부터 나타났다는 것을 시사한다.

최초로 신화를 만든 사람들이 누구였든 간에, 그들이 잘 발달된 두정엽을 가지고 있다는 점에서 나머지 피조물과 신경학적으로 차이가 있다. 사람의 경우, 두정엽 영역에는 신화를 만드는 데 역시 필요한 언어중추뿐만 아니라, 인과론적 오퍼레이터와 이분법적 오퍼레이터를 지지하는 신경학적 구조들이 들어 있다. 어떤 의미에서 두정엽은 뇌에서 신화를 만드는 중추의 핵심 부분이라고 할 수 있다. 두정엽 부분이 없는 뇌는 서로 대립되는 것들의 쌍을 사용해 생각할 수 없으며, 따라서 신화 구조의 기본 요소들을 만들어낼 수 없다. 또한 원인이라는 개념도 이해할 수 없으며, 신화를 만들어야겠다는 필요조차 없애버릴 가능성이 높다. 반대로, 이러한 능력을 갖춘 뇌라면 그것을 사용해 모든 경험을 분석하고 싶은 충동에 사로잡힐 것이다. 답을 얻을 수 없는 존재의 신비에 초점을 맞출 때, 그들은 필연적으로 신화를 통해 그러한 신비들을 해결할 것이다. 이것은 모든 인류 문화에서 증명되며, 심지어는 이러한 뇌 기능을 가졌던 대부분의 인류 조상들에서 볼 수 있다.

초보적인 형태의 두정엽은 진화상 인류의 가까운 친척인 침팬지에서 볼 수 있다. 침팬지는 간단한 수학적 개념을 이해하고, 말이 아닌 언어 기술을 발달시킬 정도로 영리하지만, 침팬지의 뇌에는 문화, 예술, 수학, 기술, 신화의 탄생으로 이어지는 중요한 추상적인 사고를 기술하는 데 필요한 복잡한 신경망이 없다.[10]

수백만 년 전에 두 발로 보행을 했던 인류의 초기 조상인 오스트랄로피테쿠스에게서 좀더 발달한 두정엽을 볼 수 있다. 오스트랄로피테쿠스 두개골의 석고 모형은 비록 작긴 하지만 초보적인 개념적 사고를 수행할 수 있을 만큼 충분히 발달한 두정엽 영역을 보여준다. 따라서, 그들은 서로 반대되는 것들을 이용해 사고하는 것이 가능했을 것이고, 원인이라는 개념을 이해할 수 있었을 것이다.[11] 이러한 특성을 가진 오스트랄로피테쿠스는 우리의 조상 중 신화를 만들어내는 데 필요한 최소한의 정신적 기구를 갖춘 최초의 존재였을 것이다. 그러나 그들은 신화를 만들지 않았을 가능성이 높다. 오스트랄로피테쿠스의 뇌에서 두정엽 영역은 언어와 말을 하는 데 필요한 신경 구조가 뒷받침되지 않았다는 증거가 나왔다. 언어와 말 역시 신화를 완전히 발달시키는 데 꼭 필요하다.[12] 말을 하는 능력이나 말로써 생각하는 능력이 없었던 오스트랄로피테쿠스는 존재론적인 공포를 느끼고, 심지어는 직관적으로 해결책을 찾으려고 노력했을지도 모른다. 심지어 그러한 마음이 순전히 추상적이고 비언어적인 상징에 바탕을 둔 개인적인 신화를 만들 수 있었을지도 모르지만, 그럴 가능성은 극히 희박하다.

사람 계통의 진화보다 앞서 먼 영장류에게서 다른 종류의 두정엽들이 나타났지만, 그 중 어느 것도 신화를 만드는 마음에 필요한 능력을 신경학적으로 충족시키지 못했다. 실제로, 신화를 만들 수 있는 진정한 능력을 가진 최초의 마음은 우리 자신의 핵가족(진화론적인 용어로)인 호모(*Homo*)속이 출현할 때까지 나타나지 않았다. 그러한 마음은 수십만 년 전에 똑바른 자세로 걸어다녔던 호모 에렉투스(*Homo erectus*)라는, 도구를 만들 줄 알았던 수렵 채집인에게서 비로소 발견된다. 비교적 널찍한 호모 에렉투스의 두개골 안에는 언어와 말을 만들어내는 데 필수적인 신경 조직을 모두 포함한 복잡한 뇌가 들어 있었다.[13] 그리고 적절한 연결과 뇌회(腦回 : 대뇌 표면의 주름 – 옮긴이)와 함께 잘 발달된 두정엽도 있었는데, 이것이 틀림없이 신화를 만들 수 있는 인과론적 사고와 이분법적 사고 능력을 제공했을 것이다.

우리는 호모 에렉투스가 신화를 만들 수 있는 잠재 능력을 사용했는지 여부에 대해서는 확실하게 알지 못한다. 호모 에렉투스는 의식 행위를 했다는 어떤 물리적 증거도 남기지 않았기 때문이다. 그러한 의식 행위는 약 10만 년 전인 네안데르탈인의 시대에 와서야 비로소 발견된다. 그러나 인과론적 기능과 이분법적 기능이 나타나고, 언어와 말을 할 수 있는 분명한 능력이 있었던 것으로 미루어볼 때, 우리의 가족 계보에서 최초의 조상 중 하나이자 사람이라고 부를 수 있는 최초의 존재이기도 한 호모 에렉투스는 영적 실체(물질 세계를 초월한 존재들과 힘들의 영역)를 지각하고, 신화의 이야기를 통해 그 실체를 정의할 수 있었던 최초의 마음을 지녔던 것으로 생각할 수 있다.[14] 마음의 인지적 기능이 호모 에렉투스를 생물학적으로 어떻게 그리고 왜 그렇게 하도록 강요했는지 이해하기 위해서는, 먼저 그들이 눈앞에 닥친 현실의 딜레마를 어떻게 해결했는지 알 필요가 있다.

예를 들어 선사 시대의 사냥꾼이 낯선 숲 속을 지나 집으로 돌아가고 있다고 상상해보자. 숲 속을 방황하는 동안 그의 마음도 방황하는데, 주변에서 어렴풋하게 소리들이 들려온다. 그런데 덤불 속에서 가지가 부러지는 소리가 들리는 순간, 그의 마음은 즉각 자동적으로 긴장한다. 이 강렬한 정신적 경계 태세는 위험과 기회의 신호를 포착하기 위해 모든 감각 정보를 감시하는 변연계의 파수꾼인 소뇌편도가 갑작스럽게 활성화된 데서 비롯한다. 소뇌편도는 갑작스런 소리가 일으킨 설명할 수 없는 청각 자극을 포착하자마자 사냥꾼의 마음을 그것에 고정시킨다. 이미 자율 신경계는 흥분 반응을 촉발시켜 몸에 준비 태세를 갖추게 했다. 사냥꾼이 수상한 소리를 처음 듣는 것과 거의 동시에 인지적 명령은 인과론적 오퍼레이터에게 그것이 무엇을 의미하는지 조사하게 한다.

원인을 발견하는 것이 인과론적 오퍼레이터의 최우선 과제이지만, 사냥꾼은 덤불을 살펴보아도 분명한 원인을 발견하지 못한다. 그러한 긴박한 순간에서의 불확실성은 인과론적 오퍼레이터가 용납하기 힘든 것이기 때문에, 인과론적 오퍼레이터는 구체적인 원인이 발견되지 않을 경우에 하게 되어 있는 일을 한다. 즉, 그럴듯한 원인을 제안하는 것이다. 이 제안은 과거의 경험을 기억의 형태로 저장하는 장소인 해마회의 활동으로부터 솟아나온다. 눈앞에 닥친 문제에 단서가 될 만한 적절한 내용(상, 소리, 또는 더 큰 경험 뭉치)을 찾으면서, 마음은 아주 빠르게 이 기억 은행의 정보를 샅샅이 뒤지고, 분류하고, 비교 검색한다.

걸리적거리는 작업이기는 하지만, 순식간에 뇌의 모든 기억 파일들의 검색이 끝나고, 부적절한 데이터는 모두 무시된 다음, 인과론적 오퍼레이터는 사냥꾼의 마음에 나무 사이에 표범이 숨어 있을지도 모른다는 추측을 떠오르게 한다. 그 날 큰고양잇과 동물의 발자국을 본 적이 있고, 이전에 이 곳과 비슷한 숲 속에서 표범의 공격을 받은 적이 있는 사냥꾼은 이제 더 이상 망설일 이유가 없다. 보이지 않는 포식동물은 실제로 존재할 가능성이 높고, 위험은 눈앞에 다가와 있으므로, 취해야 할 유일한 행동은 빨리 달아나는 것이다.

나중에 냉정을 되찾은 사냥꾼은 자신의 반응을 되돌아볼 수도 있을 것이다. 사실, 그 소리가 표범이 낸 것이라는 사실을 확인할 수 있는 방법은 전혀 없다. 가지 부러지는 소리는 살찐 멧돼지가 낸 것일 수도 있고, 풀을 뜯어먹던 사슴이 낸 것일 수도 있다. 그러나 사냥꾼의 입장에서는 표범이 실제로 그 곳에 있었다는 것을 알 필요가 없다. 단지 그렇다고 믿는 것만으로 충분하다. 인과론적 오퍼레이터는 반드시 진리를 찾기 위해서가 아니라, 생존을 돕기 위해 설계된 것이다. 만약 정말로 덤불 속에 표범이 숨어 있었다면, 사냥꾼의 목숨을 구해준 것은, 단지 벌어진 상황에만 반응하는 영양과는 달리, 잠재적인 위험에 대해 생각할 수 있는 능력이다.

그러나 정말로 진리임을 알지 못하는 어떤 것을 그가 그렇게 확고하게 믿는 이유는 무엇일까? 사냥꾼의 반응에는 단순한 상식적인 이유 이상의 무엇인가가 있다고 우리는 생각한다. 신경학적 힘이 그에게 다른 선택을 허용하지 않기 때문에 그는 보이지 않는 표범의 실재성을 받아들였다고 우리는 믿는다.

사냥꾼이 그 사실을 믿는 과정은 소뇌편도의 기능이 마음의 인지적 오퍼레이터를 덤불 속에서 나는 소리의 수수께끼에 집중하도록 하는 데서 시작된다. 인과론적 오퍼레이터, 아니 더 정확하게는 인과론적 오퍼레이터를 뒷받침해주는 뇌 구조들은 표범의 존재를 제안하는 반응을 나타낸다. 그와 동시에 이분법적 오퍼레이터는 그 문제를 서로 대립되는 것들의 갈등으로 해석한다. 어떤 의미에서 이 갈등은 표범과 비표범의 개념 사이의 갈등이지만, 좀더 깊고 보편적인 차원에서 보면 그것은 삶과 죽음의 기본적인 갈등이다.

어느 경우가 되었든, 이 절박한 갈등은 효율적으로 해결해야만 한다. 분석적이고 언어적인 좌뇌는 즉시 어떤 논리적 연결 관계들을 만듦으로써 이 문제에 대처한다. 사냥꾼은 자신이 표범이 자주 나타나는 지역에 와 있다는 사실을 깨닫고, 또 몇 킬로미터 밖에서 표범의 발자국을 본 기억을 떠올린다. 따라서, 나무 뒤에 표범이 숨어 있을지도 모른다고 믿는 것은 논리적이다.

그와 동시에 사냥꾼은 자기가 본 발자국은 최소한 며칠이 지난 것이라는 사실을 안다. 또, 지금 시간에는 표범이 사냥을 잘 하지 않는다는 사실도 알고 있다. 여기서 표범이 아닌 다른 무엇(예컨대 사슴이나 멧돼지)이 그 소리의 원인일지도 모른다는 논리적 가설이 나온다. 그러면 사냥꾼은 논리적 딜레마에 빠진다. 달아나는 것은 쉬운 공격 대상이 될 위험이 있지만, 머뭇거리는 것은 목숨을 잃을 위험이 있다.

언어적이고 분석적인 좌뇌가 이 문제를 붙들고 씨름하고 있는 동안, 직관적이고 전체론적인 우뇌는 다른 접근 방법을 취한다. 언어와 논리보다는 이미지와 감정으로 생각하는 우뇌는 그 상황이 어떻게 느껴지는지를 분석한다. 우뇌는 쉬운 공격 대상이 되는 경우를 그림으로 그려보는데, 그 반응은 상당히 긍정적이다. 그러나 이러한 긍정적인 느낌은 표범에게 잡아먹히는 생생한 그림에 의해 지워지고 만다. 우뇌가 이 끔찍한 가능성을 생각하는 순간, 이 곳과 아주 비슷한 숲에서 사람을 잡아먹는 맹수에게 쫓겼던 옛날의 기억이 떠오른다. 그 때의 공포를 기억한 우뇌는 즉각 결론을 내린다. 저 덤불 사이에는 표범이 숨어 있다고.

이러한 감정적인 불안은 즉시 좌뇌의 의사 결정 과정에 영향을 미친다. 표범이 숨어 있다는 생각에는 이제 감정적인 무게까지 실리게 되고, 우뇌의 직관적인 기능이 좌뇌의 논리적 기능과 같은 의견을 갖게 됨에 따라 이 생각은 머릿속에서 깊이와 권위를 지니게 된다. 사냥꾼은 단지 덤불 속에 표범이 숨어 있다고 생각할 뿐만 아니라, 그것을 피부로 생생하게 느낀다.

표범과 비표범, 그리고 삶과 죽음이라는 서로 대립되는 개념은 이제 강렬하고도 신경학적으로 해결되었다. 원인이 결정되었다. 생각에는 감정적인 확신의 무게까지 실렸고, 하나의 논리적인 가능성에 불과하던 것이 직감적인 믿음으로 변했다.[15]

어떤 의미에서 사냥꾼은 간단한 신화(덤불 속의 표범이라는)를 만들어냈다고 할 수 있다. 다른 모든 신화들과 마찬가지로 그것은 긴박하고 답을 얻을 수 없는 질문에서 시작되었다. 사냥꾼의 경우에 그 질문은 다음과 같은 것이었다. 저 소리는 무엇이며, 무엇을 의미하는가? 그 답을 찾는 것이 매우 중요하기 때문에 마음은 인지적 명령에 떠밀려 뇌의 분석적 능력을 작동시켰다. 인과론적 오퍼레이터는 그럴듯한 설명을 찾아냈다. 이분법적 오퍼레이터는 그 문제를 대립되는 것들의 작용이라는 틀 속에 담아넣었다. 그리고 마지막으로, 좌뇌와 우뇌의 전체론적 합의로 뇌 전체의 의견이 통일되어 논리적 생각을 감정적으로 느껴지는 믿음으로 변화시켰다. 이러한 믿음은 모든 불확실성을 해소하고, 사냥꾼에게 일관성 있는 시나리오를 제공하여 효율적인 반응을 하게 했다.

효과적인 모든 신화와 마찬가지로, 덤불 속의 표범 이야기는 사실일 수도 있고 사실이 아닐 수도 있다. 그렇지만 이 간단한 시나리오는 사냥꾼에게 효과적이고 또 어쩌면 생명을 구해주는 동작을 취하게 해주는 방식으로 설명할 수 없는 것을 설명해준다. 그의 믿음은 생존 기회를 높여주었는데, 그것이 바로 인지적 충동의 목적이다.

이 과정은 자동적으로 일어난다. 불확실성은 불안을 야기하고, 불안은 해소되어야만 한다. 때로는 그 해결책이 명백하고, 그 원인을 쉽게 찾을 수 있는 경우도 있다. 그러나 그렇지 않을 경우에는 인지적 명령이 우리로 하여금 덤불 속의 표범처럼 이야기의 형태로 그럴듯한 해결책을 찾게 한다. 마음이 우리의 존재론적 공포에 직면할 때, 이 이야기들은 특히 중요하다. 우리는 고통을 받고, 결국에는 죽는다. 우리는 위험하고 혼란스러운 세계에서 아주 작고 약한 존재로 느껴진다. 이러한 커다란 불확실성을 해결할 수 있는 간단한 방법은 없다. 그러한 상황에서 마음이 만들어낸, 설명을 제공하는 이야기들은 종교적 신화의 형태를 띠기 시작했다.

어떤 신화를 탄생시킨 무한히 복잡하게 얽힌 문화적·심리적 요인들을 추적하기란 불가능하며, 어떤 종교적 신화의 발달 과정을 명확하게 설명할 수 있다고 말하는 것은 어리석은 주장이다. 그러나 논의의 틀을 신중하게 정한다면, 우리는 신화를 만들고자 하는 충동의 생물학적 기원을 조사할 수 있다. 심지어 우리는 한 가지 신화적 개념의 신경학적 기원을 추측해볼 수도 있다. 예를 들어 다음의 시나리오를 생각해보자.

선사 시대의 한 씨족 사회에서 한 구성원이 죽었다. 그의 시체는 곰가죽 위에 놓여 있다. 사람들이 다가와 그의 몸을 살짝 만져본다. 그들은 한때 살아서 움직이던 그가 이제 더 이상 그러지 못한다는 걸 즉각 알아챈다. 한때 따뜻하고 활기가 넘치던 사람이 갑자기 차갑고 생명이 없는 존재로 변한 것이다.

내성적인 사람인 족장은 화톳불 옆에 구부리고 앉아 한때 친구였던 생명이 없는 시체를 굽어본다. 무엇이 사라진 것일까? 그는 궁금하게 생각한다. 그것은 어떻게 없어졌으며, 어디로 갔을까? 탁탁 소리를 내며 타는 화톳불을 바라보며 그는 슬픔과 불안에 사로잡힌다. 원인을 찾으려는 마음의 욕구는 그 해답을 찾기 전까지는 결코 가라앉지 않을 것이다. 그러나 삶과 죽음의 수수께끼를 깊이 생각할수록 그는 점점 더 깊이 존재론적 불안 속으로 빠져든다.

신경생물학적 용어로 표현하면, 슬픔에 빠진 족장은 깜짝 놀란 사냥꾼에게 닥쳤던 것과 똑같은 흥분 반응에 빠져 있다. 그것은 족장의 뇌 속에서 소뇌편도가 논리적인 좌뇌의 사고 과정에서 좌절에 맞닥뜨렸을 때 시작되었다. 그러한 조절을 비탄의 신호로 해석하면서 소뇌편도는 변연계의 공포 반응을 촉발시키고, 흥분계를 활성화시키는 신경 신호를 내보낸다. 족장이 자신의 슬픔과 두려움에 대해 계속 깊이 생각함에 따라 그의 흥분 반응은 점점 강해진다. 그의 맥박은 빨라지고, 호흡은 얕고 빨라지며, 이마에서는 땀이 송글송글 솟아난다.

족장은 머릿속에서 자신의 의문을 이리저리 곱씹으면서 멍한 시선으로 불을 바라본다. 얼마 후, 불은 다 타서 재로 변하고, 마지막 불꽃이 깜빡거리다가 사그러진다. 그 순간, 족장의 머릿속에 영감이 스쳐 지나간다. 불도 한때는 밝고 살아 있었으나, 지금은 꺼져버렸다. 곧 저기에는 생명이 없는 회색 재만 남을 것이다. 마지막 연기 줄기가 하늘로 솟아오를 때, 그의 시선은 누워 있는 친구의 시체로 향했다. 그러자 친구의 생명과 영혼은 불처럼 완전히 사라져버렸다는 생각이 들었다. 그 생각을 의식적으로 말로 표현하기도 전에 그의 마음속에는 하늘로 솟아오르는 불의 영혼인 연기처럼 친구의 본질이 하늘로 달아나고 있는 이미지가 떠올랐다.

이러한 신념은 지적인 사고를 하는 뇌의 좌반구가 제공한 그저 한 가지 가능성인 하나의 아이디어로 시작된다. 그와 동시에 우뇌는 문제에 대해 전체론적이고 직관적이고 비언어적 해답을 제시한다. 영혼이 하늘로 솟아오른다는 지적인 아이디어가 족장의 의식에 떠오를 때, 그것은 우뇌의 감정적인 해답 중 하나와 '일치'한다. 양쪽 뇌 사이에 합의가 이루어지는 순간, 갑자기 신경학적 공명이 일어나 변연계를 통해 적극적인 신경 신호가 방출되면서 시상하부에 있는 쾌감중추를 자극한다. 시상하부는 자율 신경계를 조절하기 때문에 이 강한 쾌감 자극은 억제계의 반응을 이끌어내는데, 족장은 이것을 평안하고 평화로운 기분이 강하게 솟아나는 것으로 느낀다.

이 모든 일은 족장에게 불안을 일으킨 흥분 반응이 채 가라앉기도 전에 눈 깜짝할 사이에 일어난다. 그래서 잠깐 동안 억제계와 흥분계가 동시에 활성화되어 족장은 두려움과 환희에 뒤섞인 상태에 빠지는데, 이것은 일부 신경학자들이 '유레카(Eureka) 반응'이라 부르는 아주 강한 즐거운 동요 상태로, 족장은 환희와 경외감에 휩싸이는 경험을 한다.

이렇게 놀라운 영감의 불꽃을 통해 족장은 갑자기 슬픔과 절망에서 벗어난다. 더 깊은 의미에서는 그는 죽음의 굴레로부터 벗어났다고 느낀다.

이 영감은 그에게 계시처럼 다가왔다. 그 느낌은 아주 생생하게, 손으로 만질 수 있을 정도로 현실적으로 느껴졌다. 그 순간, 대립되는 삶과 죽음은 더 이상 갈등의 대상이 아니다. 양자는 신비스러운 방식으로 해결되었다. 이제 족장에게는 절대적인 진리가 분명하게 보인다. 죽은 사람의 영혼은 계속 살아남는다는 진리.

그는 근본적인 진리를 발견했다고 느낀다. 그것은 단순히 하나의 아이디어가 아니다. 그것은 그의 마음속 깊은 곳에서 직접 경험한 믿음인 것이다.

덤불 속에 숨어 있는 표범 이야기처럼 궁극적인 영혼의 운명에 관한 족장의 직관은 사실일 수도 있고 아닐 수도 있다. 중요한 것은 상상이나 희망적인 생각보다 더 깊은 무엇에 기초를 두고 있는 개념이다. 오래 지속되는 모든 신화는, 추장의 마음속에 불현듯 떠오른 영감처럼, 신경학적으로 만들어진 직관의 불꽃을 통해 그 힘을 얻는다고 우리는 믿는다. 이러한 직관은 여러 가지 형태를 띨 수 있으며, 많은 아이디어에 의해 촉발될 수 있다. 예를 들면, 족장은 달빛 속에서 산 위로 솟아올라가는 안개를 보고 저 괴기스러운 안개처럼 죽은 자의 영혼도 몸을 떠나 신성한 산에 머문다고 결론 내릴 수도 있다. 논리와 직관을 통합시키고, 좌뇌와 우뇌의 합의를 이끌어낼 수만 있다면, 어떤 아이디어도 신화로 태어날 수 있다. 전체 뇌가 조화된 이 상태에서 존재론적으로 대립되는 것들이 서로 화해하고, 원인의 문제가 해결됨에 따라 신경학적 불확실성은 크게 완화된다. 근심스러운 마음에게는, 공명을 일으킨 이 전체 뇌의 합의가 마치 궁극적인 진리처럼 보인다. 마음은 이 진리를 단지 이해하는 데 그치는 것이 아니라 이 진리를 품고 살아가는 것처럼 보이는데, 아이디어를 신화로 변화시키는 것은 바로 이 직감적 경험의 속성이다.

이러한 개인적인 신화는 그것이 제공하는 해결책에서 다른 사람들이 같은 의미와 힘을 발견하고 공유할 때, 공동의 신화가 된다. 이런 일이 반드시 일어난다는 보장은 없다. 예를 들어 다른 씨족 구성원들이 족장의 이야기를 들으면서 족장이 깨달음을 얻던 순간에 사로잡혔던 것과 똑같은 신경학적 진리의 고리를 스스로 경험하지 못한다면, 그들은 족장의 직관을 받아들이지 않을 것이다. 그 이야기를 듣는 다른 사람들의 반응이 족장만큼 강하지 않다고 하더라도 신경학적으로 경험되는 감정을 조금이라도 느낀다면, 족장의 열정적인 증언은 신뢰를 얻을 것이다. 그들은 족장의 이야기가 옳다고 생각해서가 아니라 옳다고 느껴지기 때문에 믿는다. 그러면 족장은 예언자로 간주될 수도 있고, 그의 믿음으로부터 하나의 신화 체계가 생겨날 수도 있다.

이 시나리오에서 신화의 탄생은 두 단계 과정으로 이루어졌다. 첫째, 신경학적으로 일어난 직관의 불꽃이 이야기에 신화의 권위를 부여한다. 둘째, 그 이야기를 나누는 과정에서 그것을 들은 사람들의 마음속에 비록 그 정도는 약하지만 비슷한 종류의 직관이 솟아오른다.

이것은 명백하면서도 궁금증을 일으키는 두 가지 문제를 제기한다. 왜 다른 생각들은 다 제쳐두고 영혼이 하늘로 올라간다는 개념만이 슬픔에 빠진 족장의 마음에 그렇게 강한 공명을 일으켰을까? 그리고 왜 그 생각이 다른 사람들의 마음속에서도 공명을 일으켰을까? 또는, 좀더 넓은 의미에서 이렇게 물을 수도 있겠다. 왜 전세계의 모든 문화들에서 신화는 놀라울 정도로 비슷할까? 널리 인정받는 조지프 캠벨과 그 밖의 다른 사람들의 신화 연구에서는, 시대를 초월하여 모든 문화에서 처녀의 몸을 통한 탄생, 세상을 휩쓴 대홍수, 죽은 자들의 땅, 낙원 추방, 고래와 뱀의 뱃속으로 삼켜진 사람, 죽었다가 되살아난 영웅들, 신들로부터 불을 훔쳐온 것 등 동일한 신화의 모티프가 반복된다는 사실을 분명히 밝히고 있다.

주제나 내용, 의도 등에서 이 이야기들이 놀라울 정도로 비슷할 때가 종종 있다. 예를 들면, 성경에는 예수가 광야에서 40일 동안 단식과 기도를 하면서, 자기의 믿음을 허물어뜨리고 구세주의 운명을 방해하려 한 사탄의 유혹을 이겨냈다는 이야기가 나온다. 예수는 시험을 이겨내고 복음을 전파할 수 있는 준비가 된 사람으로 변해 세상으로 돌아가며, 결국 십자가에 못박혀 죽었다가 곧 부활하는데, 이것은 천국의 문을 열어주고 영생의 선물을 회복시켜주는 것을 의미한다.

불교 경전에는 젊은 왕자 싯다르타가 광야에서 40일 동안 앉아 단식과 명상을 하면서, 그의 명상을 방해하고 세상을 변화시키려는 그의 운명을 막으려는 마귀 마라의 유혹을 이겨내는 이야기가 나온다. 왕자는 광야에서의 시련을 이겨내고, 극적인 명상을 통해 변화한 존재로 떠오른다. 그리고 육체의 세계에서 '죽고', 순수하고 깨달음을 얻은 영혼으로 다시 태어남으로써 물질 세계에 대한 속박에서 해방되는 것을 통해 어떻게 죽음과 고통을 진정으로 이해할 수 있는지 가르쳐주었다.

이러한 유사성은 문화의 확산으로 설명할 수도 있다. 종종 신화는 다른 문화의 것을 빌려와 필요에 맞게끔 변형되곤 했다. 그러나 설사 다른 곳에서 빌려온 신화의 주제와 상징이 전세계 곳곳으로 퍼져나갔다고 하더라도, 인도인, 히브리인, 잉카인, 켈트인과 같이 서로 아주 다른 환경에서 살아가는 모든 사람들의 마음에 공감을 불러일으키는 보편적인 힘은 어디서 나오는 것일까?

카를 융(Carl Jung)은 신화는 원형적 개념(보편적인 형태로 모든 사람의 마음속 깊이 존재하는, 조상으로부터 물려받은 사고 형태)의 상징적 표현이라고 믿었다.[16] 조지프 캠벨은 신화는 이러한 마음의 기본적인 구조적 요소들이 표현된 것이라는 융의 견해에 동의했다. 예를 들면, 세계 곳곳에서 고대의 건축가들이 수메르의 지구라트, 마야의 피라미드, 계단식 불교 사원 등의 건축에서 똑같은 모양과 비례를 생각한 것은 이러한 깊은 구조들, 곧 정신적 원형들의 영향 때문이라고 그는 믿었다.

원형의 해석은 결국 많은 요인들(지리, 문화적 필요, 심지어는 그 지방의 동식물의 특성 등)에 의해 결정된다고 캠벨은 말한다. 그러나 본질적인 원형적 형태와 개념은 놀라울 정도로 똑같이 남아 있다. 그것들은 변하지 않는 마음의 측면들에 의해 만들어진 것이기 때문에 그렇게 비슷할 수밖에 없다.

"(신화는) 인식하여 우리 삶 속에 통합해야 할 영혼의 힘, 다시 말하면 수천 년 동안 갈고 닦아온 종의 지혜를 대표하는 인간의 정신에 영원히 공통되어온 힘을 영상언어를 통해 우리에게 말해준다."고 캠벨은 말한다.[17]

융이 설명한 원형들이 정말로 존재하든 존재하지 않든 간에, 신화는 뇌의 기본적이고 보편적인 측면들, 특히 뇌가 그것을 통해 세계를 이해하는 기본적인 신경학적 과정들에 의해 만들어진다는 데 우리는 동의한다. 문화와 심리학이 신화에 큰 영향을 미치긴 하겠지만, 신화가 우리의 존재론적 두려움을 해결하는 권위뿐만 아니라 오랫동안 지속될 수 있는 힘을 가진 것은 신화가 신경학적 기초에 바탕을 두고 있기 때문이다.

5
종교 의식

의미의 물리적 발현

자정 무렵, 피츠버그에 있는 캘버리 성공회의 고딕 양식 예배당에서 촛불이 켜진 어두운 성가대석에 54세의 사업가 빌(Bill)은 신도들과 함께 자리에 앉아 폴 윈터 합주단(Paul Winter Consort)이라는 혁신적인 재즈 합주단의 콘서트를 즐기고 있었다. 자신들의 음악이 지닌 음산하고 경건한 분위기를 살리기 위해 연주 무대를 기묘하고 분위기 있는 장소(계곡, 해변, 돌로 지은 오래 된 헛간 등)에 마련하는 것이 폴 윈터 그룹의 특색이다. 이들은 종종 라이브 공연에다가 녹음한 자연의 노래를 섞기도 한다. 예컨대 오늘 밤의 콘서트에는 혹등고래 무리의 노래를 배경으로 한 서정적인 이중주와, 독수리의 날카로운 노래를 배경으로 한, 마음을 사로잡는 세레나데도 포함되어 있다. 공연이 끝날 무렵이 되자, 윈터와 그의 그룹은 자유롭게 뛰어다니는 늑대 무리의 노래에 악기의 반주를 맞추었다.

리드미컬하고 딴 세계의 소리 같은 늑대의 세레나데는 천장 높은 예배당의 조용한 공간 속에서 괴기스럽게 울려퍼졌다. 늑대들이 목청껏 울부짖는 거친 소리는 곧 부드러워지면서 심금을 울리는 우울한 한숨으로 변해갔다. 이 웅장하고 유서 깊은 교회에서 일찍이 이러한 합창이 울려퍼진 적은 없었다. 그리고 윈터의 분위기 있는 소프라노

색소폰 소리는 여유 있게 오르락내리락하며(때로는 동물의 목소리와 조화를 이루고, 때로는 리드미컬하게 서로 부르고 화답하며 그 속에 끼어들면서) 음악에 강한 최면적인 차원을 더해준다. 좀더 평범한 장소였더라도 이 놀라운 공연의 효과는 강력한 마력을 자아냈겠지만, 촛불만이 은은하게 비치고, 처마와 석회암 벽에 그림자들이 춤추는 이 오래 된 예배당에서는 청중을 일상의 삶에서 일탈시켜 딴 세계로 끌어들이기에 충분했다.

늑대의 세레나데가 감정적인 절정에 이르렀을 때였다. 빌은 조용히 무의식적으로 늑대들의 노래 속으로 들어가 그 매력적인 리듬과 야생의 목소리의 아름다움에 젖어들었다. 그는 아주 깊고 고요한 평온함을 느꼈다. 그러다가 갑자기 솟구치는 흥분의 감정이 그를 사로잡았다. 그것은 뱃속에서 기쁨과 에너지가 폭발하면서 솟아올랐다. 그는 자기도 모르게 일어서서 머리를 뒤로 젖히고 영혼의 밑바닥에서부터 울부짖기 시작했다.

놀랍게도 그와 동시에 다른 사람들도 함께 울부짖기 시작했다. 처음에는 넓은 예배당 여기저기에 흩어져 있는 대여섯 명에 불과했으나, 곧 다른 사람들도 그들을 따라 울부짖기 시작했다. 얼마 후, 수백 명의 사람들이 늑대들의 원초적인 노래에 즐겁게 동참하면서 예배당 전체가 즐거운 소음으로 활기가 넘쳤다.

빌은 그 순간을 회상하면서 이렇게 말했다.

"어떻게 그런 일이 일어났는지 모르겠습니다. 어떤 신호가 있었는지도 기억나지 않습니다. 그 때 내가 무슨 생각을 했는지도 모르겠어요. 그저 내 몸 속에서 그것이 솟아올랐고, 나는 그것을 밖으로 발산

했을 뿐입니다."

평상시에는 점잖고 고상한 사람인 빌은 자기가 울부짖을 때 다른 사람들이 이상하게 생각하지 않을까 하는 염려는 전혀 들지 않았다고 한다. 그는 어깨를 으쓱하면서 말했다.

"나는 함께 모인 사람들이 아주 편안하게 느껴졌어요. 왜인지는 모르겠지만, 그 사람들은 나를 이해해주는 사람들이라는 생각이 들었습니다."

빌은 낯선 사람들과 왜 그런 유대감을 느꼈는지, 그리고 무엇이 자신을 울부짖게 만들었는지 정확하게 알지 못했다.

"그것은 매우 원초적이고, 해방시켜주는 느낌이었죠. 모든 사람들이 울부짖을 때, 예배당 전체가 어떤 영적인 느낌에 싸여 있었습니다. 종교적인 것은 아니었지만, 분명히 영적인 것이었습니다. 그것을 말로 옮기기는 어렵군요. 도저히 설명할 방법이 없어요."

그러나 우리는 이 이야기를 설명할 수 있는 방법이 있다고 믿는다. 빌과 청중은 잠깐 동안 특별한 신경학적 사건들의 연쇄에 휩싸였던 것이다. 그것은 그들에게 각자 서로 관계 없는 개별적인 존재라는 사실을 잊게 만들고, 단지 늑대들뿐만 아니라 서로하고도 일체감을 느끼는 상태로 몰아넣었다.

그러한 신경학적 메커니즘은 늑대의 협주곡과 리드미컬한 음악의 효과에 의해 작동하게 되었다. 연구에 따르면, 늑대의 최면적인 울음소리처럼 리드미컬한 자극의 반복은 변연계와 자율 신경계를 움직일 수 있으며,[1] 그것은 결국 뇌가 현실을 생각하고 느끼고 해석하는 방법에서 가장 기본적인 일부 측면을 바꿀 수도 있다. 그러한 리듬은 자신의 경계를 정하는 뇌의 신경학적 능력에 극적인 영향을 미칠 수 있다. 늑대 음악의 리듬이 자율 신경계와 변연계의 반응에 가한 자극은 빌과 청중을 자신에게서 벗어나 더 크고 기분좋은 존재의 상태로 들어가게 한 바로 그 힘이다.²

빌이 콘서트에서 경험한 가벼운 자기 초월의 느낌은 특별히 종교적인 것은 아니다. 그러나 자신의 개별성으로부터 그를 빠져나오게 하여 말로 표현할 수 없는 일체의 상태로 빠져들게 한 그 힘은 영적인 차원을 지니고 있다. 청중 사이에 분명히 느낄 수 있는 일체감을 만들어내고, 강도는 각각 다르더라도 평온함과 환희와 심지어는 경외감의 감정을 일으킨 늑대 콘서트는 단순히 하루 저녁의 엔터테인먼트에 불과한 것이 아니었다. 그 콘서트는 전통적으로나 신경학적으로 그 의미를 모두 충족시켜주는 하나의 의식(儀式)이었다.

의식과 일체

아무리 교회에서 열린 콘서트라고 해도, 재즈 콘서트를, 더구나 이렇게 특이한 콘서트를 의식으로 보기는 어렵다. 그러나 음악의 최면적인 리듬, 반복적으로 올라갔다 내려갔다 하는 늑대들의 울부짖는 소리, 그리고 심지어 높이 솟은 벽에 비치는 촛불과 그림자의 작용은 늑대 콘서트를 오래 된 그 교회에서 열렸던 어떤 장엄한 정식 미사에 못지않게 훌륭한 의식으로 느껴지게 했다. 더 중요하게는, 낯선 사람들로 이루어진 청중을 일체감을 가진 회중으로 변화시킴으로써 늑대 음악은 여태까지 행해진 사실상 모든 의식의 목표 – 참여자들을 고립된 개인의 감성으로부터 들어올려 그들 자신보다 더 큰 무엇에 몰입하게 하는 것 – 를 효과적으로 달성했다.

자신을 초월하고, 자신을 좀더 큰 실체와 섞는 것은 의식 행위가 노리는 주요 목표이다.[3] 종교에서 의식의 초월적인 목표는 신자들로 하여금 더 높은 실체와 영적으로 일체감을 느끼게 하는 것이다. 예를 들어 일부 카톨릭 신비주의자들이 행하는 명상적인 의식의 목표는 우니오 미스티카(Unio Mystica)의 상태, 즉 수행자가 실제적인 신의 존재와 일체감을 경험하는 신비스러운 통합 상태에 도달하는 것이다. 불교에서 명상의 목표는 자아에 의해 만들어진 자신의 제한적인 감각을 넘어서서 만물과 궁극적인 일체를 느끼는 상태에 도달하는 것이다. 물론 그런 숭고한 경지에 이르는 사람은 극소수이다.

대부분의 신자는 의식을 통해 그것보다 훨씬 낮은 수준의 초월밖에 경험하지 못한다. 예를 들면, 찬송을 부를 때 회중이 함께 느끼는 정신적인 고조라든가 카톨릭교의 미사가 진행되는 동안 의식적인 리듬에 의해 개인이 느끼는 예수와 가까워진 듯한 느낌이 그런 것이다.

종교 의식은 무한히 다양한 형태로 사실상 모든 문화에서 행해졌다. 그러나 알려진 모든 의식에서 한 가지 원칙만은 공통되는 것처럼 보인다. 종교 의식이 효과를 발휘할 때(물론 항상 효과적인 것은 아니다), 그것은 자신에 대한 인지적, 감정적 지각을 (종교적 마음을 가진 사람에게는) 자신과 신의 거리가 가까워지는 것으로 느껴지는 방식으로 뇌를 조정하는 경향을 보인다.

물론 모든 의식이 다 종교적인 것은 아니다. 우리의 생활 속에는 정치 집회, 취임식과 대관식, 재판 절차, 축제일의 전통, 구애, 심지어는 스포츠 행사에 이르기까지 순수하게 사회 또는 민간 차원의 의식화된 활동이나 형식이 아주 많다. 구조화된 이 행사들은 종교적인 의미를 전혀 담고 있지 않을 수도 있지만, 다른 모든 의식처럼 리듬과 반복의 요소를 내포하고 있으며, 이것은 모두 개인을 더 큰 집단이나 대의의 일부로 만들려는 목적을 지니고 있다. 이러한 세속적인 관습들은 개개인에게 개인적인 이해를 접어두고 좀더 큰 공익을 생각하도록 함으로써 사회적 단결을 고취하는 메커니즘이라는 좀더 실용적인 모습으로 구체화된 의식을 보여준다. 사실, 의식을 통한 사회적 이익이야말로 처음에 의식화된 행동을 생겨나게 한 주요 원인일지도 모른다.

의식의 진화론적 기원

인류학자들은 초기 인간 사회의 의식들이 씨족이나 부족 구성원 사이에 특별하다는 느낌과 공동 운명체라는 느낌을 부추김으로써 중요한 생존 기능을 발휘했다는 사실을 오래 전부터 이해했다.[4] 의식의 힘을 통해 씨족 구성원들은 자신들이 섬기는 특별한 신에게 총애를 받으며, 어떤 의미에서는 선택받은 사람들이라는 사실을 늘 떠올리게 된다. 이러한 특별한 운명의 느낌은 그들을 다른 씨족과는 아주 다른 존재로 느껴지게 했고, 그들 간의 유대를 강화시켜주었으며, 시간이 지나면서 씨족의 구성원이 변하더라도 안정적인 집단의 정체성을 유지시켜주었다. 그 결과, 씨족은 더 협력적이고 성공적으로 유지되었고, 구성원들은 고립된 개개인이라면 누릴 수 없는 중요한 생존상의 이득 – 적으로부터의 보호, 자원의 공유, 규칙과 법의 제정 – 을 얻었다.

사람의 의식 행위가 제공하는 진화론적 이점을 부정하는 학자는 거의 없는데, 이 사실은 의식 행위가 생물학적 기원을 가지고 있을 가능성을 암시한다.[5] 그러나 불과 1970년대까지만 해도 연구자들은 그 가능성을 사실상 무시했다. 의식은 순전히 문화적 현상이라고 믿었으며, 사회적 조건화의 산물이지 생물학적인 산물이라고는 생각하지 않았다. 그 결과, 인간 의식의 생물학적 측면을 연구해보려는 노력은 거의 없었다.

지난 30년 동안 의식의 연구에서 생물학적인 측면은 중요한 요소로 자리잡게 되었는데, 그렇게 되기까지에는 유진 다킬리와 그의 동료인 찰스 래플린(Charles Laughlin)과 존 맥마너스(Jonh McManus)의 연구가 크게 기여하였다.[6] 그 결과로 연구자들은 의식과 진화 사이의 관계에 대해 상당히 중요한 증거를 얻었고, 관찰 결과 인간과 동물의 의식은 중요하고도 놀라운 방식으로 서로 비슷하다는 사실이 밝혀졌다.

예를 들면, 그 기본 형태에서 동물의 의식은 구조화되고 패턴화된 반응들 - 춤추기, 소리지르기, 머리 까닥거리기 등 - 로 이루어져 있는데, 그것들은 리드미컬하고 반복적이다. 이 행위들은 종종 아주 극적이고 특이하여, 의식 행위 외에는 어떤 실용적인 기능도 없다. 그 목적은 의식 행위를 정상 행위와는 아주 다른 것으로 보이게 하여, 의식 행위에 참여한 동물이 뭔가 특별한 일을 한다는 메시지를 전달하려는 것처럼 보인다.

사람의 의식과 행사에도 동물의 의식 행위가 분명하게 반영되어 있다.[7] 예를 들면, 그레고리오 성가의 장엄한 리듬에서부터 폴리네시아인의 생동감 넘치는 다산의 춤의 리듬에 이르기까지 거의 모든 의식 행위에서 리듬과 반복은 중요한 구성 요소이다. 또, 사람의 의식에는 일상 생활에서는 아무런 실용적인 의미도 없는 독특한 행위 - 절, 느린 행진, 손과 팔의 이상한 제스처 등 - 를 볼 수 있다. 생물학자들의 의견에 따르면, 사람과 동물의 의식은 또 비슷하면서도 매우 중요한 기능을 도와준다고 하는데, 그것은 집단 구성원 간에 공격 행위를 감소시키고, 집단 간에 강한 사회적 유대감을 형성하는 것이다.

이렇게 많은 유사점은 동물과 사람의 의식이 공통의 진화론적 기원을 갖고 있음을 시사한다. 이것은 또 가장 단순한 차원에서는 의식 행위가 개개 동물들이 자신의 삶에 중요한 영향을 미치는 다른 동물들의 행위를 인식하고 이해하는 것을 돕기 위한 커뮤니케이션의 기본 형태로 발전했다는 주장을 뒷받침해준다.

비교적 원시적인 차원에서도 의식 행위는 동물들에게 자신의 의도를 전달하고, 다른 동물들의 의도를 해석하는 것을 도와주는 것처럼 보인다. 그것은 갈등을 낳을 수도 있는 서로간의 오해를 피하는 데 도움이 된다.[8] 예를 들어 인사를 하거나 털을 골라주는 의식은 상대방에게 자신의 의도가 우호적이라는 것을 알려주며, 복종의 의식은 지배적인 위치에 있는 동물에게 '존경을 나타내고', 사회적 서열을 유지하는 역할을 한다. 이러한 행위는 긴장을 누그러뜨리고, 개개 동물의 안전을 높여주며, 집단 내에서 사회적 균형을 안정하게 유지하는 데 도움이 된다. 이러한 행위들은 사람들의 생활에서도 흔히 나타난다. 예를 들면, 악수나 포옹, 선물 등은 종종 사람의 인사 의식으로 사용되며, 사회적 관습이나 상식은 선생님이나 상사 또는 그 밖의 권위를 가진 사람들에게 존경을 표하도록 가르친다.

가장 원시적인 형태에서도 의식이 지닌 커뮤니케이션 기능은 가장 단순한 동물에게 서로 메시지를 주고받을 수 있는 능력을 부여함으로써 중요한 상호 작용을 가능하게 해준다. 예를 들어 은빛표범나비의 짝짓기 의식을 살펴보자.[9] 짝으로 삼을 만한 암컷을 발견한 수컷은 사랑의 의도를 가지고 접근한다. 그러면 암컷은 공중으로 날아오른다. 암컷이 날아오르면, 수컷은 날개가 암컷의 몸에 거의 닿을 정도로 고리 모양의 원을 몇 차례 그리며 암컷 주위를 돈다. 그리고 나서 두 마리는 환상적인 공동 비행을 하는데, 수컷은 암컷의 위아래로 왔다갔다하며 곡예 비행을 하는 반면, 암컷은 수컷의 접근을 승낙한다는 표시로 직선으로 똑바로 날아간다. 비행을 끝마치고 나면, 두 마리는 땅에 내려앉아 자세를 잡고 냄새를 교환한다. 수컷은 모두 일곱 가지의 독특한 행동을 보여야 하고, 암컷은 그 각각에 대해 적절한 반응을 보이고 나서야 비로소 짝짓기가 시작된다.

사실상 모든 종의 동물들이 조금씩 다르긴 하지만 나름대로 짝짓기 의식을 치른다. 고등 동물의 경우에는 구애 과정은 뭔가 수긍할 만한 목적을 가진 것으로 보인다. 예를 들어 수컷이 민첩함과 신체적 힘을 과시하는 것을 보고 암컷은 상대방이 적당한 배우자인지 판단을 내릴 수 있다. 그러나 나비 같은 간단한 동물이 왜 그렇게 이상한 행위를 보이는 걸까? 그들에게 구애 의식은 어떤 의미를 지닐까?

그 답은 나비의 짝짓기 의식의 꺼풀을 벗기고 그 신경생물학적 본질을 보아야만 알 수 있다. 나비의 짝짓기 의식은 서로가 적절한 짝인지 확인하고, 짝짓기를 할 의사를 분명하게 나타내기 위한 신경학적 정보의 춤이다.[10] 나비들의 의식이 매우 기묘하고 복잡한 것은 이 커뮤니케이션에서 중요한 의미를 지닌다. 그것은 그 종 특유의 정확한 언어이며, 소모적이고 위험할 수도 있는 결정을 내릴 가능성을 줄여준다. 예를 들면, 이 의식을 통해 수컷 은빛표범나비는 다른 종의 암컷이나 심지어는 밝은 빛의 팔랑거리는 잎과 짝짓기를 시도할 위험을 줄일 수 있다.

구애를 하는 나비들 사이에 이러한 기본적인 이해가 이루어진 것은 그들 사이에 생물학적 '공명'이 일어난 결과로 볼 수 있다. 생물학적 공명은 구애 비행의 반복적인 효과가 각자의 신경계에 미침으로써 일어난다. 신경생물학적으로 나비들은 한 쌍의 소리굽쇠처럼 공명하여 '진동'한다. 이러한 친근감과 공동 목적 때문에 나비들은 다른 동물과 접촉을 피하도록 하는 평상시의 자기 보호 본능을 초월하여 혼자서는 거둘 수 없는 생존 이익을 얻을 수 있다.[11] 본능적인 제약을 초월함으로써 나비들은 서로 자유롭게 접근하여 짝짓기를 할 수 있는 것이다.

이렇게 간단한 방식으로 의식 행위는 원시적인 동물들의 유전자 속에 자리잡게 되었다. 나비와 같은 단순한 동물에게서는 의식 행위가 엄격하고 복잡해진다(그러한 동물의 단순한 신경계는 약간의 모호성조차 해석할 수 없기 때문이다). 그러한 행위는 가장 단순한 선택을 할 수 있도록 나타나야 한다. 즉, 저것은 나비인가 아닌가, 또는 나는 저것과 짝짓기를 할 수 있을까 없을까라는 판단을 내릴 수 있어야 하는 것이다.

더 복잡한 신경계를 가진 동물은 그렇게 엄격한 제약을 받지 않으며(예를 들면, 고양이는 다른 고양이를 확인할 수 있는 더 정교한 방법들이 있다), 따라서 의식 행위의 구조 역시 엄격하지 않다. 그러나 연구 결과들은 비교적 복잡한 동물들에게서조차도 신경학적 커뮤니케이션이 의식 행위의 중요한 요소로 남아 있음을 보여준다.[12] 동물들 사이의 반복적이고 리드미컬한 상호 작용은 높은 수준의 변연계 흥분을 초래하지만, 그러한 상호 작용이 같은 종의 동물들 사이에서 일어날 때에만 그렇다. 이러한 변연계의 활동이 같은 종의 동물들 사이에서만 일어난다는 사실은 일종의 신경학적 공명이 일어난다는 것을 시사한다. 그것이 어쨌든 일어난다는 사실은 의식 행위의 효과가 동물 마음의 가장 복잡한 기능들에 영향을 미칠 수 있으며, 의식이 감정과 기분을 변화시킬 수 있는 능력이 있음을 시사한다.

사람의 경우, 뇌가 아주 복잡하기 때문에 의식 행위에는 거의 항상 가장 높은 수준의 사고와 감정이 포함된다. 우리의 의식은 어떤 것에 관한 것이다. 우리의 의식은 이야기를 들려주며, 그 이야기는 의식에 의미와 힘을 부여한다. 이야기는 사람의 의식에서 효율성을 위해 중요하며, 특정 문화의 필요를 충족시키도록 선택되고 다듬어졌다. 그러나 가장 원시적인 것에서부터 가장 고상한 것에 이르기까지 모든 인간 사회의 의식 행사의 뿌리에는 자신의 제한적인 경계를 벗어나고자 하는 모든 생물의 신경생물학적 필요가 정교한 형태로 포함되어 있다고 우리는 믿는다.[13]

의식의 신경생물학

신경생물학적 측면에서 볼 때, 사람의 의식에는 두 가지 중요한 특징이 있다. 첫째, 의식은 강도의 차이는 있지만 평온함, 황홀감, 경외감 등의 주관적 감정을 나타내는 감정의 방출을 이끌어낸다. 둘째, 종교적인 상황에서 종종 영적 초월로 경험되는 일체의 상태를 초래한다.[14] 이 두 가지 효과는 모두 신경생물학적인 기원을 가지고 있다고 우리는 믿는다.

의식과 생물학과 초월

초월적인 일체의 상태를 만들어내는 의식의 능력은 리드미컬한 의식적 행위가 시상하부와 자율 신경계에, 그리고 궁극적으로는 나머지 뇌에 효과를 미친 결과라고 우리는 생각한다. 연구 결과에 따르면, 기도나 종교 의식, 명상, 육체적 고행 등의 영적 행위는 혈압을 낮추고, 심박동을 감소시키고, 호흡 속도를 늦추며, 코르티솔 호르몬의 수준을 떨어뜨리고, 면역계의 기능에 긍정적인 변화를 가져올 수 있다.[15] 이 기능들은 모두 시상하부와 자율 신경계에 의해 조절되는 것이기 때문에 의식이 자율 신경계의 상태에 효과를 미친다는 것은 명백하다.

의식의 과정은 리드미컬한 행위가 신체의 억제계와 흥분계에서 자율 반응을 미묘하게 변화시키는 것으로 시작된다. 그 리듬이 빠를 경우 – 예컨대 수피족의 춤이나 부두교의 열광적인 의식에서처럼 – 흥분계는 점점 더 높은 수준으로 활성화된다. 이렇게 신경 활동의 수준이

점점 증가하면, 뇌의 평형 감각을 유지하는 일을 담당하는 변연계의 외교관, 해마회가 관여하게 된다.[16]

해마회를 통해 정보가 뇌의 다양한 부분들 사이에 교환된다. 그런데 뇌의 중심인 이 곳은 종종 뇌의 다양한 부분들 사이에 신경 입력 정보의 흐름을 조절하는 일종의 수문 역할도 한다. 이러한 조절 기능은 신경 활동의 수준을 완화시키고, 뇌를 비교적 안정 상태로 유지시켜준다. 예를 들면, 뇌의 활동이 너무 과도한 수준에 도달한 것을 감지한 해마회는 뇌의 활동이 진정될 때까지 신경 정보의 흐름을 억제하는 효과를 발휘한다(사실상, 뇌의 활동에 브레이크를 거는 셈이다). 그 결과로 어떤 뇌 구조들에는 제 기능을 발휘하는 데 필요한 신경 입력 정보의 정상적인 공급이 차단된다.

그러한 구조들 중 하나가 정위연합영역(자신을 나머지 세계와 구별하는 것을 도와주고, 공간상에서 자신의 위치를 파악하게 해주는 부분)인데, 이 영역은 자신의 일을 제대로 수행하기 위해서는 감각 정보를 계속적으로 공급받아야만 한다. 그러한 정보의 흐름이 차단될 경우, 정위영역은 이용할 수 있는 나머지 정보를 가지고 일을 수행한다. 신경학 용어로 표현한다면, 정위영역은 수입로(輸入路)가 차단된 것이다. 즉, 신경 입력 정보를 거의 공급받지 못하는 상태에서 작동해야 한다는 것을 의미한다. 수입로 차단은 자아의 경계가 유연해지고 덜 명확해지는 결과를 가져올 수 있다. 이렇게 자아의 경계가 허물어지는 현상이 의식을 치르는 사람들이 종종 경험하는 일체감의 원인이라고 우리는 믿는다.

일체감의 원인이 되는 이 신경생물학적 메커니즘은 찬송이나 명상 기도와 같은 느릿한 의식 행동을 오랫동안 지속할 때 약간 다른 방식으로 일어날 수도 있다. 느린 리드미컬한 행위는 억제계를 자극한다. 억제계가 아주 높은 수준으로 작동할 때, 해마회의 억제 효과를 직접 활성화시켜 결국 정위영역의 수입로 차단을 가져오고, 결국에는 뇌가 느끼는 자아의 경계를 흐릿하게 함으로써 종교 의식의 주요 목표인 일체의 상태에 이르는 문을 열어준다.

의식과 감정

의식 행위로 생겨나는 일체감은 거의 항상 강한 감정적 상태를 수반하는데, 그러한 감정적 상태 자체는 리드미컬한 행위의 결과로 생겨난다.[17] 의식 활동에서 춤이나 노래와 같은 반복적인 운동 행위는 감정과 기분을 만드는 데 관계하는 변연계와 자율 신경계에 큰 효과를 미칠 수 있다. 한 연구에서는 반복적인 청각 및 시각 자극(의식의 춤, 노래처럼)이 피질에 일으키는 리듬은 표현할 수 없는 강렬한 쾌감을 불러일으키게 한다는 사실이 밝혀졌다.[18] 다른 연구들에서는 리드미컬한 행위는 동시에 여러 감각을 활성화시킨다는 사실이 밝혀졌다. 종종 의식의 일부를 이루는 다른 활동들 – 단식, 호흡 항진, 향 또는 그 밖의 방향제의 흡입 등 – 과 결합되어 여러 감각을 동시에 자극하는 것은 신체생리학에 비상한 정신 상태를 초래하는 방향으로 영향을 미칠 수 있다.

의식을 통해 유발되는 상태들과 관련된 감정적 속성은 주로 반복적인 리듬이 자율 신경계와 뇌에 미치는 효과의 결과로 보인다. 그러나 이러한 감정적 상태의 강도는 의식 행위의 다른 요소들에 의해서도 영향을 받을 수 있다. 예를 들면, 의식에는 종종 '색다른 행동' - 느린 절, 엎드려 절하기, 손과 팔의 산만한 움직임, 또는 그 형태나 의미에서 정상적인 움직임과는 구별되어 눈길을 끄는 다른 행동 - 이 포함된다.[19] 이 기묘한 제스처는 파수꾼의 역할을 하는 소뇌편도의 주의를 끈다. 소뇌편도는 기회나 위험의 신호를 감시하지만, 인간의 의식 행위에서 나타나는 색다른 행동과 같은 설명할 수 없는 움직임도 보통의 움직임보다 더 오랫동안 소뇌편도의 주의를 끈다.

소뇌편도의 자극이 충분히 오랫동안 계속되면, 그 동물은 종종 두려워하거나 움찔거리거나 뒤로 물러나는 반응을 보인다. 소뇌편도에 전기 자극을 가한 동물들에게서 나타난 것처럼, 의식 행위 도중에 색다른 행동이 소뇌편도의 주의를 끌어 가벼운 두려움이나 흥분 반응을 일으키는 것이 가능하다. 과억제 상태의 행복한 평온함과 혼합되어 이 흥분은 '종교적 경외감'으로 경험될 수도 있다.

이러한 경외감은 냄새 감각에 의해 더 강화될 수 있는데, 종교 의식에서 향이나 그 밖의 방향제를 사용하는 이유도 이 때문인지 모른다.[20] 소뇌편도의 중심 부분은 후각계로부터 신경 자극을 받기 때문에 강한 냄새는 파수꾼을 자극하여 경계나 두려움 반응을 나타내게 할 수 있다. 연구에서는 또한 어떤 냄새들은 특정 감정 반응을 일으킬 수 있다는 사실이 밝혀졌다. 예를 들면, 라벤더는 안정감을 가져오고, 초산은 분노와 혐오감을 자극하는 것으로 밝혀졌다.[21] 의식에서 냄새와 색다른 행동과 반복적인 소리를 결합하면(예를 들어 기도와 응창 도중에 향이 담긴 그릇을 흔들던 사제가 감사의 절을 하기 위해 동작을 멈춘다면), 소뇌편도에 가해진 자극은 종교적 경외감을 강화하는 결과를 낳을 수 있다.

종교 의식의 감정적 힘은 시상하부의 작용에 의해 강화될 수도 있다. 그러면 시상하부는 흥분 활동의 자극을 받아 약간 즐거운 기분에서부터 무아지경에 이르기까지 긍정적인 심리 상태를 촉발할 수 있다.[22]

어떤 종류의 감정적 반응은 분명히 자율 신경계의 활동과 관련이 있다.[23] 특히 의식 행위의 결과인 강한 감정적 반응의 경우에는 더욱 그렇다. 그러나 연구에 따르면, 자율 신경계의 활동만으로는 의식 도중에 경험하는 강한 감정적 상태들을 만들어내기에 부족하다. 예를 들면, 여러 연구에서 연구자들은 자율 신경계를 화학적으로 자극해도, 의식의 리드미컬한 행위들을 통해 일어나던, 뇌의 감정중추들의 활성화가 일어나지 않는다는 사실을 발견했다.[24] 이것은 의식의 감정적 효과가 신체의 다른 감각 입력 정보에 의존하고 있으며, 그 중에서도 종교 의식이 행해지는 인지적 내용에 의존한다는 것을 의미했다.[25] 의식과 관련된 감정적 상태들을 촉발시키는 데에는 단순히 자율 신경계의 자극만으로는 부족하고, 그 이상이 필요한 것처럼 보이는데, 더 깊은 심리적 충전이나 감정적 인력을 가진 개념도 필요하다. 이 가설은 명상 과정을 조사한 연구에 의해 뒷받침되는데, 연구자들은 개인적인 의미(추상적인 단어나 소리가 아니라)를 가진 주문을 사용하는 명상자들이 높은 명상 단계에 도달하는 데 훨씬 성공적이라는 사실을 발견했다.[26]

다시 말해서, 의식이 뇌와 신체의 모든 부분을 참여시키게 하는 데 효과를 거두려면, 행위를 개념과 결합시켜야 한다. 이러한 리듬과 의미의 종합을 통해서 의식은 강력한 힘을 지니게 된다.

종교 의식에서는 신의 존재에 대한 믿음과, 그러한 더 큰 실체 또는 힘과 대화하는 사람의 능력에 대한 믿음이 기도나 찬송을 하는 사람에게 큰 에너지(예컨대 뇌의 자극)를 준다. 그러나 인류학자들은 세속적인 의식에서도 영적인 것으로 간주되는 개념들을 언급한다는 사실에 주목했다. 예를 들면, 애국적인 의식은 국가나 주의 또는 국기의 '신성함'을 강조하고, 악수를 하거나 인사를 나누는 그 밖의 의식은 개인의 신성함을 은연중에 인정하고 있다.

그렇다면 어떤 의미에서 모든 종교는 의미 있는 개념을 감정적인 경험으로 전환시키는 셈이다. 종교 의식에 생기를 불어넣는 개념들은 이야기와 신화 속에 뿌리를 두고 있다.

의식과 신화의 관계

의식의 신경생물학에 의해 생겨난 일체의 상태가 종교적 상황에서 일어날 때, 이것은 대개 개인이 신에 가까워지는 경험으로 해석된다. 이런 의미에서 의식은 모든 신화 체계가 다루어야 하는 기본 문제 — 즉, 사람과 신들 사이에 존재하는 것으로 인식되는, 경외감을 불러일으키는 거리 — 를 신경학적으로 해결하는 방법을 제공한다. 조지프 캠벨에 따르면, 이 존재론적 딜레마는 "처음에 우리는 그 근원과 합쳐져 있었지만 그것으로부터 분리되었고, 이제 다시 그 곳으로 돌아가는 방법을 찾아야 하는, 신화의 위대한 이야기이다."[27]

개인과 그 영적 근원 사이의 본래적인 일체를 회복하는 것은 초기 수렵 문화의 원시적인 신화에서부터 오늘날 널리 퍼진 모든 종교에 이르기까지 거의 모든 신앙 체계에서 약속하는 것이다. 예를 들어 기독교 신학에서 예수는 하느님에 이르는 길을 제공하고, 불교에서는 부처의 가르침을 따름으로써 모든 것과 일체가 되는 길에 이를 수 있고, 이슬람교에서는 알라의 뜻에 복종함으로써 화해가 가능하다.

성경 구절로 씌어진 그러한 보증은 튼튼한 믿음의 토대와 존재론적인 두려움에 대한 효과적인 방패막이를 제공한다. 그러나 이러한 보증은 궁극적으로는 개념에 불과하며, 가장 설득력이 있는 것이라도 마음에 의해 마음속으로만 믿을 수 있을 뿐이다. 그러나 의식의 신경생물학은 이 개념들을 느낄 수 있는 경험으로, 곧 마음 — 신체적, 감각적, 인지적 사건으로 전환시킴으로써 그 실체를 '증명'해준다. 의식은 우리에게 신의 존재를 감각으로 느끼게 함으로써 영적 보증이 실재한다는 만족스러운 증명을 제공한다.

예를 들어 카톨릭교도는 일체와 영생에 대한 예수의 약속을 실현하는 성체성사를 통해 가장 친근하고 일체적인 방식으로 예수의 존재를 경험할 수 있다. 마찬가지 방식으로, 불교 신자는 명상과 그 밖의 명상 의식을 통해 이기적인 자아에 대한 속박에서 벗어나고, 그러한 속박이 초래하는 사람의 모든 고통을 초월하고, 부처가 설득력 있게 묘사한 존재의 고요한 일체 속에서 자아를 버릴 수 있다. 따라서, 의식 행위의 신경생물학적 효과는 신화와 성경의 이야기에 의식적인 실체를 부여한다. 이것이 바로 종교 의식의 첫 번째 기능이다. 즉, 영적인 '이야기'를 영적인 '경험'으로 전환시키고, 여러분이 믿는 어떤 것을 여러분이 느낄 수 있는 것으로 전환시키는 것이다. 데르비시(dervish : 이슬람교의 고행파 탁발 수도승 – 옮긴이)가 빙빙 원을 돌고, 수사들이 찬송을 부르고, 이슬람교도가 엎드리고, 원시 시대의 사냥꾼들이 위대한 동물 정령의 축복을 얻기를 기원하면서 곰과 늑대의 가죽을 쓰고서 불 주위에서 경건하게 춤을 춘 이유도 다 이 때문이다.

모든 시대, 모든 문화에서 사람들은 가장 중요한 신화를 의식 행위의 형태로 재현함으로써 의식에 초월적인 힘을 제공하는 신경생물학적 메커니즘을 끌어내는 방법을 직관적으로 발견한 것처럼 보인다. "지금까지 신화적인 모티프가 예배학에서 되풀이되지 않고, 예언자·시인·신학자·철학자에 의해 해석되지 않고, 예술에서 제시되지 않고, 노래에서 확대되지 않고, 그리고 생명을 부여하는 환각 속에서 황홀하게 경험되지 않은…… 인간 사회는 발견된 적이 없다."고 조지프 캠벨은 말한다.[28]

사람의 구조 속에서 우리로 하여금 신화를 행동으로 옮기도록 – 캠벨의 표현대로 신화가 보편적으로 약속하는 통일적인 해결책을 되풀이하도록 – 강요하는 것은 무엇일까? 최근까지만 해도 인류학자들은 그러한 의식을 행하도록 하는 충동은 순전히 문화적 충동이라는 데 대체로 의견을 같이했다. 사람들은 시간이 지나면서 의식 행위가 큰 사회적 이익을 제공한다는 사실을 알게 되었기 때문에 사회들은 의식을 치른다고 그들은 믿었다. 의식이 큰 사회적 이익을 제공하는 것은 사실이다. 그러나 신경학적 기능에 대한 이해가 점점 깊어짐에 따라, 우리는 의식의 충동이 사회의 문화적 필요보다 더 깊은 어떤 것에 뿌리를 두고 있을지도 모른다고 믿게 되었다. 새로운 지식은, 사람은 뇌의 기본 생물학적 작용에 의해 신화를 행동으로 옮기도록 되어 있다는 것을 시사한다.

왜 우리는 신화를 행동으로 옮기는가

우리의 모든 신체적 움직임은 전운동중추영역(premotor area)이라는 뇌 부분에서 시작된다. 이 곳은 신체적 움직임을 계획하고, 뇌의 운동중추영역에 해당 근육으로 적절한 지시를 보내라고 명령함으로써 그 움직임을 시작하게 한다. 움직임과 반응의 정밀한 제어는 모든 고등 생물의 생존에 필수적인 요소이므로, 전운동중추영역의 작동은 동물 뇌의 전체 기능에서 중요한 요소이다.

사람의 뇌에서 전운동중추영역은 좀더 정교한 관련 구조가 진화해 나오게 하는 생리학적 기초가 되기도 했다. 전전두엽 피질이라고도 부르는 주의영역은 주로 주의를 집중시키고, 의지의 느낌을 생겨나게 하고, 감정을 조절하는 역할을 담당하고 있다. 그러나 전운동중추영역을 통해 운동중추영역과의 연결이 흔적 기관처럼 남아 있기 때문에, 주의영역 역시 움직임을 시작하게 할 수 있다. 실제로, 전두엽의 억제 작용이 없다면, 주의영역은 우리에게 자신의 생각을 신체적 행동으로 옮기도록 강요할 것이다.[29]

그러한 경향에 대한 증거는 뇌졸중이나 종양 또는 질병으로 인해 억제 기능을 상실한 환자들에게 일어나는 병리학적 상태에서 발견할 수 있다. 라타(latah : 자바 등지에서 나타나는 도약병 – 옮긴이)라고 부르는 희귀 질환에 걸린 사람은 자기가 들은 명령은 무엇이든지 행동으로 옮기며, 때로는 자기가 본 것도 행동으로 옮긴다. 이 희귀 질환을 최초로 목격한 사람 중에 19세기의 신경학자 기유 드 라 투레트(Guilles de la Tourette)가 있다. 1884년, 투레트는 말레이시아에서 그런 환자를 여러 명 만난 것에 대해 기술했는데, 그는 그들을 '점프하는 사람(jumper)'이라고 불렀다.[30]

"서로 가까이 서 있는 두 사람에게 치라고 말했더니, 두 사람은 서로를 매우 세게 치기 시작했다. 빠르고 큰 소리로 명령을 내리면 그들은 그 명령을 반복했다. 치라고 하면 치고, 던지라고 하면 손에 든 것은 무엇이든지 던졌다."라고 투레트는 기술했다.

투레트는 같은 병에 걸린 한 여성을 만난 이야기도 기술했다.

"나는 그녀와 최소한 10분 동안 이야기했는데, 행동이나 대화에서 이상한 것은 조금도 느낄 수 없었다. 그 때 갑자기 그녀를 소개한 남자가 양복 상의를 벗었다. 그러자 놀랍게도, 기품 있는 그 여성이 벌떡 일어서더니 카바야를 벗었다. 그리고 내가 미처 말리기도 전에 그녀는 나머지 옷도 계속 벗었다."

투레트는 이 괴상한 행동이 현실감을 잃은 정신 이상의 결과가 아니라는 점을 분명히 했다. 모든 환자는 "자신이 보이고 있는 수치스러운 행동을 분명하게 의식하고 있었고, 그러한 행동에 대해 후회했다."고 그는 기술했다.

이와 비슷한 증상을 보이는 다른 질환들도 있다. 예를 들면, 반향운동모방증(echopraxia) 환자는 자신이 본 동작은 무엇이든지 강박적으로 따라서 하며, 반향언어증(echolalia) 환자는 자신이 들은 것은 무엇이든지 그대로 반복한다.[31] 라타와 마찬가지로, 이 질환들 역시 정신병적 상태가 아니다. 이것들은 아마도 신경계의 억제 메커니즘(대개 주의영역과 관련된)의 손상에서 초래된 신경학적 장애로 생각된다. 우리가 자신의 생각을 노예처럼 그대로 행동으로 옮기는 것을 방지하기 위해 그러한 억제 메커니즘이 필요하다는 사실은, 생각을 행동으로 옮기는 것은 뇌에 입력되어 있는 성향임을 시사한다.

실제로, 뇌가 정상적으로 작동하고 있을 때조차도 우리가 손을 움직이며 말을 하거나 정상 코스를 벗어나는 골프 공을 제 코스로 되돌리고 싶은 마음에서 몸을 기울이는 동작 등에서 그러한 성향이 불거져 나온다.

생각을 행동으로 옮기려고 하는 신체적인 강박증은 진화론적인 목적을 지니고 있는지도 모른다. 마음속으로 어떤 중요한 행동(달리기, 싸움, 몰래 접근하기, 사냥감죽이기 등)을 반복하면서 우리는 실제로 그러한 일들을 실생활에서 실행하는 능력을 다듬고 있는지도 모른다. 실제로, 많은 운동 선수들은 마음속으로 자신의 행동을 시각화함

으로써 다음의 동작을 준비하며, 음악가를 비롯해 연기자들 역시 그러하다.[32]

만약 뇌가 생각과 개념을 행동으로 옮기고자 하는 그런 강박 관념을 갖고 있다면, 뇌가 우리로 하여금 신화를 행동으로 옮기도록 만든다고 해도 놀랄 것이 없다. 그 이야기들이 전달해주는 운명과 죽음과 인간 영혼의 본질에 관한 개념들은 지금 당장 그리고 앞으로도 지속적으로 관심의 대상이 되는 것이기 때문에 필연적으로 마음의 주의를 끌 것이다. 신화의 이야기를 행동으로 옮기는 과정에서 어떤 사람들은 신경학적 사건들의 연쇄를 촉발시키는 리드미컬한 행동을 한 결과로 초월적인 느낌을 경험할 수도 있을 것이다. 신화의 상징과 주제에 더하여 그러한 생생한 느낌은 효과적인 의식 행위를 탄생(실제로는 발견)시킬 것이다.

모든 종교 의식은 효과를 거두기 위해서는 신화의 본질적인 내용을, 신화를 현실로 재현해주는 신경학적 반응과 결합시켜야만 한다. 이 두 요소(신경학적 기능과 의미 있는 문화 내용)의 종합은 의식이 지닌 힘의 진정한 원천이다. 이것은 신자에게 신화 이야기에 은유적으로 들어갈 수 있게 해주고, 신화에 담겨 있는 심오한 신비에 대면하게 해주고, 신화가 강렬하고도 삶을 바꾸는 방식으로 해결되는 것을 경험하게 해준다. 예를 들어 미사 의식은 의식의 장엄한 리듬이 예수의 특별한 가르침과 약속으로 구성된 예배식과 효과적으로 결합되어, 신자들로 하여금 최후의 만찬이 영광스럽게 재현된 곳에 참여하게 해준다. 이러한 요소들 하나하나가 매우 중요하기 때문에, 한 세대에서 다음 세대로 바뀌더라도 그 의식의 의미가 유지되기를 바란다면, 리듬과 내용 사이의 균형을 끊임없이 조화시켜야 한다.

예를 들어 1960년대에 카톨릭 교회는 대대적인 개혁 운동의 일환으로 라틴어와 그리스어로 된 미사의 기도식문을 일반적인 현대 언어로 바꾸었다. 물론 그 의도는 옛날의 언어로 표현된 의미를 명료하게 함으로써 20세기의 카톨릭교도들에게 더 적절한 미사를 제공하기 위한 것이었다. 이러한 조처는 그 당시에 큰 논란이 되었으며, 라틴어 기도문을 외우면서 자란 많은 카톨릭교도들은 새로운 미사 방식에 불만을 느꼈다. 그들에게는 라틴어로 발음되는 그 소리 자체가 의식 내용의 일부였다. 그 단어의 의미를 이해하는지 여부는 중요하지 않았다. 그런 사람들에게 새롭게 바뀐 미사 방식은 효과가 감소하였다.

그러나 기도식문의 본질적인 내용은 그대로 유지되었고, 의식의 리듬은 거의 변하지 않았기 때문에, 시간이 지나자 새로운 미사 방식은 대부분의 카톨릭교도들에게 옛날 방식과 마찬가지로 효과를 발휘했다.

사실상 모든 의식은 영속성과 비영속성 사이에, 그리고 신화 이야기로부터 나온 문화적 내용과 리드미컬한 행동의 신경학적 공명 사이에 이러한 미묘한 균형을 유지해야만 한다. 만약 의식의 리듬이 적절한 자율적, 감정적 반응을 일으키지 않는다면, 그 의식은 내재적인 힘을 잃고 말 것이다. 만약 의식이 담고 있는 상징과 주제가 고리타분한 것이 되거나 문화적으로 부적절한 것이 된다면, 그 정신적 의미는 해체되고 말 것이다. 이런 의미에서 효과적인 의식은 신체적 또는 영적 활동의 리듬에 의해서 생겨나지만, 살아남기 위해서는 더 크고 역동적인 리듬(안정과 변화의 느린 요동)이 필요하다.

의식의 힘은 신자들에게 신화와 성경이 제시한 보증이 진실임을 '증명'하는 것처럼 보이는 경험적 증거를 제공하는 능력에 있다. 의식은 참여자에게 모든 종교가 약속하는 초월적인 영적 일체 상태를 잠깐 동안이나마 느끼게 해준다. 의식이 지닌 이러한 통합 효과가 기본적인 생물학적 기능에서 발생한다는 사실은 모든 문화에서 의식이 광범위하게 행해지는 이유와, 전세계의 의식들을 발달시킨 목적들이 유사한 이유를 설명해준다. 이것은 또한 왜 의식 행위가 오늘날의 합리적인 시대에도 여전히 많은 사람들에게 그렇게 큰 힘을 발휘하는지 설명해준다.

앞에서 언급한 것처럼, 종교 의식을 통해 생겨나는 일체 상태의 정신적 강도는 아주 다양하다. 예를 들어 로자리오 기도에 참여한 사람들은 기도의 조용한 운율에 의해 발생하는 가벼운 정신적 연결을 경험할 수 있다. 더 격렬한 의식 행위의 강렬한 신체적 발산 - 예컨대 의식의 지속적인 춤이나 아메리카 원주민의 '환각 여행' - 은 종종 무아지경 상태나 아주 밝은 빛의 환각을 경험하는 더 깊은 단계의 일체감으로 이어질 수 있다.

가벼운 것에서부터 가장 극단적인 것에 이르기까지 이러한 모든 일체 상태들은 반복적인 리드미컬한 행위의 감각 효과에 의해 촉발된다는 사실을 이해하는 것이 중요하다. 즉, 이것들은 신체적 활동과 함께 시작되며, 아래에서 위로 전달되는 방식으로 나아가 마음에까지 이른다. 신체적 활동이 격렬할수록, 지속 시간이 길수록 그 결과로 경험하는 일체감의 상태는 더 깊어진다. 따라서, 이러한 상태들의 강도는 유한하며, 참여자의 신체적 스태미너에 의해 결정된다. 다시 말해서, 의식은 영적 통합 상태를 느끼게 해줄 수 있지만, 궁극적인 일체의 상태로 데려갈 가능성은 거의 없다. 신체의 제약이 그것을 방해하는 것이다.

흥미롭게도, 의식의 신체적 행위에 의해 아래에서 위로 촉발된 신경학적 메커니즘은 위에서 아래로 작용하는 방식으로 마음에 의해서도 촉발될 수 있다. 즉, 마음은 생각 외에는 어떤 실체도 없는 상태에서 시작하여 이 메커니즘을 작동시킬 수 있다. 물론 마음은 신체만큼 쉽게 지치지 않기 때문에, 수련을 통해 한 가지 생각을 무한히 지속할 수 있다. 이론적으로는 적절한 종류의 생각은 단지 초월의 메커니즘을 촉발할 뿐만 아니라, 초월의 정도를 궁극적인 수준으로 밀어 올려 신학자들이 신비 체험이라고 부르는 영적인 흡수 상태인, 심오한 일체 상태를 가져올 수 있다. 마음이 고대의 종교적 명상 수행이나 명상 기도에 몰입할 때 일어나는 일이 바로 이것이라고 우리는 믿는다.

6
신비주의

초월의 생물학

14세기에 독일에 살았던 수녀 마르가레타 에브너(Margareta Ebner)는 신성한 사순절을 맞이하기 위해 며칠 동안 경건한 침묵과 명상 기도에 잠겨 있었다. 어느 날 밤, 수녀원의 예배당에서 홀로 기도를 하던 마르가레타 수녀는 성가대석에서 놀라운 존재를 인식하고는, 나중에 다음과 같이 일기에 기록하였다.

할렐루야가 울려퍼졌을 때, 나는 아주 큰 기쁨을 느끼며 침묵에 잠기기 시작했다. 특히 참회 화요일 전날 밤에 나는 큰 은총 속에 휩싸여 있었다. 그러다가 참회 화요일 밤에 조과(朝課 : 한밤중 또는 이른 새벽의 기도 – 옮긴이) 후에 성가대석에 혼자 남게 되어 제단 앞에 꿇어앉았는데, 갑자기 큰 두려움이 나를 엄습하더니, 그 두려움 속에서 나는 형언할 수 없는 은총에 둘러싸였다. 나는 예수 그리스도의 이름으로 맹세하건대 내 말이 진실임을 증언한다. 나는 내면에서 하느님의 신성한 힘이 나를 붙잡고, 내 인간의 심장이 내게서 꺼내지는 것을 느꼈다. 나는 진실로 말하노니(내 주 예수 그리스도의 이름을 걸고) 그와 같은 느낌을 다시는 느낀 적이 없다. 형언할 수 없는 감미로움이 나에게 다가왔고, 마치 내 영혼이 몸에서 떠나는 같았다. 그 때 모든 이름 중에서 가장 감미로운 예수 그리스도의 이름이 그의 커다란 열정적인 사랑과 함께 내게 주어졌고, 나는 단지 하느님의 신성한 힘이 나에게 계속 불어넣어주신 말로 기도밖에 할 수 없었다. 저항할 수도 없고, 예수 그리스도라는 이름이 그 속에 계속 들어 있었다는 말 외에는 그것에 대해 아무것도 쓸 수가 없다.[1]

수백 년 전에 고독한 예배당에 홀로 있었던 마르가레타 수녀는 정말로 예수의 신비스러운 방문을 받았던 것일까? 아니면, 오늘날의 합리적인 학자들이 주장하는 것처럼 그녀는 그 시대의 과학으로는 짐작조차 할 수 없었던 감정적 또는 심리학적 불균형의 희생자였을까? 현대 과학적 사고의 보편적인 견해에 따르면, 신의 부름을 받았다는 이 독일 수녀가 경험한 무아지경의 영적 일체감과 그와 비슷한 수많은 신비주의자들의 체험은 결코 영적인 것이 아니라, 뇌의 기능 장애나 다른 심리학적 스트레스로 인한 착각 상태이다. 이러한 강렬한 종교적 상태에 대해 의학 연구는 탈진이나 감정적 비탄에서부터 강박적 사고나 심지어는 정신병에 이르기까지 많은 원인을 제안해왔다. 실제로 프로이트 시대 이래 많은 정신병학자들은, 신비 체험은 실현할 수 없는 현실을 거부하고, 안전하고 모든 것을 포용하는 어머니의 사랑의 일체 속에서 느꼈던 어린 시절의 무한한 기쁨을 되찾고자 하는 신경증 환자의 퇴행성 충동이 야기한 환각이라고 믿어왔다.[2] 마르가레타 수녀가 경험한 신비적 순간에 대한 프로이트 학파의 설명은 다음과 비슷할 것이다. 수녀가 천국의 영광을 생각하고, 속세의 공허함에서 탈출하기를 기원하면서 예배당에서 열성적으로 기도를 드릴 때,

그녀는 어떻게 하여 어린 시절의 초월적인 기쁨에 대한 무의식적인 기억과 연결되었다(아마도 발작의 결과로). 그리고 갑작스럽게 찾아온 이 황홀감에 대해 나중에 그럴듯한 설명을 찾던 그녀는 자신의 정신적 감성이 이끄는 대로 가장 명백해 보이는 설명을 떠올리게 되었다. 즉, 하느님이 자신을 찾아온 것이라는.

물론 과학은 그러한 '초자연적' 사건에 대해 자연적인 원인을 찾으려고 노력할 수밖에 없다. 합리적인 견지에서 볼 때, 신비주의자들의 주장이 착각이 아닌 다른 것에 바탕을 두고 있다고 상상하기는 어렵다. 그러나 우리가 한 과학적 연구는 마르가레타 수녀의 경우처럼 진정한 신비적 접촉은 반드시 감정적 비탄이나 신경증적 착각이나 어떤 병리학적 상태의 결과가 아니라는 것을 시사한다. 대신에, 그것은 분명히 실재하는 지각에 일관성 있게 반응하는 건전하고 건강한 마음에 의해 생겨날 수도 있다. 신비 체험의 신경생물학은 이 점을 분명하게 밝혀주지만, 초월에 관한 마음의 기구를 탐구하기 전에 '신비주의'라는 용어에 대한 정확한 정의를 내리고, 신비주의자들의 직관이 전세계의 종교들의 형태를 빚어내는 데 어떻게 기여했는지 알아보기로 하자.

신비주의의 정의

이블린 언더힐(Evelyn Underhill)은 신비주의적 영성에 관한 탁월한 연구서인 『신비주의(*Mysticism*)』에서 '신비주의'란 용어를 '영어에서 가장 심하게 남용된 단어 중 하나'라고 불렀다.

그녀는 말한다.

"신비주의라는 종교, 시, 철학에서 서로 다르게, 그리고 종종 상호 배타적인 의미로 사용되어왔다. 초월주의, 김빠진 상징주의, 종교적 또는 심미적 감성, 나쁜 형이상학 등 모든 종류의 신비학에 대한 변명으로 주장되어왔다. 반면에, 그것은 그러한 것들을 비판하는 사람들 사이에서는 경멸적인 용어로 자유롭게 사용되어왔다."[3]

현대적인 용법에서 'mysticism'은 어원상 사촌 격인 'myth(신화)'처럼 종종 너절하고 미신적인 생각을 경멸적으로 무시하는 데 사용된다. 실제로 『뉴 월드 사전(*New World Dictionary*)』에서는 'mysticism'을 'vague, obscure, or confused thinking or belief(애매하거나 모호하거나 혼란스러운 생각 또는 믿음)'이라고 정의하고 있다. 그러나 언더힐이 볼 때, 신비주의적 사고에는 조금도 애매하거나 혼란스러운 것이 없다. 언더힐은 다음과 같이 말한다.

"신비주의는 하나의 의견이 아니다. 그것은 철학이다. 그것은 신비적 지식의 추구하고는 조금도 공통점이 없다. 그것은 신의 사랑이 완전하게 달성되는 것, 곧 지금 이 곳에서 인간의 불멸의 유산을 달성하는 것을 포함하는 유기적 과정을 일컫는 이름이다. 또는, 원한다면 절대자와 인간의 의식적인 관계를 수립하는 예술이라고 불러도 좋다

(이것은 정확하게 똑같은 것을 의미하므로).”

언더힐의 정의는 신비주의자들의 말로도 뒷받침된다. 예를 들면, 14세기에 살았던 독일의 신비주의자 요한 타울러(Johann Tauler)는 신비주의자의 영혼은 "신의 심연 속에 가라앉아 사라지고, 모든 피조물의 고유한 의식을 잃는다. 모든 것은 한데 모여 신성한 감미로움과 하나가 되며, 사람의 존재에는 신성한 물질이 속속들이 배어들어 그는 그 속에서 자신을 잃는다. 마치 물방울 하나가 포도주 통 속에서 사라지듯이."라고 말했다.[4]

다시 말해서, 신비 체험은 마술에 관한 것도, 독심술에 관한 것도, 환각이나 영혼을 불러내는 것에 관한 것도 아니다. 그것은 바로 자신보다 더 큰 무엇과 진정한 정신적 일체감을 느끼는 것이다. 이 정의는 모든 시대와 모든 종교 전통에서 이루어진 기술들을 통해 일관되게 확인된다. 그러한 기술들은 또한 신비 체험이 일관된 패턴을 가진 특별한 현상임을 시사한다. 1997년, 신경학 연구자 제프리 세이버(Jeffrey Saver)와 존 라빈(John Rabin)은 이 기술들에 바탕을 두어 신비 체험의 특정 핵심 요소들을 정의하려 한 논문을 발표했다. 그들은 신비적 상태가 종종 강한 모순된 감정의 특징을 지닌다는 사실을 발견했다. 예를 들면, 온몸을 압도하는 환희와 극심한 공포감이 공존할 수 있다. 신비 체험에서는 시간과 공간이 존재하지 않는 것처럼 느껴지며, 정상적인 합리적 사고 과정 대신에 직관적인 이해가 들어선다. 신비 체험자는 종종 신적인 존재의 암시를 경험하거나 사물의 가장 근원적인 의미를 보았다고 주장하며, '궁극적인 자유에 이르는 내면의 실체가 밝게 빛나는' 것으로 묘사되는 열광적인 상태에 빠진다.

그러나 모든 신비주의자의 증언에서 핵심을 이루는 부분은, 그들이 물질적 존재를 뛰어넘어 영적으로 절대자와 합쳐졌다는 신념이다. 절대자와의 합일에 대한 근원적인 갈망과 그것이 인도해줄지도 모르는 초월적 경험은 동서고금을 막론하고 신비주의의 전통을 꿰뚫는 공통의 끈이다. 시대와 전통에 따라 신비주의자들은 이 숭고한 합일에 이르기 위해 중세 기독교 성인들의 경건한 자기 부정에서부터 탄트라 불교(금강승)의 일부 의식적인 성행위에 이르기까지 갖가지 방법을 사용했지만, 그들이 묘사하는 신비적 상태는 아주 비슷하다. 예를 들면, 중세 시대의 이라크에 살았던 수피교의 지도자 할라지 후사인 이븐 만수르(Hallaj Husain ibn Mansur)는 신비주의자와 신이 서로 섞이는 상태를 다음과 같이 묘사했다.

>나는 내가 사랑하는 그이고, 그는 내가 사랑하는 나이다.
>우리는 하나의 육신 속에 머물고 있는 두 개의 영혼이다.
>너희가 나를 본다면, 너희는 곧 그를 보는 것이고,
>너희가 그를 본다면, 너희는 우리 모두를 보는 것이다.[5]

중세 시대의 카톨릭교 현자인 마이스터 에크하르트는 독일의 추운 지방에서 쓴 글에서 같은 주제에 대해 비슷한 말을 했다.

>그렇다면 나는 하느님을 어떻게 사랑할 것인가? 너희는 그를 그로서 사랑해서는 안 된다. 하느님이나 영혼이나 사람이나 이미지로서가 아니라, 완전하고 순수한 하나로서 사랑해야 한다. 그리고 이

하나 속으로 우리는 무에서 무로 가라앉으리니, 하느님이여, 우리를 도와주소서.[6]

노자(老子)가 가르친 도교의 지혜에서도 일체가 강조되었다.

> 소인은 고독을 싫어하지만,
> 군자는 자신이 우주 전체와 하나임을 깨닫고
> 고독을 기꺼이 껴안으면서 이용한다.[7]

그리고 오글랄라(Oglala : 인디언의 한 부족인 라코타족의 한 지파 – 옮긴이)의 신비주의자이자 샤먼인 블랙 엘크(Black Elk)가 자신의 직관을 꾸밈없이 표현한 것에서도 강조되었다.

> 우주와 자신이 하나라는 것을 깨달을 때,
> 평화는 사람의 영혼 속으로 찾아온다.[8]

사실상 모든 신비주의 전통에서는 절대자와의 일체감을 궁극적인 정신적 목표로 삼고 있다. 이에 따라 거의 모든 신비주의 전통에서는 입문한 자들이 그러한 심오한 상태에 이르는 것을 돕기 위해 엄격한 훈련과 입문의 체계를 발달시켰다. 선(禪)에서는 의식적인 마음의 속박을 느슨하게 하여 무아의 경지에 이르는 문을 열기 위해 비상식적인 화두를 사용했다. 유대교 신비주의인 카발라(Kabbalah)의 수행자는 같은 목표에 도달하기 위해 수와 이미지를 마음속에서 복잡하게 다루는 수행을 했다. 기독교 신비주의자들은 자신의 마음을 세속적인 문제로부터 해방시켜 하느님에게 집중하기 위해 강렬한 명상 기도와 단식, 침묵 및 다양한 형태의 고행을 했다. 이러한 관행들은 각자 독자적으로 발달했지만, 모두 신비적 일체에 이르는 첫 단계는 의식적인 마음을 잠재우고, 자아의 제약적인 열정과 미혹으로부터 정신을 자유롭게 하는 것이라는 공통적인 직관에 기초하고 있다.

힌두교 경전에는 다음과 같은 구절이 나온다.[9]

"분리된 자신은 순수한 의식의 무한하고 불멸의 바다에 녹아든다. 분리감은 자신을 원소들로 이루어진 육체와 동일시할 때 생겨난다. 이러한 육체적 동일성이 녹아 없어질 때, 더 이상 별도의 자아가 존재하지 않게 된다. 중생이여, 이것이 바로 내가 그대들에게 말하고 싶은 것이다."

자아를 초월하고자 하는 영적 욕구는 도교를 비롯한 동양 종교의 핵심을 이루고 있다. 고대 중국의 문헌에서 발췌한 다음 구절은 이 점을 분명하게 보여준다.

도를 추구하는 자는 맨 먼저 세상사를 초월하고, 그 다음에는 물질적인 것을, 마지막에는 자신의 존재조차 초월한다. 이렇게 단계별로 세속적인 속박에서 벗어나는 것을 통해 그는 깨달음의 경지에 이르고, 모든 것을 하나로 볼 수 있다.[10]

그러나 서양의 신비주의들에도 그 중심에 이와 똑같은 사상이 있었으며, 유대교 신비주의자 랍비 엘레아자르(Rabbi Eleazar)가 쓴 다음의 글이 그것을 잘 보여준다.

　　기도를 할 때에는 너 자신을 아무것도 아닌 것으로 생각하고, 너 자신을 완전히 망각하라. 오로지 신을 위해 기도하고 있다는 사실만 기억하라. 그러면 너는 시간을 초월한 의식 상태인 사고의 우주에 들어갈 수 있을 것이다. 이 세계에서는 삶과 죽음, 땅과 바다를 비롯해 모든 것이 똑같다……. 그러나 이 세계에 들어가기 위해서는 자아를 버리고 너의 모든 근심을 잊어버려야 한다.[11]

펄 엡스타인(Perle Epstein)이 유대교 신비주의에 관한 저서 『카발라(Kabbalah)』에서 지적한 것처럼, 오랜 옛날부터 자기 초월은 유대교 신비주의에서 중요하게 추구하던 목표였다. 예를 들면, 16세기에 카발라의 비밀스러운 가르침을 따르던 유대교 신비주의자들은 비툴 하예시(bittul hayesh : 자아 말살)라는 목표를 지향했다. 이를 위해 마음을 잠재우고 직접 신의 존재를 경험할 수 있는 상태에 이르고자 그들은 명상, 호흡 조절법 및 그 밖의 방법들을 사용했다. 카발라의 스승들에 따르면, 이 신성한 상태는 물리적 세계에 얽매인 모든 속박을 끊고, 이기적인 자신에 대한 모든 감각을 지워야만 도달할 수 있다고 한다. 랍비 엘레아자르는 "자신을 '어떤 존재'로 생각하고 하느님에게 자신이 필요한 것을 위해 기도한다면, 하느님은 당신 속에 들어올 수가 없다. 하느님은 무한하며, 자신을 무로 녹여 없애지 않은 그릇에 하느님을 담을 수는 없다."고 말한다.

이와 비슷하게, 5세기의 그리스 정교 신비주의자들도 모든 미혹적인 생각과 이미지를 씻어버린 마음으로만 하느님을 알 수 있다고 믿었다. 그들은 이러한 고요한 마음의 상태를 '내면의 침묵'이라는 뜻으로 '헤시키아(hesychia)'라고 불렀으며, 그것이 하느님과 신비적 일체에 이르는 문을 여는 방법이라고 가르쳤다. 『신의 역사(A History of God)』라는 책에서 종교학자인 캐런 암스트롱은 그리스 정교 신비주의의 목표는 "미혹과 다양성으로부터 벗어나 자유와 자아의 상실을 얻는 것으로, 그것은 불교와 같은 무신교의 명상자들이 경험하는 것과 유사한 것이었다. 헤시키아를 추구하는 사람들은 자아를 구속하는 자만심, 욕심, 슬픔, 분노와 같은 '열정'으로부터 체계적으로 마음을 떼어냄으로써 자신을 초월하여 타보르 산에서 신성한 기운에 의해 변모한 예수처럼 신성해지고자 했다."고 설명한다.

암스트롱은 이슬람교의 신비주의인 수피교에서도 비슷한 개념들을 발견했다. 수피교는 '파나('말살'이란 뜻)'라는 개념을 만들어냈다. 이 상태는 단식과 철야, 찬송, 묵상의 결합을 통해 이를 수 있는데, 이 모든 방법은 비상한 정신 상태를 유도하기 위한 것이다. 이러한 행위들은 때때로 괴상하고 통제할 수 없는 행동을 초래하기도 했는데, 이 때문에 그러한 방법들을 사용하던 신비주의자들은 '취한' 수피교도라는 별명을 얻었다고 암스트롱은 설명한다. 최초의 '취한' 수피교도는 9세기에 살았던 아부 이자드 비스타미(Abu Yizad Bistami)[12]였는데, 그는 내성적인 훈련을 통해 신에 대한 어떤 인격화된 관념도 뛰어넘을 수 있었다고 암스트롱은 말한다.

"자기 정체성의 핵심에 다가가면서 그는 신과 자기 사이에 아무것도 존재하지 않는다는 것을 느꼈다. 실제로, '자신'이라고 알고 있던 모든 것이 녹아 사라지는 것처럼 보였다."라고 암스트롱은 썼다.

나는 진리의 눈으로 [알라를] 바라보면서 그에게 말했다. "이는 누구인가?"라고 그는 말했다. "이는 나도 아니고, 내가 아닌 다른 어떤 존재도 아니다. 신은 없고, 오직 나밖에 없다." 그러고 나서 그는 나를 나의 정체성을 변화시켜 그 자신으로 바꾸었다……. 그러자 나는 그의 얼굴에 있는 혀로 그와 대화했다. "나와 너는 함께 어떻게 지내는가? 나는 네 속에 있고, 신은 없고, 오직 너밖에 없다."라고 그는 말했다.

비스타미는 자신을 초월하여 신과 하나로 합쳐져 신의 일부가 되었다고 암스트롱은 말한다. 그의 표현을 빌리면, "이것은 사람과는 다른, '저 밖에' 있는 외부의 신이 아니다. 신은 깊은 내면의 자아와 신비스럽게 동일한 것으로 발견되었다. 자아를 체계적으로 파괴한 것은 표현할 수 없는 더 큰 실체 속으로 흡수되는 느낌으로 이어졌다."
그러한 신비적 실체 속에서 사람과 신 사이의 틈은 설명할 수 없는 감미로운 재통합을 통해 사라진다고 암스트롱은 이야기한다.
"그것은 분리와 슬픔의 종말이자, 역시 똑같은 자신인 더 깊은 자아와의 재통합이 될 것이다. 신은 별개의 외부의 실체이자 재판관이 아니라, 각 개인의 토대와 하나이다."라고 그녀는 말한다.
암스트롱의 말은 특히 수피교도의 신비 체험을 가리킨 것이지만, 영적으로 모든 형태의 신비주의에 다 적용된다. 모든 신비주의자가 기울이는 노력의 목표는 자신의 한계를 깨뜨리고 전체성이라는 원래의 조건으로 돌아가는 것이다. 그것은 신 또는 우주 또는 절대자와 일체가 되는 원래의 상태를 말한다.

윌리엄 제임스(William James)는 『종교적 체험의 종류(Varieties of Religious Experience)』라는 책에서 "개인과 절대자 사이에 존재하는 모든 통상적인 장애물을 극복하는 것은 신비주의자가 이룰 수 있는 위대한 성취이다."라고 말했다.

신비적 상태에서 우리는 모두 절대자와 하나가 되고, 우리가 하나임을 인식한다. 이것은 나라나 신앙의 차이에 거의 아무런 영향을 받지 않는 영원하고 성공적인 신비주의 전통이다. 힌두교나 신플라톤주의, 수피교 또는 기독교의 신비주의에서 우리는 똑같이 반복되는 기록을 발견한다. 즉, 신비주의자들이 하는 말은 영원히 의견이 일치한다고. 이것은 비평가를 멈춰 서서 생각하게 만들고, 흔히 이야기되듯이 신비주의의 대가에게는 생일도 조국도 없다는 말이 나오게 만든다. 사람과 신의 일체를 영원히 이야기하는 그들의 말은 언어보다 앞서며, 그들은 늙지 않는다.[13]

제임스는 신비 체험의 본질적인 역학(즉, 자신으로부터 벗어남으로써 정신적인 일체에 도달하는 것)이 신학이나 성경의 계시보다 더 깊고 근원적인 무엇에 뿌리를 두고 있다는 사실을 정확하게 깨달았다. 그러나 그러한 역학이 사람의 뇌 속에 들어 있고, 신을 향해 스스로를 다가가게 하는 마음에 의해 작동한다는 사실을 그는 알지 못했던 것 같다.

신비주의와 정신 건강

　현대의 합리적 지식을 가진 사람들에게는 신비주의와 신비주의자는 먼 과거의 일로 생각될지 모르지만, 사실은 1975년에 이루어진 획기적인 연구는, 과학 시대의 놀라운 직관과 깨달음에도 불구하고, 신비주의적 영성이 현대인의 삶 속에도 놀라울 정도로 많이 남아 있음을 보여주었다.[14] 미국여론조사기구에서 일하는 사회학자 앤드루 그릴리(Andrew Greeley)는 "당신은 자신을 밖으로 끄집어내는 것처럼 느껴지는 영적 힘에 아주 가까이 다가가본 경험이 있습니까?"라는 질문을 던졌다. 놀랍게도, 조사에 참여한 사람들 중 35% 이상이 그렇다고 대답했다. 18%는 그런 경험을 한두 번 했다고 대답했고, 12%는 여러 차례라고 대답했고, 5%는 자주 그런 경험을 한다고 대답했다.

　고대와 중세 사회에서 신비주의자들은 종종 현자나 정신적인 교감을 가진 사람으로 많은 존경을 받았다. 그러나 합리주의와 경험주의를 내세우는 서양 과학의 풍토 속에서는 전문가들도 현대의 신비주의자들을 마음에 손상을 입은 사람이나 망상을 일으키는 마음을 가진 희생자로 간주할 수밖에 없다. 물론 이러한 견해를 뒷받침하는 증거들이 있다. 예를 들면, 정신분열증이나 측두엽 간질과 같은 일부 병리학적 상태는 환청이나 환시를 비롯해 여러 가지 환각 효과를 일으킬 수 있으며, 종종 이러한 효과들은 종교적 의미를 담고 있다. 또, 이러한 환각 효과는 가끔 영적 사건에 비정상적으로 몰두하는 결과를 초래하기도 한다.[15]

　또, 신비 체험을 퇴행적인 유아기의 신경증의 결과로 설명하는 프로이트의 견해도 널리 받아들여지고 있다. 프로이트의 이론은 '자아'와 '비자아' 사이에 선을 긋기 전에 아이의 마음을 가득 채우고 있다고 그가 믿었던 '바다 같은 행복'에 바탕을 두고 있다. 프로이트의 해석에 따르면, 신비주의자들이 보편적으로 이야기하는 영적 일체에 대한 갈망은 실제로는 가혹하고 실망스러운 현실을 탈출하여 유아기에 경험했던 행복한 일체와 완전성의 세계로 돌아가고 싶어하는 무의식의 욕구라는 것이다.

신비주의자들의 기이한 이야기에 대해 과학은 얼마든지 합리적인 설명을 제시할 수 있는 것처럼 보인다. 그런데 이 설명들은 다양한 접근 방법에도 불구하고, 모두 한 가지 점에서는 일치한다. 신비주의자의 마음은 아무튼 근본적으로 혼란을 일으킨 마음이라는 것이다. 다시 말해서, 신비주의는 정신적 병리학의 결과이고, 신비주의자는 신경증이나 정신 이상 또는 뇌의 기능 장애가 있든지 없든지 간에 어쨌든 현실감을 상실한 사람이라는 것이다.

합리적인 사고를 가진 많은 사람들, 심지어 종교적 믿음을 허용할 여유를 가지고 있는 사람들에게도 이 결론은 아주 만족스러울 정도로 과학적인 것으로(그리고 의심의 여지 없이 안전한 결론으로) 보인다. 그러나 과학은 신비주의가 미치거나 장애를 일으킨 마음의 결과라는 사실을 경험적으로 증명할 수 없었다. 실제로 연구 결과에 따르면, 진정한 신비적 상태를 경험하는 사람들은 일반인들보다 정신 건강 수준이 더 높은 것으로 나타난다. 예를 들면, 위에서 언급한 그릴리의 연구에서는 신비적 상태를 체험했다고 주장하는 응답자들을 표준 심리학적 척도로 측정했을 때, '전국 평균보다 상당히 높은 심리적 풍요 상태'를 보인다는 사실이다. 다른 연구들도 일반적으로, 가벼운 신비적 또는 영적 체험을 한 사람들의 전반적인 심리적 건강 수준이 보통 사람의 평균보다 높게 나타난다는 사실을 보여주었다.[16] 그것은 더 원만한 대인 관계나 높은 자부심, 낮은 수준의 불안감, 더 분명한 자기 정체성, 다른 사람들에 대한 배려, 인생 전반에 관한 긍정적인 시각으로 나타났다.

이러한 사실들은 흥미로운 의문을 제기한다. 만약 실제로 신비 체험이 혼란이나 장애를 일으킨 마음의 결과라면, 그러한 마음이 어떻게 그렇게 높은 수준의 정신적 명료성과 심리적 건강을 보일 수 있는가 하는 것이다. 반면에, 신비 체험이 건강한 마음의 결과라면, 신비주의자들의 이야기는 정신 질환자들이 경험한 종교적 망상과 왜 그렇게도 비슷할까?

그 답을 구하기 위해서는 정신적 망상과 '진정한' 신비적 상태를 신중하게 구별하는 게 필요하다고 우리는 믿는다. 실제로 세이버와 라빈은 위에서 언급한 1997년 논문에서 바로 이러한 작업을 했다.

「망상성 장애」라는 제목이 붙은 논문에서 저자들은 정신분열증과 그 밖의 정신병 상태가 초래하는 종교적 환각을 '문화적으로 수용되는 종교-신비적 믿음'이라고 그들이 이름 붙인 경험과 비교하였다. 이 논문은 실제로 양자 사이에 유사점이 있다고 지적한다. 양자는 모두 이상한 생각과 행동, 그리고 정상적인 속세와 분리된 느낌의 특징을 나타내는데, 이러한 특징들은 명백히 정신적 망상 상태에서 나타나는 증상이다. 그러나 더 자세히 파고들면 두 상태는 심오하고도 특별한 방식으로 차이가 난다는 사실을 발견한다.

예를 들면, 두 상태는 종교적 환시, 환청 및 그 밖의 이상한 사건들을 수반하지만, 신비주의자와 정신 이상자는 그들이 경험한 것에 대해 아주 다른 방식의 반응을 보인다. 신비주의자들은 거의 항상 자신이 경험한 것을 황홀하고 즐거운 것으로 묘사하며, 그들이 이르렀다는 정신적 일체 상태는 흔히 '평온함', '완전함', '초월', '사랑'과 같은 단어들로 표현된다. 반면에 정신 이상자들은 흔히 자신이 경험한 종교적 환각에 대해 혼란과 공포스러운 두려움을 느낀다. 실제로 그들이 경험한 종교적 환각은 종종 매우 고통스러운 내용이고, 거기에 등장하는 신도 분노하고 비난을 하는 경우가 많다.

비슷하게, 신비주의자와 정신 이상자는 모두 일상 세계와 분리되는 듯한 경험을 한다. 신비주의자의 경우, 현실을 떠나는 이 시간은 즐거운 경험이고, 간절히 소원하는 것이다. 그러한 분리의 시간이 끝나고 다시 일상의 현실로 돌아왔을 때, 그들은 자신의 체험을 다른 사람들에게 조리 있게 들려주면서 사회 생활도 전과 다름없이 할 수 있다. 그러나 정신 이상자의 경우에는 현실을 떠나는 것이 내키지 않고 대개는 괴로운 경험이다. 망상적 정신 이상 상태는 몇 년 동안 계속될 수 있으며, 이러한 상태는 결국 환자를 점점 더 심한 사회적 격리 상태로 몰아간다. 반면에, 신비주의자는 종종 사회에서 가장 존경받고 열심히 활동하는 구성원으로 살아간다.

마지막으로 신비주의자와 정신 이상자는 자신이 경험한 것의 의미를 해석하는 데 아주 다른 태도를 보인다. 망상 상태에 빠진 정신 이상자는 종종 종교적으로 자신이 굉장히 중요해진 듯한 느낌에 빠진다. 예를 들면, 자신을 세상에 중요한 메시지를 전달하기 위해 신이 보낸 특별한 사자로 여기거나 특별한 영적 치유 능력을 부여받은 것으로 여긴다. 반면에, 신비 체험 상태는 흔히 자만심과 자아의 상실, 마음의 평정, 자아를 비우는 상태를 동반한다. 이것들은 신비주의자가 신이 들어올 수 있는 적당한 그릇이 되기 위해 필요한 조건들이다.

이러한 뚜렷한 차이점은 신비 체험이 정신 이상 상태의 망상에서 비롯된 것이 아니며, 종교적 환각은 정신 이상과는 다른 병리학적 조건과 관련이 있다는 가설을 강하게 뒷받침해준다. 예를 들면, 어떤 종류의 측두엽 간질은 신비주의자들이 묘사하는 경험과 유사한 환각 사건을 자연 발생적으로 일으킬 수 있다. 세이버와 라빈에 따르면, 간질 발작이 측두엽에 미치는 효과는 갑작스런 황홀감과 종교적 경외감, 종교 및 개종에 대한 관심 증대, 유체 이탈 체험, '모든 실체의 일체, 조화, 환희, 신성'의 이해, 그리고 일부 경우에는 신의 존재를 지각하는 것과 관련이 있는 것으로 생각되어왔다. 그들은 예로서 발작을 일으킨 늙은 여자가 신과 태양의 환각을 본 사례를 묘사했다. "나의 마음, 나의 모든 것은 환희의 감정으로 뒤덮였다."고 그녀는 말했다. 또 그들은 "발작 상태에서 유리감, 표현할 수 없는 만족감과 성취감을 느끼고, 지식의 근원으로 생각되는 밝은 빛의 광경과, 그리고 때로는 예수를 닮은 턱수염이 난 젊은이를 본" 환자에 대한 이야기도 언급하고 있다.

많은 연구자들은 간질과 영성 사이에 어떤 관계가 있을 확률이 매우 높다는 사실을 발견했다. 어떤 연구자들은 역사상 위대한 신비주의자들이 간질 발작을 일으킨 환자였다는 주장을 하기까지 했다. 예를 들면, 환청과 환시를 경험하고, 신비 체험 중간에 많은 땀을 쏟았던 마호메트는 복합적인 부분 발작을 앓았는지도 모른다는 주장도 제기되었다. 다마스쿠스로 가던 성 바울을 덮쳐 눈을 멀게 하고 예수의 목소리로 들리는 환청을 일으켰던 밝은 빛도 그와 똑같은 종류의 발작 때문에 생겨났는지도 모른다. 영적인 빛을 보고 하느님의 목소리를 들었던 잔 다르크도 황홀한 부분 발작과 그리고 아마도 두개내 결핵종을 앓았는지 모른다. 카톨릭의 신비주의자인 아빌라의 성 테레사(Saint Teresa of Avila)가 본 환각, 모르몬교의 창시자 조지프 스미스(Joseph Smith)의 개종 경험, 스웨덴의 에마누엘 스베덴보리(Emanuel Swedenborg)가 경험한 황홀한 혼수 상태, 심지어는 빈센트 반 고흐(Vincent Van Gogh)의 광적 신앙 상태 등도 다양한 간질 발작 상태가 그 원인인지 모른다.

이러한 주장은 흥미로운 추측이며, 일부 간질 발작 증상과 신비주의적 행위의 일부 측면이 명백하게 일치하는 부분이 있는 것도 사실이다. 그럼에도 불구하고, 진정한 신비 체험을 간질 발작에 의한 환각, 또는 약물이나 질환, 탈진, 감정상의 스트레스, 감각의 상실 등으로 야기되는 다른 자연 발생적 환각으로 설명할 수 있다는 주장에 우리는 동의하지 않는다.[17] 환각은 그 근원이 무엇이든 간에, 신비적 영성에서 경험하는 것과 같은 종류의 경험을 마음에 제공하지 못하기 때문이다.

아주 간단한 관찰 사실은 우리의 이러한 결론을 뒷받침해준다. 발작에 의해 생겨난 환각의 경우, 발작의 근본적인 원인이 해결될 때까지 발작은 규칙적으로 아주 자주 일어난다는 사실을 우리는 알고 있다. 심한 경우에는 환자는 1주일에 여러 차례, 심지어는 하루에도 여러 차례 발작을 일으킬 수 있다. 반면에, 대부분의 신비주의자가 평생 동안 경험하는 신비 체험은 겨우 손으로 꼽을 정도에 지나지 않는다. 또한 발작이 야기하는 환각 상태는 그 패턴이 일관적이고 반복적이다. 예를 들면, 환자는 똑같은 목소리가 똑같은 메시지를 전하는 것을 듣거나, 설명할 수 없는 똑같은 황홀경을 느낀다. 그러나 신비주의자들이 보고한 신비 체험 사례들은 일상적인 경험처럼 다양하다. 때마다 감정적인 어조도 다르고, 천사의 목소리가 전해주는 메시지도 각각 다르다.

신비 체험은 또한 감각적으로 매우 복잡하다는 점에서도 환각 상태와 차이가 난다. 첫째, 환각 상태는 대개 단 한 가지 감각계로만 느낄 수 있다. 무엇을 보거나 형체가 없는 목소리를 듣거나 어떤 존재를 느낄 수는 있지만, 모든 감각으로 동시에 느끼는 경우는 극히 드물다. 반면에, 신비 체험은 다차원의 감각으로 풍부하고 일관성 있게 느낄 수 있다. 신비 체험은 우리가 '정상' 상태의 마음으로 경험하는 것과 똑같은, 때로는 그것보다 더 높은 수준의 복잡한 감각으로 지각된다. 간단하게 말한다면, 신비 체험은 아주 현실적으로 생생하게 느껴지는 것이다.

환각 역시 그것을 느낄 때에는 매우 현실적으로 느껴지지만, 환각을 일으킨 사람이 정상적인 의식으로 돌아오면 그들이 경험한 환각이 단편적이고 꿈 같다는 사실을 즉시 인식하며, 그것은 마음의 착각에 불과하다는 사실을 알 수 있다. 그러나 신비주의자들은 그들이 경험한 것이 현실이 아니라는 주장에 절대로 수긍하지 않는다. 이러한 생생한 현실감은 신비 체험 상태에서 깨어난 후에도 사라지지 않으며,

시간이 흘러도 줄어들지 않는다.

"하느님은 마음이 자신의 상태로 돌아온 후에도 자신이 하느님 속에 있었고, 하느님이 자신 속에 있었다는 사실을 의심하지 못하게 하는 방식으로 마음을 찾으신다. 그리고 그 마음은 이 진리를 아주 확고하게 믿고 있기 때문에, 그러한 상태가 다시 찾아올 때까지 수십 년의 세월이 흐른다 할지라도, 그 영혼은 그것을 결코 잊지 않으며, 그 실체를 의심하지 않는다."[18]고 아빌라의 테레사는 말했다.

달리 말하면, 마음은 신비 체험을 '실제' 과거의 사건에 대한 기억과 똑같은 수준의 명료성과 현실감과 함께 기억한다. 그러나 환각이나 망상이나 꿈의 경우는 그렇지 않다. 이러한 현실감은 신비주의자들의 이야기가 혼란스러운 마음에서 나온 것이 아니라, 더 높은 영적 차원에 도달하고자 하는, 안정되고 일관성 있는 마음에서 나온 적절하고 예측 가능한 신경학적 결과라는 사실을 강하게 시사한다.

신비 체험의 신경생물학

현실 세계에 살면서 매일 세속적인 문제와 씨름하는 우리로서는 성인이나 현자들이 묘사한 초월적 일체의 신비적인 느낌을 어떤 의미 있는 방식으로 이해하기가 매우 어렵다. 그것은 우리가 현실로 생각하는 것에 비추어보면, 절망적일 정도로 신비스럽고 불가능해 보이고 불합리해 보인다. 그러나 신비 체험의 본질은 겉보기처럼 괴상한 것이 아니다. 그 본질을 이해하는 첫걸음은 그것이 언제 어디서나 우리 모두에게 일어날 수 있다는 사실을 인식하는 것이다.

실제로, 사람은 쉽사리 자기 초월을 할 수 있는 타고난 재능을 지닌 선천적인 신비주의자이다. 예를 들어 여러분이 아름다운 음악에 빠져 '자신을 잊은' 적이 있거나 흥분을 불러일으키는 애국적인 연설에 '압도된' 적이 있다면, 여러분은 신비적 일체의 본질을 조금이나마 맛본 것이다. 또, 여러분이 사랑에 빠지거나 자연의 아름다움에 넋을 잃고 감탄한 적이 있다면, 자아가 빠져나갈 때의 느낌이 어떤 것인지 알 수 있고, 잠깐 동안의 황홀한 순간에 여러분은 더 큰 어떤 것의 일부가 되었다는 사실을 생생하게 느낄 수 있을 것이다.

모든 경험과 기분, 지각과 마찬가지로 이러한 일체의 상태는 신경학적 기능 때문에 가능하다. 더 구체적으로 말한다면, 그것들은 자신이라는 감각이 사라지고, 자신이 더 큰 현실감 속에 흡수된 결과로 일어난다. 우리는 이러한 일이 뇌의 정위영역에 들어오는 신경 입력 정보의 수입로가 차단될 때 일어난다고 믿는다.

우리는 이미 앞에서 종교 의식의 리드미컬한 행위가 어떻게 수입로 차단 메커니즘을 작동시키는지, 그리고 이 과정이 어떻게 초월적인 영적 일체의 순간으로 이어지는지 살펴보았다. 어떤 영적 의도도 지니지 않았지만 의식의 요소를 지닌 행동 패턴을 통해 그와 똑같은 일련의 사건들을 일으킬 수 있다.

예를 들어 하루 일과를 마치고 집으로 막 돌아왔다고 상상해보자. 오늘은 주말이고, 내일은 즐거운 휴일이다. 1주일 동안 일하면서 쌓인 모든 근심을 씻어내기 위해 여러분은 느긋하게 목욕을 하기로 마음먹었다. 촛불도 몇 개 켜고, 포도주도 한 잔 따르고, 라디오를 가장 좋아하는 채널에 맞춘 다음, 여러분은 욕조 속으로 들어간다.

전혀 그럴 의도는 없었지만, 여러분은 의식을 위한 멋진 무대를 마련했다. 촛불, 포도주, 긴장을 풀어주는 목욕의 효과는 모두 이 순간을 특별한 행사로 만드는 데 기여한다. 종교 의식의 효과를 높여주는 분위기를 띠우는 액센트나 색다른 행동처럼 이 요소들은 변연계와 자율 신경계의 활동을 자극함으로써 뭔가 특별한 일이 일어난다는 사실을 마음에 알려준다.

여러분이 욕조 속에서 몸을 쭉 뻗을 때, 라디오에서는 감미롭고 낭만적인 발라드가 흘러나온다. 느리고 일정한 리듬은 신체의 억제계를 활성화한다. 억제계의 활동이 활발해지면 해마회는 신경의 흐름을 약간 억제하는 영향력을 발휘하여 가벼운 일체의 상태를 만들어낸다. 이것은 아주 행복한 평온함으로 느껴질 수 있다.

그러나 음악이 계속되면 억제 수준도 계속 상승하면서 평온함의 느낌이 더 강해져 더 강렬한 어떤 것으로 변할 수 있다. 억제 반응의 활성화가 지속되면 정위영역이 더 효과적으로 차단되기 때문이다.

더 광범위한 이 차단은 더 강한 일체의 상태를 초래할 수 있고, 이때 여러분은 마치 음악 속으로 행복하게 흡수된 듯한 느낌을 받을 수 있다.

이런 식으로 조용한 음악은 무대만 적당히 갖춰진다면 마음의 상태를 변화시켜, 의식을 통해 도달하는 일체의 상태와 비슷한 자기 초월 상태를 이끌어낼 수 있다. 기분을 변화시키는 리드미컬한 다른 행위를 통해서도 똑같은 효과를 이끌어낼 수 있다. 시를 읽거나 아기를 흔들어주거나 기도처럼 느린 리드미컬한 행동은 한 종류의 효과를 나타내는 반면, 달리기, 섹스, 수천 명의 군중과 함께 하는 응원처럼 빠른 리드미컬한 행동은 다른 종류의 효과를 나타낸다. 그러나 느리거나 빠른 의식은 비록 그 메커니즘은 다소 다르더라도, 모두 뇌를 일체 상태로 몰아갈 수 있다.[19]

두 경우 모두, 리드미컬한 행동은 정위영역으로 들어오는 신경 정보의 흐름을 차단하는 효과를 나타냄으로써 일체의 상태에 이르게 한다. 그러나 일체 상태의 강도는 신경 차단의 정도에 따라 다르다. 차단의 정도는 이론상 완전한 차단이 이루어질 때까지 어떤 크기로도 증가할 수 있고, 일체의 상태는 상당히 넓은 폭에 걸쳐 그 스펙트럼이 존재할 수 있다. 우리는 이러한 스펙트럼을 '일체 연속체(unitary continuum)'라 이름 붙였다. 이 연속체의 호는 신비주의자의 가장 심오한 경험과 대부분의 사람들이 매일 경험하는 낮은 수준의 초월적 순간을 잇고 있으며, 이것은 신경학적으로 말한다면, 양자의 차이는 본질적으로 정도의 차이에 불과하다고 할 수 있다.

이 연속체에서 가장 낮익은 부분은 우리가 대부분의 일상 생활에서 경험하는 마음의 기준 상태이다. 우리는 먹고 자고 일하고 다른 사람들과 상호 작용하며, 주위의 세계와 어떤 방식으로 연결되어 있다는(가족, 이웃, 국가 등의 일원으로) 사실을 의식하고 있는 반면, 그 세계를 우리와는 분명히 분리된 어떤 존재로 경험한다.

그러나 일체 연속체에서 위로 올라갈수록 그러한 분리는 점점 덜 분명해진다. 우리는 미술이나 음악 또는 가을 숲 속을 산책하는 것 등을 통해 가벼운 수준의 일체 흡수 상태에 이를 수 있다. 우리는 강한 집중이나 깊이 도취한 낭만적인 사랑을 통해 더 깊은 일체 상태에 이를 수도 있다.

이러한 활동들과 그것이 초래하는 초월 상태들은 엄밀한 의미에서 종교적인 것이 아니지만, 신경학적으로 볼 때 이것들은 종교 활동으로 나타나는 많은 일체의 경험과 유사하다. 그러한 종교적 체험들은 똑같은 신경학적 연속체를 따라 존재하며, 모든 비영적 일체 상태와 마찬가지로 그 강도는 정위영역에 들어오는 신경 정보의 차단 수준에 따라 다르다.

낮은 수준에서는 이러한 차단은 감동적인 종교 집회에서 신자들이 경험하는 일체감이나 공통적인 영감처럼 가벼운 일체감을 초래한다. 연속체를 따라 옮겨갈수록 우리는 점차 강도가 증가하는 일체 상태들을 보게 되는데, 이것들은 영적 경외감과 황홀감으로 특징지어진다. 엄격한 종교 의식이 지속될 때에는 황홀감과 광채로 빛나는 환상으로 특징지어지는 무아지경 상태가 일어날 수 있다. 수입로 차단이 최고도로 일어나는, 연속체의 가장 먼 끝부분에서 우리는 신비주의자들이 묘사하는 가장 깊은 영적 일체 상태를 발견한다.

앞에서 이미 설명한 것처럼, 이러한 최고의 일체 상태들은 대개 신체적 움직임에 기초한 의식으로는 도달할 수 없는 것이다. 사람의 몸은 일반적으로 그러한 극단적인 단계에 이를 만큼 수입로 차단이 일어나도록 의식의 강도를 충분히 오랫동안 지속할 수가 없다. 모든 문화의 신비주의자들은 직관적으로 이 사실을 알고 있었고, 이러한 더 깊은 일체의 상태에 도달하기 위해 지칠 줄 모르는 마음의 명상의 힘에 집중하는 방법을 터득하였다.

많은 신비주의 전통에서 사용된 명상 기술의 형태와 기능은 천차만별이다. 어떤 신비주의자들은 마음을 레이저처럼 세밀한 곳에 집중시키기 위해 명상을 했는가 하면, 어떤 사람들은 마음의 초점을 흐리게 하고 모든 생각을 없애기 위해 명상을 했다. 어떤 사람들은 명상 기도에 몰입한다(신성한 신비나 어떤 성경 구절을 생각하면서). 어떤 사람들은 단지 마음을 신의 가능성에 열어놓은 채 수동적으로 기도한다. 또 어떤 사람들은 자신의 영적 탐구를 더 깊이 하기 위해 이러한 기술들을 다양하게 조합한 방법을 사용하기도 한다. 그러나 어떤 유파의 신비주의자들이 어떤 방법을 사용했든지 간에, 그러한 방법들의 목적은 거의 항상 똑같다. 의식의 마음을 잠재우고, 자아의 제한적인 지배로부터 마음의 인식을 자유롭게 하는 것이다. 과학자인 우리의 흥미를 끄는 것은, 사실상 모든 신비주의의 기법들은 뇌에 수입로 차단을 촉발시킴으로써, 뇌로 하여금 의식(儀式)을 통해 이를 수 있는 수준을 훨씬 뛰어넘도록 하기 위해 직관적으로 고안된 것처럼 보인다는 것이다.

넓게 볼 때, 명상 기법들은 두 범주로 나눌 수 있다. 마음에서 모든 의식적인 생각을 없애는 것을 목적으로 하는 수동적 접근 방법과, 마음을 특정 대상에 완전히 집중시키는 것(예를 들어 만트라나 다른 상징 또는 성경 구절)을 목적으로 하는 능동적 접근 방법이 그것이다.[20] 명상이 신비적 자기 초월의 신경학적 과정을 촉발하여 더 강력한 일체의 상태로 데려가는 방법을 설명하기 위해서 우리는 뇌 기능에 관한 모형을 사용하려고 한다. 이것은 지금까지 우리가 설명한 신경생물학에 기초한 것으로, 그 가장 기본적인 형태에서는 수동적 명상 방법과 관련이 있는 것이다.

수동적 접근 방법

모든 신비적 영성은 의지의 행동으로 시작된다. 많은 불교 종파에서 다양한 형태로 실시되는 수동적 명상은 모든 생각과 감정과 지각을 마음으로부터 없애려는 의도로 시작된다. 이러한 의식적인 의도는 뇌의 오른쪽 주의영역(의지 행동의 주요 근원)에서 시작되어 마음을 감각 입력 정보뿐만 아니라 인지적 입력 정보로부터 차단하기 위한 필요로 나타난다.[21] 이 목적을 이루기 위해 주의영역은 시상을 통해 변연계의 구조인 해마회(뇌의 다양한 부분들 사이에서 중요한 정보 교환 센터의 역할을 하는)로 하여금 신경 입력 정보의 흐름을 줄이게 만든다. 이 신경 정보의 차단은 정위영역을 포함한 많은 뇌 구조에 영향을 미치는데, 이것들은 점점 정보가 차단된다(수입로가 차단된다).[22]

명상의 초기 단계에서는 수입로 차단은 경미한 수준에 지나지 않지만, 명상의 단계가 심화되면서 주의영역이 마음에서 생각을 없애려고 더 강하게 노력함에 따라 이 영역은 해마회와 협력하여 점점 더 많은 신경 정보의 흐름을 차단한다고 우리는 믿는다. 이러한 차단이 계속됨에 따라 신경 자극의 에너지가 점점 더 증가하면서 수입로가 차단된 주의영역으로부터 변연계를 따라 내려가 시상하부라는 오래된 신경 구조로 내려가기 시작한다. 시상하부는 고차원의 뇌 활동을 자율 신경계의 기본적인 기능들과 연결시켜주고, 억제와 흥분의 감각을 모두 만들어내는 자율 신경계의 능력을 제어한다.[23]

이제 시상하부에 도착하는 자극들은 강한 억제 감각을 만들어내는 기관 구조 부분에 강한 영향을 미친다. 이것은 신경 자극의 폭발적인 방출을 초래하여 그것을 변연계와 결국에는 주의영역으로까지 돌려보내게 된다. 주의영역은 이 억제 자극을 받아들이고, 회로를 따라 한 차례 더 되돌려보낸다. 이런 식으로 뇌 속에 반사 회로가 만들어지고, 신경 자극 신호의 흐름이 신경 고속도로를 따라 반복적으로 달림에 따라 강도와 공명이 축적되며, 그것이 한 번 지나갈 때마다 명상의 고요함의 수준은 점점 더 깊어지게 된다.

한편, 자신의 마음에서 생각을 없애고자 하는 명상자의 계속적인 의지는 신경 에너지의 축적을 초래하고, 이것은 정위영역으로 들어오는 감각 정보의 흐름을 차단하려는 노력을 더 적극적으로 기울이도록 도와준다. 이것은 점점 더 높은 수준의 수입로 차단을 가져오고, 변연계를 따라 시상하부까지 내려가는 신경 신호의 방출 속도를 더욱 증가시키게 된다. 이러한 계속적인 신경 폭격으로 곧 시상하부의 억제 기능은 한계에 도달하게 된다.

대개 그러한 높은 수준의 억제 활동은 그에 비례하여 흥분 기능의 감소를 가져온다. 그러나 우리가 설명한 어떤 조건들에서는 신경학적 '일출(溢出 : 넘쳐흐름)'이 일어날 수 있다. 이 상황에서는 억제계의 활동이 최대에 이르면 즉시 최대의 흥분 반응을 야기하게 된다.

억제계와 흥분계가 모두 활동이 증대되면, 마음은 동시에 억제 반응과 흥분 반응의 물결에 휘말리게 된다. 이것은 극도로 흥분한 신경 활동의 폭발을 낳게 되는데, 그 신호는 시상하부에서 시작되어 변연계를 통해 주의영역으로 되돌아간다. 그러면 주의영역은 갑자기 고조되면서 최대한으로 작동하게 된다. 이에 대한 반응으로, 주의영역에서 정위영역으로 향하는 수입로 차단 효과가 지나치게 커져서 수백분의 1초 안에 정위영역의 수입로 차단이 완전하게 이루어진다.

신경 신호의 완전한 차단은 오른쪽과 왼쪽 정위영역 모두에 극적인 효과를 미친다. 우리가 물리적 공간으로 경험하는 신경학적 토대를 만들어내는 일을 담당하는 오른쪽 정위영역은 그 속에서 자신의 위치를 정할 수 있는 공간적 내용을 만드는 데 필요한 정보를 결여하게 된다. 감각 입력 정보가 완전히 차단되었을 때 정위영역이 선택할 수 있는 유일한 길은 공간이 전혀 존재하지 않는 주관적인 감각을 만들어내는 것이다. 마음은 이것을 무한한 공간과 영원으로, 또는 시간도 공간도 없는 텅 빈 진공으로 해석할지도 모른다.

한편, 자아라는 주관적인 감각을 만들어내는 데 중요한 역할을 한다고 설명했던 왼쪽 정위영역은 신체의 경계를 찾을 수 없게 된다. 마음이 지각하는 자아는 이제 한계가 없어진다. 사실, 이제 자아라는 감각 자체가 존재하지 않는다.

이러한 정위영역의 완전한 수입로 차단 상태에서 마음은, 궁극적인 영적 일체 상태에서 많은 신비주의자들이 묘사하는 것과 일치하는 신경학적 실체를 인식하게 된다. 따로 떨어져 존재하는 물체나 존재도 없고, 공간에 대한 감각이나 시간의 흐름에 대한 느낌도 없으며, 자신과 나머지 우주 사이의 경계도 존재하지 않는다. 사실상 주관적인 자아라는 것 자체가 존재하지 않는다. 단지 일체감이라는 절대적인 느낌만이 있을 뿐이다. 생각도 없고, 말도 없고, 감각조차 없이. 마음은 순수하고 아무런 구별도 없는 인식 상태에서 자아도 없이 존재한다. 주체와 객체를 초월한 인식 상태인 이러한 순수한 마음 상태에 대해 진과 나는 궁극적인 일체의 상태라는 뜻으로 '절대적 일체 상태'라는 이름을 붙여주었다.

동양의 신비주의 전통들은 모두 표현할 수 없는 이러한 일체의 상태에 대해 기술하고 있고(텅 빈 의식, 해탈, 브라만-아트만, 도), 그것을 말로 표현할 수 없는 실체의 본질로 떠받들고 있다. 신경학적 차원에서 이 상태들은 의식의 마음을 끄려는(이것은 수동적 명상이 전통적으로 추구하는 목표이다) 의지에 의해 작동된 일련의 신경학적 과정으로 설명할 수 있다.

비슷한 맥락에서 능동적 명상(정신을 집중한 명상이나 기도)은 약간 다른 패턴의 뇌 활동을 촉발시키는데, 이것이 초월적 절대자라는 서유럽의 개념을 설명해줄 수 있다.

능동적 접근 방법

능동적인 명상은 마음에서 생각을 없애려는 의도로 시작되는 것이 아니라, 오히려 어떤 생각이나 사물에 정신을 집중하는 것으로 시작된다. 불교도는 만트라를 낭송하거나 타오르는 촛불이나 물이 담긴 주발을 응시하는 반면, 기독교 신자는 하느님이나 성인이나 십자가의 상징물에 마음을 향한 채 기도를 한다.

설명을 간편하게 하기 위해 초점의 대상이 예수라는 정신적 이미지라고 상상하자. 수동적 접근 방법에서와 마찬가지로, 그 과정은 기도를 하고자 하는 의지를 주의영역이 신경학적 용어로 번역하면서 시작된다. 그러나 이 경우에는 특정 물체나 생각에 더 강하게 집중하고자 하는 의지 때문에, 주의영역은 신경 정보의 흐름을 억제하는 게 아니라 촉진한다. 우리의 모형에서 이러한 신경 정보의 흐름 증가는 오른쪽 정위영역을 시각영역과 협력하여 실제적인 것이든 상상의 것이든 마음속에 초점의 대상을 고정하게 만든다.

지속적인 명상을 통해 이 이미지에 계속 초점을 고정시키면, 오른쪽 주의영역에서 신경 정보를 방출시켜 변연계를 통해 시상하부까지 내려가게 만든다. 이것은 시상하부의 흥분계 부분을 자극하여 가볍고 즐거운 흥분 상태를 일으킨다. 명상이 깊어질수록 이러한 신경 정보의 흐름 강도는 점점 증가하여 시상하부의 흥분 기능이 최대 수준에 이르게 된다. 이 시점에서 일출이 일어나 즉각 시상하부의 억제 기능을 최대한으로 발휘시킨다.

흥분 기능과 억제 기능이 동시에 작동하면, 최대 자극의 물결이 일어나 변연계의 구조들을 통해 왼쪽과 오른쪽 주의영역 모두로 돌아간다. 이러한 갑작스런 신경 정보의 홍수로 주의영역의 활동은 최고 수준으로 치닫고, 이것은 주의의 대상에 집중하는 마음의 능력을 증폭시켜 왼쪽과 오른쪽 정위영역 양쪽에 상당한 반향을 일으킨다.

왼쪽 정위영역에서는 수동적 명상에서 보았던 것과 똑같은 결과가 나타난다. 해마회의 신경 흐름 억제는 수입로 차단을 초래하고, 자신에 대한 감각이 흐릿해진다. 그러나 오른쪽 정위영역에 미치는 효과는 아주 다르게 나타난다. 주의영역은 오른쪽 정위영역에게 예수의 이미지에 점점 더 강하게 집중하도록 하고 있다는 사실을 기억하라. 이제 주의영역이 최대의 수준에 이르면, 신경 정보가 오른쪽 정위영역으로 흘러가는 것을 막을 수가 없다(왼쪽 정위영역으로 흘러가는 것은 막을 수 있지만). 오히려 주의영역은 오른쪽 정위영역을 점점 더 강렬하게 예수의 이미지에 집중하게 만든다.

마음을 이 이미지에 더 세밀하게 집중시키기 위해 주의영역은 또한 오른쪽 정위영역으로부터 예수를 생각하는 데서 온 것이 아닌 모든 신경 입력 정보를 없애기 시작한다. 다시 말해서, 오른쪽 정위영역은 자신이 존재할 수 있는 공간의 기반을 만들어내려고 노력할 때, 주의영역에서 밀려오는 입력 정보 외에는 사용할 수 있는 재료가 없다. 따라서, 오른쪽 정위영역은 주의영역이 오로지 생각하는 예수 외에는 공간적 실체를 만들어낼 수 있는 재료가 아무것도 없다. 이 과정이 계속되어 쓸데없는 모든 신경 정보들이 없어지고 마음의 집중이 더욱 심화됨에 따라 예수의 이미지는 점점 '확대'되어가다가 마침내 그것은 마음에 아주 깊고 폭넓은 전체 현실로 인식된다.

이러한 변화들이 오른쪽 정위영역에서 펼쳐질 때, 왼쪽 정위영역의 수입로 차단도 함께 진행되어 자신의 한계에 대한 인식이 허물어지기 시작한다. 완전한 수입로 차단과 함께 자신에 대한 느낌이 완전히 없어지면, 마음은 자신이 예수라는 초월적 실체 속으로 신비스럽게 흡수된 듯한 놀라운 지각을 경험한다.

이런 식으로 신경학은 우니오 미스티카 – 마르가레타 수녀를 포함해 많은 기독교 신비주의자들이 경험한 영적 체험의 특징을 이루는 하느님과의 신비스러운 합일 – 를 설명할 수 있다. 실제로 이것은 인격화된 신의 존재를 인식하는 어떤 신비 체험에 대해서도 신경학적 설명을 제공할 수 있다.

우니오 미스티카의 경험은 표현할 수 없을 정도로 심오하다. 그러나 이 신비적인 일체 상태는 궁극적인 초월 상태인 절대적 일체 상태와는 똑같지 않다는 사실을 이해하는 것이 중요하다. 절대적 일체 상태에서는 자아에 대한 감각도 없으며, 신이나 심지어는 현실에 대한 구체적인 이미지조차 존재하지 않는다. 그러나 능동적 명상이 신비주의자를 우니오 미스티카 상태까지 데려갈 수 있다면, 그것을 넘어서서 궁극적인 일체 상태까지 데려가는 것도 가능할 것이다. 그러한 일은 신비주의자가 지쳐서 주의영역의 의지가 약해질 때 일어날 것이다. 마음은 집중하려는 노력이 약해지고, 오른쪽 정위영역으로부터 유일한 신경 입력 정보를 박탈함으로써 그것을 왼쪽 정위영역과 함께 완전한 수입로 차단 상태로 만들 것이다. 이 때, 마음은 수동적 명상을 통해 도달할 수 있는 것과 똑같은, 자아도 없고 실체의 경계도 없어지는 상태, 즉 절대적 일체 상태의 경지에 들어갈 수 있다.

신경학적으로나 철학적으로 볼 때, 이 절대적 일체 상태는 두 가지 형태로 존재할 수 없다. 그런데 그것은 신앙과 개인의 해석에 따라 서로 다른 것으로 보일 수가 있다. 하느님을 궁극적인 실체로 여기는 카톨릭교의 수녀는 어떤 신비 체험도 예수 속으로 녹아들어가는 것으로 해석하는 반면, 인격화된 신을 믿지 않는 불교도는 신비적인 일체를 무의 상태로 녹아들어가는 것으로 해석할 수 있다. 이러한 현상을 이해할 때 알아두어야 할 중요한 사실은, 서로 다른 이러한 해석들은 신비 체험이 일어난 후에 불가피하게 주관에 의해 왜곡된다는 것이다. 절대적 일체 상태에 있을 때에는 주관적인 관찰이 불가능하다. 한편으로는 관찰을 할 수 있는 주관적인 자아가 존재하지 않고, 다른 한편으로는 관찰할 만한 어떤 명확한 것도 존재하지 않는다. 관찰자와 관찰되는 것은 하나이자 동일한 것이며, 신비주의자들이 말하듯이 거기에는 어떤 구별도 없고, 이것과 저것도 없다. 존재하는 것은 절대적인 일체뿐이며, 두 가지의 절대적인 일체가 있을 수는 없다.

절대적 일체 상태와 진화와 자아

절대적 일체 상태에 도달하는 것은 아주 드문 사건이지만, 거기에서 한참 떨어진 경지에 이른 사람도 자신이 표현할 수 없는 힘과 숭고한 정신적 상태에 이르렀다는 것을 느낀다. 우리는 가장 가벼운 것에서부터 가장 강렬한 것에 이르기까지 모든 신비 체험은 마음의 초월 기구에 그 생물학적 뿌리가 있다고 믿는다. 좀더 심하게 표현하면, 만약 뇌가 이렇게 조립되어 있지 않다면, 우리는 더 높은 실체(설사 그것이 존재한다고 해도)를 경험할 수 없을 것이다.

이것은 좀더 어렵지만 흥미로운 의문을 낳는다. 우리의 생존을 돕기 위한 실용적인 목적을 위해 진화한 사람의 뇌는 왜 그런 아주 비실용적인 능력을 발달시켰을까? 신비 체험을 할 수 있는 마음은 우리에게 진화론적으로 어떤 이득을 준단 말인가?

물론 우리는 단지 추측만 해볼 수 있을 뿐이지만, 진화 과정의 본질을 생각해보면, 일체 상태에 도달할 수 있는 마음의 능력은 영적 초월을 위한 목적으로 진화한 것이 아님을 시사한다. 진화는 실용적인 것을 추구하기 때문에 근시안적이다. 진화는 지금 여기서 당장 필요한 생존상의 이득을 제공할 수 있는 적응만을 선호한다. 그 생물의 생존 기회를 높일 수 있는 그러한 적응들은 유전을 통해 후손에 전달되고, 그렇지 못한 적응들은 가차없이 제거된다.

겨우 부분적으로 진화된 발달 단계에서 초월의 신경학이 진화상 어떤 이득을 제공할 수 있었는지 추측하기는 어려우며, 왜 자연 선택은 수백만 년 동안 제대로 작용하지도 않을 그러한 신경학적인 발달을 허용했는지 그 이유를 찾기도 어렵다.

　진화는 미래를 위해 계획을 세우지 않는다. 진화는 어떤 잠재력이 어떤 결과를 낳을지 전혀 모른 채 불완전하게 잠재력을 더듬어 찾을 뿐이다. 예를 들어 새가 비행 능력을 진화시킨 경우를 살펴보자. 완전히 발달된 날개 없이는 어떤 새도 날 수 없다. 그러나 날개가 진화하기까지에는 수많은 세대가 필요하며, 그 중간에 천천히 변화해간 날개들로는 전혀 날 수 없었던 아주 긴 단계들이 있었을 것이다. 그러한 중간 단계들은 생물학자 스티븐 제이 굴드(Stephen Jay Gould)가 제기한 중요한 의문을 낳는다. 그는 1977년에 《박물학(*Natural History*)》 잡지에서 "유용한 구조라도 그것이 불완전했던 초기 단계에서는 무슨 용도가 있었을까? 절반만 발달한 턱이나 날개가 무슨 소용이 있겠는가?" 하고 의문을 제기했다.

　다시 말해서, 진화는 비행 능력을 발달시키려는 장기적인 목적으로 수많은 세대에게 부분적인 형태의 날개를 발달시키도록 하지는 않는다. 그보다는 일부 종들이 다른 유용한 목적을 위해 날개를 닮은 조그마한 부속 기관을 발달시켰을 가능성이 높다. 예컨대, 그것은 열을 효율적으로 발산하는 데 도움이 되었을 것이다. 만약 이 부속 기관이 효과가 있었다면, 그것은 좀더 큰 구조로 발달했을 것이다. 그러다가 결국 그것은 활강을 하기에 충분할 만큼 크게 진화했을 것이다. 비록 이 부속 기관이 진화한 목적이 활강은 아니지만, 그것은 곧 생존에 유리한 것으로 드러났고, 이 때부터 비행 능력의 진화가 시작되었다.

　사람 마음의 고등 기능들(철학적 개념을 생각하는 능력이나 사랑이나 슬픔, 질투 등과 같은 복잡한 감정을 경험하는 능력) 중 많은 것도 기본적인 생존상의 필요를 위해 진화한 단순한 신경학적 과정으로부터 발달했을 가능성이 높다.

실제로 우리는 초월의 신경학적 기구가 짝짓기와 성 경험을 위해 진화한 신경 회로로부터 발달했다고 믿는다. 신비주의자들의 언어는 이러한 연결 관계를 암시해준다. 모든 시대와 문화의 신비주의자들은 자신들이 경험한 표현할 수 없는 체험을 축복이나 환희, 황홀감, 극치의 기쁨 등의 똑같은 단어들을 사용해 묘사해왔다. 그들은 숭고한 일체감 속에서 자신을 잃는다거나 극치의 기쁨 상태로 녹아들어간다거나 욕구가 완전히 충족되었다고 표현하곤 한다.

이러한 표현들이 성적 쾌락의 언어와 일치하는 것은 우연이 아니라고 우리는 생각한다. 초월적 체험에 관계하는 신경학적 구조와 경로들(흥분계, 억제계, 변연계를 포함해)이 주로 성행위의 클라이맥스를 강한 오르가슴의 느낌으로 연결하기 위해 진화한 것이라는 것을 생각한다면, 이것은 그다지 놀라운 사실이 아니다.

오르가슴의 메커니즘은 반복적이고 리드미컬한 자극에 의해 활성화된다. 오르가슴은 흥분계와 억제계를 동시에 자극하는 것이 필요하다는 사실도 눈길을 끈다.[24] 앞에서 살펴본 것처럼, 마음의 초월의 기구를 작동시키는 과정에는 이 두 계가 밀접하게 관계하기 때문이다. 따라서, 신비적 일체감과 성적인 황홀감은 비슷한 신경 경로를 사용한다. 그러나 이것은 두 가지가 같은 경험이라고 말하는 것은 아니다. 사실, 신경학적으로 두 가지는 서로 아주 다르다.

성적인 황홀감은 주로 상대적으로 원시적인 구조인 시상하부에서 생겨나며, 비록 성교의 즐거움을 고양시키는 데 고차원의 사고 과정이 관여할 가능성은 있지만, 섹스의 황홀감은 주로 물리적인 촉각의 결과로 발생한다. 반면에, 초월적 경험에는 더 높은 인지적 구조들(특히 전두엽과 그 밖의 연합영역들에 있는)이 관계할 가능성이 높다. 명상과 명상 기도의 미묘하고도 복잡한 정신적 리듬은 그 과정을 작동시키는 신경학적 방아쇠이다.

진화론적 관점은, 신비 체험의 신경생물학이 최소한 부분적으로는 성적 반응에 관계하는 메커니즘으로부터 생겨났음을 시사한다. 그렇다면 어떤 의미에서 신비 체험은 우연한 부산물일지도 모르지만, 그렇다고 해서 영적 체험의 의미가 감소하는 것은 아니다. 뇌의 가장 고상하고 정교한 기능들 중 많은 것은 그것보다 더 하등한 신경학적 과정으로부터 진화했다. 예를 들어 우리로 하여금 음악을 감상하거나 미술 작품을 창조하게 해주는 복잡한 인지적 능력들은 세속적인 생존의 필요를 위해 진화한 더 간단한 신경 구조들로부터 발달하였다. 그리고 독수리의 비행 능력이 땅에서 살아가는 데 필요한 어떤 특징으로부터 우연히 진화했다고 해서 비행의 아름다움 또는 '진리'가 퇴색되지는 않는다. 비행의 잠재력은 늘 존재해왔다. 진화가 마침내 올바른 방향을 잡았을 때, 그 잠재력이 현실화되어 비행의 경이가 실현된 것이다.

기억해야 할 중요한 사실은, 신비주의자들의 말이 아무리 믿어지지 않고 이해가 가지 않는다 하더라도, 그들의 말은 망상적인 생각에 바탕을 두고 있는 것이 아니라, 신경학적으로 실재하는 경험에 바탕을 두고 있다는 점이다. 뇌의 과정에 대한 우리의 이해는 이러한 결과를 예측해주며, 승려와 수녀를 대상으로 행한 우리의 SPECT 연구는 명상이나 깊은 기도에 빠진 마음들은 그러한 방향을 향해 노력한다는 것을 보여준다.

절대적 일체 상태가 신경학적으로 실재한다고 해서 절대적인 영적 실체가 증명되는 것은 결코 아니다(우리는 뒤에서 절대적 일체 상태의 영적 가치들을 살펴볼 것이다). 반면에, 신비 체험을 신경학적 과정으로 설명한다고 해서 우리가 신비 체험이 그것 이상의 의미가 없다고 주장하는 것은 아니다. 우리가 주장하는 바는, 과학적 연구는 자아가 없는 마음이 존재할 수 있고 자아가 없는 인식이 존재할 수 있음을 지지해준다는 것이다. 절대적 일체 상태의 신경학적 구성 요소에서 우리는 본질적으로 영적인 이 개념들에 대한 합리적인 지지와, 신비적 영성의 깊은 의미를 탐구할 수 있는 과학적 기반을 발견한다.

이 탐구는 궁극적으로는 우리를 영성의 진정한 본질에 관해 놀라운 결론으로 이끌어가고, 마음과 뇌가 실재하는 것을 결정하는 과정들에 대해 흥미로운 질문들을 제기할 것이다. 그러나 먼저 우리는 신비주의와 종교의 연결 관계를 논의하고, 신이 여러 가지 모습으로 나타나는 것에 신경학적 기능들이 영향을 미치는 방법들을 살펴볼 것이다.

7
종교의 기원

훌륭한 개념의 지속

신은 죽었다.-니체 니체도 죽었다.-신
〈낙서〉

철학자 프리드리히 니체(Friedrich Nietzsche)가 1885년에 신은 죽었다는 유명한 선언을 했을 때, 물론 그는 신은 실제로 살았던 적이 없었다는 의미로 말한 것이었다. 19세기와 20세기 초의 다른 위대한 합리주의 사상가들 – 마르크스, 프로이트, 제임스 프레이저(James Fraser), 루트비히 포이어바흐, 버트런드 러셀 등 – 처럼 니체도 신은 비과학적인 과거의 흔적에 불과하며, 인류는 곧 그것을 훌쩍 뛰어넘을 것으로 생각했다. 그러한 생각은 세계를 변화시킨 사상가들과 같은 세대에 속하는 많은 사람들이 품고 있던 큰 기대였다. 교육 수준이 높아지고, 존재의 신비에 대해 과학이 더 현실적인 설명을 제공함에 따라 종교의 비이성적인 호소는 더 이상 먹혀들지 않고, 온갖 형태로 표현된 신은 그저 사라져갈 것으로 기대되었다.

그러나 신은 그들의 소원을 들어주지 않았고, 새천년의 시대 – 사상 유례 없는 과학 기술의 시대 – 로 접어들고 나서도 종교와 영성은 여전히 위세를 떨치고 있다. 만약 니체와 그의 동시대인들이 지금까지 살아서 이것을 본다면, 신이 지금까지 살아남은 것은 무지가 이성에 대해 승리한 데 기인한다고 여길 것이다. 종교적 믿음은 미신과 무서운 자기 기만에 바탕을 두고 있다고 확신했던 그들로서는, 사람이 신에게 매달리는 것은 신이 없이 세계를 마주 대할 힘과 용기가 없기 때문이라고 생각할 수밖에 없었다.

이러한 냉소적인 해석은 합리적 유물론의 사고 방식에 아주 깊숙이 뿌리박고 있기 때문에 합리주의 사상가들은 감히 거기에 의문을 제기하려는 생각도 못 하지만, 솔직한 답변을 요구한 설문 조사 결과는 이 해석이 지성적으로 건전한 것이 아닐지도 모른다는 것을 보여준다. 실제로 우리는 종교가 지닌 놀라울 정도로 질긴 생명력은 심약한 부정이나 단순한 심리학적 의존이 아니라, 그보다 더 깊고 단순하고 건전한 무엇에 뿌리를 두고 있다고 믿는다.

여러 가지 증거들로 미루어볼 때, 종교의 가장 깊은 기원은 신비 체험에 기반을 두고 있으며, 종교가 계속 지속되는 것은 사람의 뇌 구조가 신자들이 신이 존재한다는 확신으로 해석되는 다양한 일체감을 경험하도록 만들어져 있기 때문인 것 같다. 앞에서 살펴본 것처럼, 초월의 신경학적 기구가 단순히 영적인 이유를 위해 진화했을 가능성은 희박하다. 그럼에도 불구하고 진화는 이 기구를 채택하였고, 종교적인 뇌의 종교적 능력을 선호했다고 우리는 믿는다. 종교적 믿음과 행위는 심오하고도 실용적인 방식으로 우리에게 유리한 것으로 드러났기 때문이다.

많은 연구들은 이 주장이 사실임을 뒷받침해준다. 연구 결과에 따르면, 주요 종교의 신자들은 평균적인 사람들에 비해 더 오래 살고, 뇌졸중이나 심장병에 걸릴 확률은 더 낮고, 면역계의 기능은 더 좋은 반면, 혈압은 더 낮은 것으로 나타난다.[1] 실제로 종교가 건강에 미치는 이득이 아주 인상적이었기 때문에 종교가 건강에 미치는 영향에 관한 연구 사례를 1천 건 이상 검토한 듀크대학의학센터의 해럴드 코에니그(Harold Koenig) 박사는 얼마 전에 《더 뉴 리퍼블릭(*The New Republic*)》지에서 "종교 활동을 하지 않는 것은 40년 동안 매일 담배를 한 갑씩 피우는 것과 같은 효과를 사망률에 미친다."고 말했다.

종교는 최소한 영혼을 위한 것만큼 건강을 위해서도 좋은 것으로 보이는데, 종교가 가져다주는 건강상의 이득은 생리학에만 그치지 않는다. 많은 연구에 따르면, 종교가 정신 건강과도 밀접한 관계가 있는 것으로 드러나고 있다. 이것은 아직도 프로이트의 노선을 따르고 있는 현대의 심리학계에 충격으로 받아들여지고 있다. 그들은 종교 행위를 기껏해야 의존 상태로, 나쁘게는 병리학적 상태로 간주해왔기 때문이다. 예를 들면, 1994년까지만 해도 미국정신의학협회는 공식적으로 '강한 종교적 믿음'을 정신 이상으로 분류하였다.[2]

그러나 새로운 자료들은 종교적 믿음과 행위는 여러 가지 중요한 방식으로 정신적, 감정적 건강을 증진할 수 있음을 시사한다.[3] 예를 들면, 종교를 믿는 사람들 사이에서 마약 중독이나 알코올 중독, 이혼, 자살을 하는 사람들의 비율은 전체 평균보다 낮게 나타난다. 또, 우울증이나 불안을 겪는 비율도 훨씬 낮게 나타난다. 특정 종교 행위가 긍정적인 심리적 효과를 발휘한다는 실험 결과도 있다. 명상이나 기도 또는 헌신적인 예배 참여와 같은 영적 행위는 불안감과 우울감을 현저히 감소시키고, 자부심을 높여주며, 대인 관계를 향상시키고, 삶에 대해 더 긍정적인 시각을 갖게 하는 것으로 밝혀졌다.

종교가 건강에 긍정적인 효과를 주는 이유에 대해서는 딱 부러지는 결론이 나지 않았지만, 종교가 권장하는 행동과 태도가 중요한 역할을 한다는 것은 분명해 보인다. 예를 들어 문란한 성생활이나 마약, 알코올의 남용 및 그 밖의 위험한 생활 태도를 배척하고, 절제와 가정의 안정과 같은 생활 태도를 장려함으로써 대부분의 종교들은 자동적으로 건강에 좋은 행위들을 권장한다.

종교 사회의 특징인 강한 사회적 지원망 역시 도움을 주는 요인이다.[4] 친구와 가족이 주는 정서적인 도움은 정신 건강에 명백하게 중요한 요소이지만, 유대감이 강한 사회는 신체적 복리에도 긍정적이고 현실적인 효과를 미칠 수 있다. 그 혜택은 특히 노년층에게서 두드러지게 나타나는데, 긴밀한 유대 관계 덕분에 사회적으로 고립될 염려가 적을 뿐더러, 식사나 약물 치료, 통원 치료를 위한 수송을 비롯해 일상 활동에서도 도움을 받을 수 있기 때문에 신체적 건강에 큰 도움이 된다.

종교적 행위는 신체의 흥분계와 억제계에 미치는 효과를 통해 건강에 더 직접적으로 기여하는지도 모른다. 조용한 기도나 장엄한 찬송 또는 한 시간여의 명상은 신체의 억제계를 활성화시킴으로써 면역계의 기능을 증진시키고, 심박동과 혈압을 낮추고, 해로운 스트레스 호르몬이 혈중으로 방출되는 것을 억제하고, 평온한 감정과 행복감을 느끼게 해줄 수 있다.[5] 이러한 억제 반응을 일관되게 만들어낼 수 있는 행위는 어떤 것이든 정신적으로나 신체적으로나 높은 수준의 건강을 유지하는 데 도움을 준다.

종교와 제어

신앙이 주는 신체적, 정신적 혜택을 종교가 권장하는 가치와 연결 짓는 것도 충분히 가능하다.[6] 아마도 종교의 가장 건강한 측면은 불확실하고 무서운 세상을 제어할 수 있다는 느낌을 우리에게 줌으로써 존재론적 스트레스를 완화시켜주는 힘일 것이다. 이러한 제어는 우리를 위해 간섭할 의지가 있고 간섭할 수 있는 아주 강한 더 높은 힘 – 그 존재를 알 수 있는 신이나 정령 또는 불변의 절대자 – 이 존재하기 때문에 가능한 것으로 믿어진다. 어떤 경우에는 더 높은 이 힘은 기도나 제물이나 그 밖의 종교적 수단을 통해 우리의 이익을 지키고 우리를 위험으로부터 지켜주도록 설득할 수 있는 강한 영적 존재의 형태로 나타난다. 인격을 지닌 이 신성한 원군은 다른 형태의 화신(예를 들어 불교)에서는 궁극적인 영적인 완전성과 진리를 나타내는, 인격이 없는 보호자의 형태를 취하며, 신자는 그 속에서 삶의 고통으로부터 초월할 수 있는 길을 발견한다.

더 높은 힘에 대한 믿음은 신자에게 그들의 삶에 의미와 목적이 있으며, 생존 투쟁에서 그들은 외로운 존재가 아니며, 강하고 자비로운 힘이 세상에 작용하고 있고, 존재의 공포와 불확실성에도 불구하고 두려워할 필요가 없다는 확신을 준다.

존재론적 불안을 완화해주고 우리를 더 강한 영적인 힘과 연결해주는 이 능력은 종교가 제공하는 가장 큰 세속적인 선물이다. 개개 신자에게 그것은 희망과 위안의 선물이지만, 더 크게 보면 그 효과는 훨씬 더 심오하다. 우리를 두려움과 공허함으로부터 들어올림으로써,

그리고 지혜롭고 능력 있는 손이 우주의 버스를 조종하고 있다는 느낌을 우리에게 줌으로써, 종교는 강한 자신감과 동기를 부여하는 원천이 되어왔으며, 그것은 단지 인류의 역사에서 큰 역할을 담당했을 뿐만 아니라, 인류를 생존시킨 중요한 원인이 되었는지도 모른다.

예를 들어 우리의 사촌인 네안데르탈인이 직면했던 어려움들을 상상해보라. 빙하 시대가 계속되는 동안에 그들은 여전히 힘센 동물 경쟁자들과 지구의 패권을 놓고 치열한 경쟁 관계에 놓여 있었다. 대개의 경우, 동물들이 힘과 속도, 예리한 감각에서 훨씬 앞섰다. 생존은 항상 의심스러웠고, 우리 조상들이 경쟁을 할 수 있었던 모든 무기는 유례 없는 지능과 살아남겠다는 확고한 의지였다.

물론 다른 동물들과는 달리, 초기 인류는 죽음의 필연성을 인식한다는 부담이 있었다. 그것은 그들을 우울감과 무기력으로 빠뜨림으로써 인류의 무용담을 일찌감치 불행한 종말로 이끌어갈 수도 있었던 부정적인 직관이었다. 아무리 열심히 투쟁을 하더라도, 아무리 뛰어난 재주를 발휘해 사냥을 하더라도, 아무리 격렬하게 싸우더라도, 아무리 창조적으로 생각하더라도, 죽음이 늘 앞에 기다리고 있고, 그들의 삶은 결국에는 아무것에도 도움이 되지 않는다는 패배주의적인 생각에 사로잡혀 자포자기 상태가 되는 것은 무자비한 자연 선택의 싸움터에서 우리 조상들에게 가장 도움이 되지 않는 것이었다.

종교의 약속은 초기 인류를 그러한 자기 패배적인 숙명론으로부터 보호해주었고, 생존을 위해 지칠 줄 모르고 낙관적으로 싸울 수 있게 해주었다. 고고학적 증거들은 가장 초기의 인류 문화도 초보적인 종교 행위를 했다는 것을 알려준다. 많은 심리학자와 사회학자들 사이에 통용되어온 전통적인 생각에서는 종교의 발생을 잘못된 논리와 부정확한 추론에 바탕을 둔 인지적 과정으로 설명한다. 간단히 말해서, 우리는 두려움을 느끼고, 위안을 바라기 때문에 하늘에서 강한 보호자를 만들어냈다는 것이다.

그러나 신경학적으로 접근한 연구에 따르면, 신은 인지적인 추론 과정의 결과가 아니라, 마음의 초월적 기능을 통해 사람의 의식이 알게 된 신비적 또는 영적인 만남을 통해 '발견'되었음을 시사한다. 다시 말해서, 사람이 제어의 느낌을 얻기 위해서 강한 신을 인지적으로 만들어낸 다음에 이 발명품에 의존하는 것이 아니라는 말이다. 그보다는, 가장 광범위하고 근본적으로 그 개념을 정의했을 때, 신은 신비 체험을 통해 '경험'되었다는 말이다. 친근하고 일체감을 느끼게 해주는 이러한 신의 존재는 우리에게 제어의 가능성을 명백하게 보여주었다.

종교의 기원

　제6장에서 우리는 지속적인 명상이 어떻게 마음속에 (신경학에 토대를 둔) 영적 일체감의 경험으로 이어지는 리듬을 일으킬 수 있는지 보았다. 그러나 신비 체험이 그것을 바라며 노력하는 사람에게만 찾아오는 것은 아니다. 그것은 원치 않는 사람에게도 자연 발생적으로 찾아오며, 심지어는 그것에 대해 전혀 들어보지도 못했고, 그것을 경험하고 나서도 처음에는 그것이 무엇인지 알지 못하는 사람들에게도 찾아온다. 이러한 자연 발생적인 신비 체험은 미묘하면서도 삶을 변화시키는 깨달음에서부터 갑작스런 황홀감에 이르기까지, 설명할 수는 없지만 보이지 않는 영적 존재를 이해하는 것에서부터 궁극적인 것 또는 신성한 것의 본질 속으로 완전히 빠져드는 것에 이르기까지 다양하게 나타난다. 어떤 의미에서 모든 신비 체험은 자연 발생적이다. 영적 일체를 추구하느라 평생을 바치는 신비주의자조차도 그것이 언제 찾아올지 예측할 수 없다. 그러나 초월의 신경학적 기구는 일체 상태를 일으키려고 의도하지 않은 사고나 행동 패턴에 의해서도 작동할 수 있다고 우리는 믿는다. 이러한 비의도적인 일체 상태의 경험은 종교적 신앙의 발달을 위한 유력한 토대를 제공한다. 실제로 대개의 경우, 그것은 종교의 발달을 불가피하게 만들 것이다.

　예를 들어 선사 시대의 한 사슴 사냥꾼을 상상해보자. 그의 씨족은 기아에 허덕이고 있다. 필사적으로 식량을 찾는 사냥꾼은 잠도 잊고 황야에서 혼자 오랜 시간을 보내며 사냥에 전념한다. 쉴 때조차도 그는 마음속에 씨족 전체가 먹을 수 있을 만큼, 그리고 자기 가족과 친구들을 굶주림으로부터 구해줄 수 있을 만큼 거대한 수사슴을 떠올리면서 사냥감이 없나 하고 기대 섞인 시선으로 지평선을 바라본다.

그러면서 여러 날이 흘러가고, 사냥꾼이 굶주림과 피로로 기진맥진해질수록 수사슴의 이미지는 상상 속에서 점점 더 생생해진다. 그의 눈에는 언덕 저 너머에서 또는 구불구불 굽이치는 강둑에서 풀을 뜯어먹는 수사슴이 보인다. 그는 곧 그 환영에 사로잡히고, 사슴을 죽이고자 하는 갈망은 일종의 만트라(주문)가 된다. 그의 생각은 반복적이 되고, 마음의 초점은 점점 가늘어지고 강렬해진다. 곧, 그의 마음에서는 필요 없는 모든 생각이 사라지고, 그의 의식에는 수사슴에 대한 갈망 외에는 아무것도 없다.

사냥꾼의 정신 집중에 영적인 요소라고는 아무것도 없다. 그의 의도는 단순히 살아남으려는 것뿐이다. 그러나 신경학적 관점에서 보면, 그는 종교적 신비주의자들이 자신의 인식에서 신 외의 모든 잡념을 없애려고 노력함으로써 촉발되는 일련의 생물학적 사건들과 똑같은 사건들을 촉발시킨다.

제6장에서 우리는 '능동적' 명상이나 명상 기도가 어떻게 일체의 상태를 만들어내는지 보았다. 그 상태에서는 명상의 대상 또는 이미지가 신성한 차원의 모습으로 나타나고, 명상자는 궁극적인 진리처럼 느껴지는 어떤 존재를 경험하게 된다. 수사슴의 이미지에 지나치게 몰두하면 그와 똑같은 신경학적 반응을 촉발시켜 사냥꾼을 그와 비슷한 일체 상태로 들어가게 할 수 있다. 중세 시대의 신비주의자들이 예수의 초월적 실체 속으로 기쁘게 몰입하는 것을 느꼈듯이, 수피교도가 알라의 존재를 생생하게 체험하듯이, 사냥꾼은 원시적인 신의 존

재 – 인류의 최초의 신들 중 하나인 위대한 동물 정령 – 속에 들어간 듯한 느낌을 받았는지도 모른다.

물론 이것은 순전히 추측에 바탕을 둔 시나리오이지만, 신경학적으로 볼 때 상당히 가능성이 있는 시나리오이다. 이것은 전세계의 모든 종교들이 주장하는 사실, 즉 자신들의 영성의 기원은 어떤 육신의 모습으로 나타난 근본적인 진리와의 만남으로 거슬러 올라간다는 사실과도 일치한다.

카톨릭교의 수사이자 신비주의자인 웨인 티스데일(Wayne Teasdale)은 『신비주의자의 마음(The Mystic Heart)』이라는 책에서 이렇게 이야기한다.

> 모든 위대한 종교들의 기원은 비슷하다. 그 창시자가 신, 신성한 존재, 절대자, 정령, 도(道), 무한한 인식 등을 영적으로 자각하는 데서 시작된 것이다. 우리는 인도의 현자들의 경험에서, 부처의 깨달음에서, 모세와 족장들과 예언자들과 기독교 전통의 그 밖의 신성한 영혼들에서 그것을 발견한다. 그것은 예수의 내면에서 아버지와 그의 관계가 실현되는 것에도 존재한다. 예언자 마호메트가 천사장 가브리엘의 명상을 통해 알라의 계시를 경험한 것에도 그것은 분명히 존재한다.[7]

모든 위대한 경전의 구절들은 똑같은 사실을 이야기한다. 더 높은 영적 실체와 신비적인 만남을 통해 사람에게 근본적인 진리가 전해진다. 다시 말해서, 신비주의는 모든 종교의 토대를 이루고 있는 본질적인 지혜와 진리의 근원이다. 그러나 종교가 시작되기 전에는 신비 체험은 합리적인 용어로 해석되어야 했고, 그것이 제공하는 표현 불가능한 직관은 어떤 믿음으로 번역되어야만 했다.

예를 들면, 자신의 영적 체험에 대한 사냥꾼의 반응이 훗날의 신비주의자들의 반응과 비슷한 것이었다면(신경학은 그랬을 것이라고 시사하지만), 그것은 사냥꾼에게 희망과 확신과 표현할 수 없는 즐거움을 주었을 것이고, 그는 의심의 여지 없이 자기 씨족에게 돌아가 거대하고 자비로운 힘이 세상에 존재한다는 그 계시를 전해주었을 것이다.

굶주리고 있던 그의 씨족 동료들이 그의 이상한 소리를 어떻게 받아들였을지는 알 길이 없지만, 그가 모든 시대의 신비주의자들처럼 사람들로부터 의심어린 반응을 받았다고 해도 전혀 놀랄 것이 없다. 그렇지만 며칠 뒤에 그 씨족의 사냥꾼들이 사슴 무리를 만나 몇 주 만에 처음으로 사냥에 성공했다고 상상해보자. 그러면 최초의 그 사냥꾼은 그것을 '위대한 수사슴'이 자신의 호의와 힘을 보여주기 위해 준 선물이라고 주장할 것이다. 다른 사람들도 그의 주장에 동조할지 모른다. 그러면 그 수사슴 이야기는 신화의 차원으로 올라서서 씨족 구성원들은 그것을 더욱 정교하게 다듬을 것이다.

예를 들어 그들은 그 수사슴이 사람들로부터 무엇을 원하고, 그것이 지닌 영적인 힘은 어떤 것인지 이해하기 위해 이 신비스러운 존재의 본질적인 성격을 추측해보려고 노력할지도 모른다. 그들은 그것이 지닌 성격의 속성에 대해서 토론할지도 모른다. 그것은 정의로운가? 분노하는가? 신뢰할 수 있는가? 용서를 하는가? 아마 그들은 그것이 어디에 머물고 있으며, 어떻게 탄생했는지 등 그 존재에 관한 세부적인 사실을 설명하기 위해 이야기들을 지어낼지도 모른다.

다시 말해서, 그들은 원시 신학을 세운 것이다. 그것은 조만간 가장 복잡한 신학의 토대를 이루고 있는 의문들을 다루게 될 것이다. 우리가 어떻게 하면 이 신을 즐겁게 해줄 수 있을까? 존재의 공포로부터 우리를 보호해달라고 어떻게 그를 설득할 수 있을까? 어떻게 이 영적 존재의 힘을 통해 우리 삶의 가장 중요한 측면들을 제어할 수 있는 기회를 얻을 것인가?

그들은 동물이나 식량을 희생으로 바침으로써 영적 존재의 호의를 사려고 노력할지도 모른다. 실제로 인류학적 증거들은 가장 원시적인 형태의 종교들은 강한 힘을 가진 영적 존재들에게 희생을 바침으로써 영향을 미치려는 시도로 시작되었음을 시사한다. 희생을 바치는 행위는 사람과 그들이 믿는 더 높은 힘 사이에 계약의 합의가 있었다는 가정에 바탕을 두고 있다. 이 가정은 종교를 정의하는 특징이며, 종교를 원시적인 마술의 수준 이상으로 끌어올리는 요소이다. 예를 들면, 마술에서는 직접 자연과 다른 사람들에게 영향을 미치기 위한 목적으로 주문과 노래가 사용된다. 어떤 영적인 매개자의 도움을 받지 않은 채, 비를 내리고, 병자를 낫게 하고, 적에게 저주를 내리기 위해.

더 정교한 종교들에서는 신자들은 숭배와 믿음과 복종과 기도를 통해 계약의 목적을 달성한다. 그 대가로 그들은 악으로부터 보호받고, 죄를 사면받으며, 세속의 고통에서 벗어나 구원을 얻으며, 신과 일종의 일체감을 얻는다. 앞에 나왔던 선사 시대의 사냥꾼은 좀더 단순한 계약을 맺었을 것이다. 자신들이 바친 희생이 수사슴 정령의 마음에 들면, 그가 풍성한 사냥으로 보답할 것이라고 기대하는 게 고작이었을 것이다. 그러나 이 간단한 의식만으로도 그들은 자신들의 삶의 존재론적 불확실성을 제어할 수 있다는 강한 느낌을 얻었을 것이다. 이러한 제어의 느낌이 주는 낙관주의와 힘은 그들의 심리적 전망을 향상시키고, 진화론적 생존 투쟁에서 결정적으로 유리한 요소로 작용했을 것이다.

얼마 후, 그들은 영적 세계와 상호 반응할 수 있는 더 정교한 방법을 찾으려고 할 것이다. 어쩌면 그들은 직관적으로 수사슴의 정령을 불러낼 수 있다는 희망에서 사슴 가죽을 쓰고 춤을 추어야겠다는 생각을 할 수도 있다. 많은 수렵 문화의 종교적 관행들은 그러한 의식에 기반을 두고 있으며, 그러한 의식의 영적 의도가 무엇이든 간에, 그것은 거의 틀림없이 긍정적이고 실용적인 결과를 낳게 된다.

예를 들어 그 씨족은 자신들이 치르는 의식과 그 의식의 초점인 정령을 통해 스스로를 정의하려고 할 수도 있다. 그들은 스스로를 위대한 수사슴 씨족으로 생각하고, 자신들의 공통적인 신앙을 정체성과 사회적 단결의 근원으로 여기기 시작할지도 모른다. 또한 의식 행위는 신체의 면역계를 자극함으로써 생존율에도 좀 더 직접적인 영향을 미칠 것이다. 예를 들어 느린 의식은 억제계를 자극하여 여러 가지 건강상의 혜택을 줄 것이다. 격렬한 의식은 운동의 이득과 함께 중요한 사냥 기술을 연마하는 데에도 도움이 될 것이다.

종교는 개인들 간의 유대를 강화하고, 전체 사회 집단 사이에 평화적이고 생산적인 상호 관계를 장려할 것이다. 물론 사회 집단이 더 강해질수록 씨족 구성원들 각자도 더 나은 삶을 누릴 수 있으며, 그것은 결국 생존율을 높이는 데 기여하게 된다.

종교적 믿음과 행위가 가져다주는 이러한 신체적, 심리학적, 사회적 이득 덕분에 종교적 믿음이 강한 사람일수록 진화론적 생존 투쟁에서 더 유리할 것은 명백하다. 이 모든 이득은 사람에게 제어의 느낌을 부여하는 종교의 힘이 낳은 결과인데, 그것은 초월적 경험을 할 수 있는 마음의 능력에 그 뿌리를 두고 있다. 예를 들어 사냥꾼이 신비스럽고 위대한 수사슴의 정령을 만났을 때, 그는 뭔가 경외로운 실재적인 존재 앞에 서 있다고 확신한다. 그러한 경험을 가능하게 해준 신경학적 기구는 그에게 다른 해석을 허용하지 않는다.

의식의 리드미컬한 행위를 통해 그와 똑같은 신경학적 기구가 다소 약한 수준으로 작동될 수 있다. 의식 행사에 참여함으로써 사냥꾼의 씨족 구성원들은 몸소 다양한 일체 상태를 경험할 것이다. 그러한 상태들 중 일부는 심오한 것일 수도 있지만, 가벼운 상태들도 씨족 구성원들에게 사냥꾼이 경험한 영적 일체감을 맛보는 기회를 제공할 것이다. 그것은 사냥꾼의 이야기에 신빙성을 더해주고, 그들 가운데 영적인 존재가 있다고 믿을 만한 직접적인 이유를 제공할 것이다.

좀더 간단하게 말해서, 종교의 신빙성과, 특히 제어의 느낌을 부여하는 종교의 능력은 신비 체험에 기반을 두고 있다. 앞에서 살펴본 것처럼, 영적 직관은 신비적 초월이라는 놀라운 순간에 생겨난다는 사실을 신경학은 분명하게 보여준다. 우리가 이러한 인식을 파악하고, 그 속성과 의도를 확인하고, 우리와 그것들과의 관계를 이해하려고 노력하면서 우리는 집단적으로 종교라고 불리는 믿음과 전통과 행위를 발달시키게 된다.

각 종교는 진리에 대한 나름의 고유한 정의를 발견하고, 신과 일체가 되는 경지를 향해 서로 다른 길을 걸어갈지 모른다. 수많은 인간적인 변수 - 역사, 지리, 종족, 심지어 정치까지도 - 가 그 최종 형태를 만드는 데 작용할 수 있다. 그러나 모든 경우에 그 종교의 권위와 그 신의 본질적인 실재성은 경미한 것이든 아주 강렬한 것이든 신비적 일체라고 하는 초월적 체험에 뿌리를 두고 있다.

만약 종교가 정말로 신비적 직관에서 생겨난 것이라면, 그리고 종교적 행위가 연구 결과들이 보여준 것처럼 건강한 것이라면, 자연 선택은 종교적 행위를 쉽게 일으킬 수 있는 신경학적 기구를 가진 뇌를 선호할 것이다. 이 기구가 신비 체험이라는 목적만을 위해 특별히 진화했다고 주장할 근거는 없다. 앞에서 설명했듯이, 성 반응의 신경 회로에서 초월의 신경학을 빌려왔다고 우리는 믿는다. 그렇지만 종교적 믿음이 생존에 큰 이득을 제공하기 때문에, 진화는 초월을 가능하게 하는 신경학적 회로를 강화시켜주었을 가능성이 높다. 영적 일체를 경험할 수 있는 이 능력이야말로 종교가 사라지지 않고 지속될 수 있는 진정한 원천이다. 이것은 종교적 믿음을 지성과 이성보다 좀더 깊고 능력 있는 어떤 것에 뿌리를 두게 한다. 이것은 신을 생각으로 없앨 수 없고 결코 퇴화되지 않는 하나의 현실로 만들어준다.

물론 이것은 영적 직관이 항상 건강한 방식으로 해석된다는 것을 의미하지는 않는다. 종말론을 신봉하는 일부 이단 종교들의 비극적인 종말과 죄와 두려움의 교리가 빚어내는 심리학적 해악은 충분한 사례를 제공한다.

그것은 또한 종교에 무관심한 것이 신경학적으로 '비정상'이라거나 특정 종교의 주장이 반드시 진리라는 것을 의미하지도 않는다. 그것은 다만 사람은 일체 상태에 들어갈 수 있는 재능을 유전적으로 물려받았으며, 많은 사람들은 그러한 상태를 더 높은 영적인 힘이 존재하는 것으로 해석한다는 것을 의미할 뿐이다.

신을 향한 창문

　종교를 탄생시키는 초월적 상태가 신경학적으로 실재한다는 사실은 의심의 여지가 없다. 뇌과학은 그러한 일이 일어난다는 것을 예측해주며, 다른 사람들의 연구뿐만 아니라 우리의 영상 연구에서도 그것은 필름으로 포착되었다. 더 깊은 의문은 이것이다. 이러한 일체 상태의 경험은 순전히 신경학적 기능의 결과인가?(그렇다면 신비 체험은 단순히 깜빡거리는 신경 신호의 집합으로 축소되고 말 것이다.) 아니면, 그것은 뇌가 지각할 수 있는 진짜 경험인가? 뇌가 물질적 존재를 초월하여 실제로 존재하는 더 높은 존재의 차원을 경험할 수 있는 능력을 진화시켰을까?

　신비주의자들은 자신들이 바로 그러한 현실을 경험했다고 분명하게 주장한다. 그것은 우리가 의심의 여지 없이 믿는 물질 세계보다 더 실재적인 세계이자, 공간 감각도 시간의 흐름도 없고, 나와 우주 사이에 명확한 경계도 없고, 신이 실제로 존재할 여지가 풍부하게 있는 차원이라고 말한다.

　반면에, 과학과 상식은 그러한 일은 불가능하다고 이야기한다. 모든 실재적인 사물들이 들어 있는 물질 우주보다 더 실재적인 것은 있을 수 없다고 한다. 실제로 우리의 과학적 탐구는 이 가정에서 출발하였다. 그러나 과학은 우리를 깜짝 놀라게 하였고, 우리의 연구 결과는 신비주의자들이 진짜로 무엇인가를 보았으며, 마음의 초월적 기구는 그것을 통해 우리가 정말로 신적인 어떤 존재의 궁극적 실재를 엿볼 수 있는 창문일지도 모른다는 결론을 내리게 하였다. 이 결론은 종교적 믿음에 바탕을 둔 것이 아니라 연역적 추론에 바탕을 둔 것이지만, 그것의 의미를 살펴보기 전에 물질적 현실에 대한 우리의 모든 가정들을 다시 한 번 점검해보고, 본질적이고 근본적으로 실재하는 것이 무엇인지에 대해 마음이 어떻게 결정을 내리는지 이해해야만 한다.

8
현실보다 더 실재적인

절대적인 것을 추구하는 마음

만약 누군가가 우주가 무엇을 위해 존재하며,
왜 여기에 있는지 정확하게 알아낸다면,
그 우주는 즉시 사라져버리고 훨씬 더 이상하고
불가해한 우주로 대체될 것이라는 가설이 있다.
또 다른 가설은 이미 그러한 일이 일어났다고 주장한다.

─ 더글러스 애덤스(Douglas Adams),
『우주의 끝에 있는 레스토랑
(The Restaurant at the End of the Universe)』

우주는 분명히 이상하다. 그러나 합리적인 마음을 가진 보통 사람들에게는 물질 우주의 실체보다 더 실재적인 다른 존재의 차원이 있다는 신비주의자들의 주장보다 더 이상하고 괴상해 보이는 개념은 없다. 사실, 그들이 묘사하는 초월적 실체는 그것을 지각하는 주관적인 자아를 포함하여 물질 세계를 영적인 모든 것 또는 신비적인 무로(어느 쪽이냐는 그 사람의 형이상학적 관점에 따라 달라진다) 흡수시킨다.

우리가 걷고 있는 땅이나 우리가 앉아 있는 의자보다 더 실재적인 것은 있을 수 없다고 말하는 우리의 상식은 이러한 신비적 실체라는 개념을 터무니없는 것으로 거부하게 만든다. 그러나 신비 체험을 공정하게 검토해보면, 그렇게 딱 잘라 부정하는 게 쉽지 않다. 앞에서 살펴본 것처럼, 신비주의자들이 반드시 망상의 피해자인 것은 아니다. 오히려 그들의 체험은 관찰 가능한 뇌의 기능에 바탕을 두고 있다. 그러한 체험의 신경학적 근원은 그러한 체험을 뇌의 다른 지각들과 마찬가지로 충분히 실재적인 것으로 느끼게 만든다. 이러한 의미에서 신비주의자들은 터무니없는 말을 하고 있는 것이 아니다. 그들은 진짜로 일어난 신경생물학적 사건을 보고하고 있는 것이다.

이것이 우리가 연구를 통해 얻은 결론이다. 이 결론은 사람의 영성의 궁극적인 본질에 대해 도발적인 의문을 던지게 한다. 모든 영성과 신의 실체에 관한 경험은 전기화학적 깜빡임과 불빛이 뇌의 신경 경로를 따라 잠깐 동안 달려가는 것에 불과하다고 설명할 수 있을까? 뇌가 신경 정보를 사람의 경험 지각으로 전환시키는 방식에 대해 현재까지 우리가 알고 있는 지식에 근거를 두고 대답한다면, 가장 간단한 답은 '그렇다'이다.

그렇다면 신은 환상이나 꿈과 비슷한 정도의 절대적 실체밖에 갖지 못한, 단지 하나의 개념에 불과하다는 말인가? 마음이 뇌의 지각을 어떻게 해석하느냐에 대해 우리가 알고 있는 지식에 근거를 두고 대답한다면, 가장 간단한 답은 '아니다'이다.

뇌과학은 신의 존재를 증명할 수도 없고, 부재를 증명할 수도 없다. 최소한 간단한 답은 불가능하다. 영적 체험의 신경생물학적 측면들은 신의 실재성을 느낄 수 있다는 것을 지지해준다. 그러나 우리는 뇌가 실재한다고 말해주는 것을 주관적인 자기 인식을 통해 해석하고 전해준다. 따라서, 우리를 신과 연결시켜주는 뇌의 기능을 더 깊이 살펴보기 전에, 우리에게 어떤 것이 실재한다는 것을 말해주기 위해 뇌가 어떤 일을 하는지, 그리고 왜 우리가 그것을 믿는지 논의할 필요가 있다.

신비주의자들의 과학

두 가지 실체가 존재한다는 사실에는 누구나 쉽게 수긍할 것이다. 우리가 '세계'로 생각하는 단단하고 객관적인 외부의 실체와, '자아'라고 부르는 내부의 주관적인 실체감이 그것이다. 일상 경험에 비추어볼 때, 우리는 이 두 가지 실체 중 어느 쪽도 그 실재성을 의심할 수 없다. 또, 이 두 가지 실체가 근본적으로 서로 다른 것이라는 사실에 대해서도 의심을 품지 않는다. 그러나 이 두 가지가 서로 근본적으로 다르다는 데 동의한다면, 그리고 이것들이 실체가 존재할 수 있는 유일한 두 가지 방법이라면, 논리적으로 그 중 한쪽이 더 근본적인 형태의 실체라는 결론에 이르게 된다. 다시 말해서, 객관적인 외부 세계 또는 그 세계에 대한 우리의 주관적인 인식과 자아의 감각은 실재하는 실체 – 근원적이고 궁극적인 실체 – 가 틀림없다. 그러나 정의상 궁극적인 실체는 실재하는 모든 것의 원천이므로, 주관적인 실체와 객관적인 실체가 둘 다 진실일 수는 없다. 하나가 다른 하나의 원천이 되어야 한다.

철학자들은 주관적인 실체와 객관적인 실체 사이의 관계를 이해하려고 수백 년 이상 고민해왔고, 지금도 여전히 그러고 있다. 그러나 대부분의 사람들은 그 양쪽에서 편안하게 공존할 수 있다. 서사시적인 이 지적 탐구를 살펴보는 것, 그러니까 그들의 끝없고 때로는 이해하기 어려운 논의들을 요약하는 것은 이 책의 범위에서 벗어날 뿐더러 이 장의 목표에서도 벗어나는 것이다. 여기서 우리의 목표는 영적 체험의 신경생물학적 '실재성'이 의미하는 바를 되도록이면 정확하고 논리적으로 이해하는 것이다. 우리는 과학의 경험적 요구를 충족시키는 방식으로 그러한 이해에 이르기를 바라기 때문에, 수백 년 동안 과학적 사고의 기초가 되어온 실체라는 개념을 논의하는 것부터 시작하고자 한다.

현실이 과연 궁극적인 실체인가

아주 간단하게 말해서, '과학적' 또는 객관적 실체는 물질 세계보다 더 실재적인 것은 없다는 믿음에 바탕을 두고 있다. 이러한 견지에서 외부의 실체(물리적이고 물질적인 우주)는 근본적인 실체이다. 실재하는 모든 것은 우주의 물질 원소와 힘들의 형태로 존재하거나 그것들로부터 생겨났다. 사람의 뇌와 뇌가 만들어내는 주관적인 마음조차도 그 본질은 물질이며, 다른 모든 생물학적 계(system)들처럼 원시 수프에서 진화했다.

그러나 신비주의자들은 본질적인 실체에 대해 다른 견해를 갖고 있다. 그들은 물질적인 존재보다 더 깊은 곳에 있는 근원적인 실체 – 질이 낮은 실체인 외부 세계와 주관적인 자아를 모두 포함하는 순수한 존재의 상태 – 를 경험했다고 믿는다. 과학은 이들의 주장을 받아들이지 않는다. 과학의 입장에서는 물질의 실체보다 더 실재적인 것은 존재하지 않을 뿐만 아니라, 과학이 아닌 다른 것이, 특히 신비 체험처럼 주관적이고 측정 불가능한 것이 근본적인 실체에 대해 유용한 진리를 밝혀낸다는 사실을 받아들일 수 없기 때문이다.

과학의 구성 원리는 실재하는 모든 것은 측정 가능하며, 과학적 방법이야말로 믿을 수 있는 유일한 측정 방법이라고 선언한다. 따라서, 측정하고 무게를 재고 수를 세고 영상을 얻는 것이 불가능하거나 그 밖의 과학적 방법으로 분석적으로 이해할 수 없는 것은 모두 실재한다고 부를 수가 없다. 오직 과학만이 실체를 확인할 수 있다. 지그문트 프로이트가 "과학은 환상이 아니다! 과학이 줄 수 없는 것을 다른 곳에서 얻을 수 있다고 생각하는 것이야말로 환상이다."[1]라고 말한 것도 이와 같은 맥락에서였다.

다시 말해서, 신비주의의 실체는 과학적으로 증명할 수 없기 때문에 실재한다고 간주할 수 없다. 과학자인 우리도 만약 우리 자신의 연구를 통해 신비주의자들의 주장이 옳을 수도 있다는 확신을 얻지 못했더라면, 이와 똑같은 결론을 기꺼이 받아들였을 것이다. 물론 과학과 신비주의는 어울리지 않는 짝이다. 그러니 우리가 기존의 관념을 뒤집어엎는 이러한 결론에 이르게 된 과정을 돌이켜보기로 하자.

진과 나는 모든 과학자들처럼 진짜로 실재하는 것은 모두 물질이라는 기본 가정에서 출발하였다. 우리는 뇌가 물질로 이루어져 있고 진화에 의해 물리적 세계를 지각하고 상호 반응할 수 있게 만들어진 생물학적 기계라고 간주하였다.

그러나 다년간의 연구 끝에 뇌의 핵심 구조들과 정보가 신경 경로를 통해 전달되는 방식을 이해하게 되면서, 우리는 뇌가 자기 초월을 위한 신경학적 기구를 갖고 있다는 가정을 세우게 되었다. 이 기구는 최고의 기능을 발휘할 때 마음에서 자아의 감각을 없애고, 외부 세계에 대한 어떤 의식적인 인식도 없애게 된다고 우리는 믿게 되었다.

이 가설은 나중에 영적 체험에 신경학적으로 관계하는 것들에 대해 빛을 던져주기 시작한 우리의 SPECT 영상 연구를 통해 뒷받침되었다. 가장 좁은 과학적 견지에서 본다면, 우리가 모든 영적 체험 – 가장 가벼운 종교적 감정 고조에서부터 신비주의자들이 묘사하는 심오한 일체 상태에 이르기까지 – 을 뇌에서 일어나는 신경화학적 동요로 축소했다고 믿을 수도 있다.

그러나 뇌에 대해 많은 것을 이해하게 된 우리는 그러한 결론에 머물 수 없었다. 마음이 경험하는 모든 것은 뇌에서 추적이 가능하다는 사실을 우리는 알고 있었다.

예를 들어 푸치니의 음악을 듣고 있는 오페라광의 SPECT 촬영 결과는 「공주는 잠 못 이루고(Nessun Dorma)」를 여러 색깔의 얼룩으로 축소시키지만, 그렇다고 해서 아리아의 아름다움이 감소하는 것은 아니다. 음악 자체와 그것이 주는 즐거움은 여전히 실재하고 있다. 음악에 대한 기억과 비극 「투란도트(Turandot)」가 불러일으키는 감정 역시 실재적이다.

그 음악과 연극을 단지 자기 마음속에서 다시 펼친다 하더라도, 뇌에서 똑같은 많은 부분들이 다시 활성화될 것이다. 어쩌면 푸치니의 애절한 서정적 멜로디와 크레센도와 피아니시모를 들을 때 일어나는 것과 똑같은 소름이 몸에 돋을지도 모른다. 우리는 그 음악을 분명하게 듣지만, 다만 우리의 머릿속으로만 듣는다. 그렇지만 음악과 그것의 비언어적 힘은 여전히 신경학적으로 실재한다.

모든 지각은 마음속에 존재한다. 발 밑에 있는 땅과 앉아 있는 의자, 손에 잡고 있는 책은 모두 의심의 여지 없이 딱딱하고 실재하지만, 우리는 단지 2차적인 신경학적 지각으로, 즉 두개골 속의 신경 경로를 달리는 깜빡이는 불빛의 형태로서 그것을 알게 된다. 만약 신비 체험을 '단순한' 신경학적 활동으로 깎아내리려고 한다면, 물질 세계에 대한 뇌의 모든 지각들도 믿지 말아야 할 것이다. 반면에, 물리적 세계에 대한 우리의 지각을 믿는다면, 영적 체험이 마음속에서만 존재하는 허구라고 주장할 아무런 합리적인 근거도 없다.

우리 연구에서 과학이 우리를 데려다줄 수 있는 최대한 멀리까지 온 바로 이 지점에서, 우리에게는 상호 배타적인 두 가지 가능성이 남았다. 즉, 영적 체험은 뇌에서 만들어지고 뇌 속에 갇혀 있는 신경학적 구성 개념에 불과하거나, 신비주의자들이 묘사하는 절대적 일체의 상태가 실제로 존재하며, 마음은 그것을 지각할 수 있는 능력을 발달시켰을 가능성이 그것이다.

과학은 이 문제를 해결할 수 있는 명쾌한 방법을 제공하지 못한다. 그러나 이러한 뇌의 상태들이 궁극적으로 나타내는 실체가 무엇이든 간에, 우리는 최소한 신비 체험 현상을 이해할 수 있는 새로운 틀을 발견했다는 것을 알았다.

절대적 일체 상태라고 부르는 초월적 상태는 서로 다른 문화에서 여러 가지 이름으로 불린 상태(도, 해탈, 우니오 미스티카, 브라만-아트만)를 가리키지만, 모든 교파에서 묘사하는 용어들은 놀랍도록 서로 비슷하다. 그것은 순수한 인식과 무(無)라는 분명하고 생생한 의식 상태이다. 그러나 그것은 또한 모든 것을 구별이 없는 전체로서 갑작스럽고 생생하게 의식하는 것이기도 하다.

비록 신비주의자들은 이러한 궁극적인 존재의 상태를 이성으로는 이해할 수 없다고 이야기하지만, 그럼에도 불구하고 수많은 사람들이 그것을 이해하려고 시도하였다. 글로 남아 있는 기록들은 대부분 호기심을 불러일으키긴 하지만, 매우 혼란스럽고 종종 모순적이기까지 하다. 그러나 그렇다고 해서 그러한 기록들이 사실이 아니라거나 실체를 정확하게 묘사하지 않았다는 것은 아니다.

예를 들어 현대의 선사(禪士)인 황포(Huang Po)가 '하나의 마음(One

Mind)'이라고 부른 궁극적인 상태를 묘사할 때 사용한 단어들을 살펴보자.

모든 부처와 지각을 가진 모든 존재는 하나의 마음에 지나지 않으며, 그 외에는 아무것도 존재하지 않는다. 시작이 없는 이 마음은 태어나지도 않았고, 없어지지도 않는다. 그것은 초록색도 노란색도 아니며, 형태도 모습도 없으며, 존재하거나 존재하지 않는 사물의 범주에 속하지 않으며, 새 것이나 낡은 것이라는 개념으로 생각할 수도 없다. 그것은 길지도 짧지도 않고, 크지도 작지도 않다. 그것은 모든 한계와 측량과 이름과 흔적과 비교를 초월하기 때문이다. 오로지 하나의 마음을 자각하라.[2]

합리적인 마음으로는 이러한 신비로운 이야기를 사실로 받아들이기 어려울 것이다. 하나의 마음은 태어나지도 않았고, 존재하지 않는 것도 아니지만 그와 동시에 존재한다고 말할 수도 없고, 모든 한계와 비교를 초월하여, 이 하나의 마음밖에는 아무것도 실재하지 않는다……

그러한 일체의 상태를 정신적으로나 육체적으로 경험해보지 않은 사람은 이러한 개념을 이해하기 어려울지 모른다. 아이러니컬하게도, 그 상태는 육체와 마음을 초월했음에도 불구하고, 그것은 육체와 마음으로 느낌으로써 믿게 된다. 그러나 신비주의자들은 주관적인 불신을 버린다면 그것을 이해하는 것(그리고 도달하는 것)이 가능하다고 주장한다. 절대적 일체 상태는 시간과 공간, 물리적 감각이 없고, 물질적 실체에 대한 명확한 인식도 전혀 없는 상태로 묘사된다. 또다시 아이러니컬하게도, 절대적 일체 상태에 이르기 위해서는 자아의 가장 깊은 부분으로 들어가는 정신적 여행이 필요한데, 이 궁극적인 상태에 이른 사람들은 거기에 이른 순간, 주관적인 자기 인식이 완전히 사라진다고 이구동성으로 말한다. 따라서, 이 상태에 도달하기 위해서는 마음을 초월하기 위해 마음을 사용해야 한다. 마음은 스스로를 초월해야 하는 것이다.

이렇게 자아를 지우는 것은 합리적인 마음으로는 가장 이해하기 어려운 개념일지 모른다. 우리는 주관적인 인식 상태에 편안하게 머물고 있기 때문에, 구체적인 자아를 포함하지 않은 마음이 과연 마음이기나 한 것인지 가늠하기 어렵다. 그러나 주관적인 자아라는 초점이 없이도 인식이 존재하는 것은 가능하다. 실제로 우리는 모두 자아가 없는 마음을 가지고 삶을 시작한다.

모든 아기는 자아를 형성할 수 있는 신경학적 잠재 능력을 갖고 태어나지만, 아기들은 커가면서 세상을 살고 경험하면서 자아를 형성한다. 또한, 자아가 발달하기 위해서는 뇌 속에서 특정 신경 연결들이 발달해야만 한다.

마음은 자아를 어떻게 만드는가

자아가 생겨나는 과정은 미스터리이지만, 우리는 구체화(reification: 개념을 구체적인 것으로 전환시키는 능력. 또는 더 간단하게 말하면, 어떤 것에 실재의 속성을 부여하는 능력 – 옮긴이) 과정을 통해 생겨난다고 믿는다. 신경학적인 정의로 이 용어는, 마음이 자신의 지각과 생각, 믿음에 의미와 내용을 부여하고, 그것들을 의미 있는 것으로 여기는 힘을 가리킨다.

예를 들면, 우리가 수박이나 딸기, 딱딱한 코코넛이나 물렁물렁한 복숭아를 보고서 그것들을 모두 '과일'로 인식하는 것은, 주로 하두정엽 안에 있는 추상적 오퍼레이터라는 기능을 통해 주어지는, 마음의 구체화 능력 덕분이다. 그러나 구체화는 단지 사물들의 본질적인 동일성만을 인식하게 해주는 데 그치지 않는다. 그것은 그것들을 실질적이고 실재하는 것으로 인식하게 해준다. 우리는 앞에서 이 뇌 기능을 존재론적 오퍼레이터로 설명한 바 있다.

세계를 구체적인 것으로 만드는 것 – 구체화 과정 – 은 자아의 신경 발달에 중요한 역할을 담당하는지도 모른다. 어린 뇌는 소리를 내고 신체적 활동을 통해 내부의 감정과 조작을 넘어서서 세계를 다루기 시작한다. 처음에 뇌는 이러한 행동을 한 다음, 그것들을 관찰하고 분석하고 새로운 정보로 입력한다. 결국 뇌는 그 행동과 생각과 감정을 자아로 확인, 즉 구체화한다.

예를 들어 요람에서 웃고 있는 아기를 상상해보자. 웃음소리가 들리는 순간, 그것은 외부 세계의 일부가 되어 아기의 뇌에 새로운 감각 입력 정보로 들어가고, 그러면 뇌는 자신의 신경학적 기능의 결과로 인식하게 된다. 그와 동시에 아기의 뇌는 웃음소리에 반응하여 기뻐하며 손뼉을 치는 어머니의 존재를 지각한다. 아기의 뇌는 이 행동에 일치하는 것을 자기 내부에서 발견할 수가 없다. 다시 말해서, 뇌는 어머니의 행동을 자기가 아닌 다른 어떤 것으로 인식하게 되는 것이다.

이러한 지각들을 비교함으로써 아기의 뇌는 두 가지 범주의 감각 입력 정보를 인식하기 시작한다. 하나는 자신의 행동으로부터 비롯된 입력 정보이고, 다른 하나는 자신이 만들어내거나 제어하지 못하는 행동에서 비롯된 입력 정보이다. 이 범주들을 지각하는 것은 뇌가 자아라는 내부의 실체와 세계라는 외부의 실체를 구별하기 위해 내딛는 첫걸음이라고 우리는 믿는다.

외부 세계와의 경험이 계속됨에 따라 아이의 뇌는 자신의 것으로 보이는 행동을 점점 더 많이 인식하게 된다. 결국 그러한 여러 가지 독자적인 기능들 — 생각, 감정, 의지, 행동, 기억 — 은 모두 단일하고 고유한 의미 있는 구조물로 분류된다. 즉, 이것들은 고유하고 낯익고 지속적이고 매우 개인적인 '자아'로 구체화되는 것이다.

뇌가 자아를 만드는 이 과정은 물론 이론적인 것이지만, 그 가능성은 매우 높다. 이것은 몇 가지 중요한 사실도 알려준다. 자아는 마음과 동일한 것이 아니다. 마음은 자아가 생기기 전에 존재하며, 자아를 구성하는 데 필수적인 기억과 감정과 그 밖의 구성 요소들을 공급해준다.

만약 이러한 구성 요소들이 어떤 이유로 하여 공급되지 않으면, 자아는 흐트러지고 만다. 자아의 감각을 주는 데 도움이 되는 다른 영역들도 마찬가지지만, 정위영역에 수입로 차단이 일어날 때(새로운 감각 입력 정보가 차단될 때), 바로 이러한 일이 일어난다고 우리는 믿는다. 이 영역들은 마음이 자아로 인식하는 기억과 감정, 행동 패턴으로부터도 차단된다. 수입로 차단이 마음으로부터 인식을 박탈하는 것은 아니다. 그것은 다만 그 인식에서 자아라는 통상적인 주관적 감각을 없앨 뿐이며, 모든 자아가 존재할 수 있는 공간적 세계의 모든 감각으로부터 인식을 해방시킬 뿐이다.

그러한 입력 정보의 결핍은 거의 틀림없이 순수한 인식 상태, 즉 아무것에도 집중하지 않고, 시간의 흐름과 육체적 감각에 무감각한, 자아가 사라진 인식을 낳게 될 것이다. 이러한 인식은 신경생물학적으로 주체와 객체를 구별하지 못하고, 유한한 개인적인 자아와 외부의 물질 세계를 구별하지 못할 것이다. 그것은 실체를 경계도 내용도 시작도 끝도 없이, 아무런 형태도 없는 통합된 전체로 지각하고 해석할 것이다.

의식을 가진 마음을 결합하고 있는 모든 구성 요소 – 감정, 기억, 생각, 그것을 통해 우리 자신을 아는 무형의 직관 – 가 해체되어 이 본래의 순수한 인식으로 녹아들면, 그것은 신비주의자들이 우주적인 자아라고 부르는, 우리의 가장 깊고 진정한 자아가 될 것이다.

현대의 불교 스님인 레슬리 쿠와마라(Leslie Kuwamara)는 "네가 너라는 것을 아는 방법은 자기를 버리는 과정을 거치는 것이다."라고 말한다. 당나라의 시인 이백(李白)은, 의심의 여지 없이 진실로 실재하는 것을 알고자 할 때, 실체가 아닌 자아를 증발시키는 것이 필요한 혜안을 제공해준다고 보았다.

　새들은 하늘로 사라지고,
　마지막 구름 한 점도 흩어져버렸네.

　산과 나는 함께 나란히 앉았지만,
　결국에는 산만 남았네.³

　우리의 신경학적 모형은 우리가 순수한 인식의 신비적 상태를 어떻게 경험하는지 그럴듯한 설명을 제공해주는 반면, 절대적 일체 상태의 궁극적인 본질에 관해서는 아무것도 증명하지 못한다. 그것은 절대적 존재가 단순히 하나의 두뇌 상태에 불과한 것인지, 또는 신비주의자들의 주장처럼 가장 근본적으로 실재하는 것의 본질인지 설명해주지도 않는다. 그러나 우리는 연구를 통해 신비주의자들은 최소한 망상에 사로잡힌 사람들도 아니고, 정신 이상자도 아니라는 확신을 얻게 되었다. 그들은 자신들이 경험한 것이 실체라는 것을 조금도 의심치 않았다.
　어떤 경험적 방법으로도 이것의 실재성을 객관적으로 검증할 방법이 없기 때문에 우리는 대신에 철학자들이 사용한 더 주관적인 접근 방법에 의존해야 했다. 수백 년이 넘게 고민한 끝에 철학자들은 진정한 실체는 명백한 속성을 가지고 있다는 주장을 들고 나왔다. 스토아학파는 그 속성을 판타시아 카탈립티카(phantasia catalyptica)로 정의했고, 현대의 일부 독일 철학자들은 안바이젠하이트(Anweisenheit : 지향성)라 불렀고, 현상학자들은 의도성(intentionality)이라고 표현했다.

이 표현들은 모두 실재하는 것은 실재하지 않는 것보다 더 실재적인 것으로 느껴진다는 것을 의미한다. 이것은 만족스럽지 못한 두루뭉실한 기준으로 보일지 모르지만, 위대한 철학자들과 전문가들이 만들어낸 최선의 지침이다.[4] 대부분의 경우, 이 기준은 아주 유효하게 적용되며, 이 문제에 접근한 다른 방법들도 결국에는 이 기준으로 환원하였다.

예를 들면, 꿈은 그것을 꾸고 있는 동안에는 현실인 것처럼 느껴지지만, 꿈에서 깨어나면 즉시 꿈의 비실재적 성질이 명백하게 드러난다. 우리는 깨어 있는 현실을 꿈의 현실보다 더 높은 단계의 실체로 간주한다. 명백히 더 실재적인 것으로 보이기 때문이다. 백일몽이나 여러 가지 환각 상태에 대해서도 똑같이 말할 수 있다. 이러한 현실들은 그것이 지속되는 동안에는 매우 실재적인 것으로 보이지만, 그것이 끝나고 나서 그것을 정상적인 '기준' 현실과 비교해보면서 우리는 그것을 덜 실재적인 것으로 무시해버린다.

따라서, 물질 세계의 실재성은 다른 상태들과 비교할 때 명백해진다. 대부분의 사람들은 우리의 마음이 매일 우리에게 비춰주는 것보다 더 실재적인 상태를 경험한 적이 없기 때문에, 우리가 주관적으로 인식하고 있는 물질 세계를 넘어서는 더 높은 실체가 존재한다고 의심할 이유가 없다. 더 중요하게는, 더 높은 실체의 존재가 가능한지조차 믿을 만한 어떤 실험적 근거도 없다.

그러나 신비적 일체라는 더 높은 상태를 경험한 사람들은 그러한 상태가 더 높은 실체처럼 느껴진다고 주장한다. 전 역사와 모든 신앙에 걸쳐 그들은 입을 모아 우리의 기준 현실 감각과 비교했을 때 절대적 일체 상태가 더 생생하고 확실한 실재 상태로 느껴진다고 열정적이고 일관성 있게 주장한다.

20세기의 가장 위대한 과학자들 중 일부도 신비주의자들의 주장에 동의한다. 그들은 다른 어떤 사람들보다도 우주와 마음의 작용을 가장 깊이 들여다본 합리적인 사색가들인데도 불구하고, 초월적인 영적 인식 상태에 대해 힌두교의 영적 지도자나 샤먼, 성인들이 한 말과 놀랍도록 똑같은 말을 되풀이했다.

로버트 오펜하이머(Robert Oppenheimer), 닐스 보어(Niels Bohr), 카를 융(Carl Jung), 존 릴리(John Lilly)도 그러한 유명한 과학자들에 속한다. 그들은 자신들이 행한 연구에서 물질 세계를 초월한 우주의 작용에 존재하는 일체와 목적을 보았다.

아마도 가장 인상적인 것은 과학적 실체를 누구보다도 가장 분명하게 이해했을 20세기의 위대한 두 물리학자인 알베르트 아인슈타인(Albert Einstein)과 에르빈 슈뢰딩거(Erwin Schrödinger)가 한 말일 것이다. 두 사람이 발견한 이론들 - 아인슈타인의 상대성 이론과 슈뢰딩거의 양자역학 - 은 우주가 어떻게 작용하는지 설명할 수 있는 근본적인 기초를 제공해주었고, 물리적 실체에 대해 우리가 알고 있는 지식 중 많은 것은 이들의 이론에 바탕을 두고 있다. 과학적으로 아인슈타인과 슈뢰딩거는 존재의 근본적인 본질에 대해서는 의견이 일치하지 않았지만(아인슈타인은 양자론의 괴상한 논리를 결코 받아들이려 하지 않았다), 세계를 탄생시키고 유지시키는 구성 요소들과 힘들에 대해 평생 동안 열중하다가 사물의 본질에 관해 깊은 이해에 이르게 되었다. 그 심오한 차원에서는 두 사람은 합의에 이른 것처럼 보인다.

아인슈타인의 경우, 그러한 깨달음은 자신보다 더 큰 어떤 존재에 대한 갈망으로 표현되었는데, 그는 그 경험을 '우주적인 종교적 감정'이라고 불렀다.

그것을 전혀 경험하지 않은 사람에게 이 감정을 설명하기는 매우 어렵다. 더구나 그것에 해당하는 인격화된 신의 개념이 없기 때문에 더더욱 그렇다. 개인은 사람의 욕망과 목표의 허무함을 느끼고, 자연과 사고의 세계 모두에서 나타나는 숭고함과 놀라운 질서를 느낀다. 그는 개인의 존재를 일종의 감옥으로 바라보며, 우주를 하나의 전체로 경험하고자 한다.[5]

슈뢰딩거의 경우, 아인슈타인이 소망한 전체성은 만물이 하나라는 깨달음에서 충족되었다.

보통의 이성을 가진 사람에게는 터무니없는 것으로 보일지 모르지만, 당신 - 그리고 의식을 가진 다른 모든 것 - 은 모든 것이다. 그래서 당신의 이 삶은 단지 전체 존재의 일부에 불과한 것이 아니라, 어떤 의미에서는 전체이다……. 따라서, 당신은 당신이 어머니 지구와 하나이며, 어머니 지구는 당신과 함께 있다는 확신을 가지고 바닥에 드러누워 어머니 지구 위에 몸을 쭉 펼 수 있다. 당신은 어머니 지구만큼이나 확고하게 자리잡고 있고 강하다. 진실로 천 배나 더 확고하고 강하다.[6]

생물학자 에드윈 차가프(Edwin Chargaff)의 견해에 따르면, 진정한 과학자는 모두 무한하고 알 수 없는 무엇이 물질 세계에 머물고 있다는 신비스러운 직관의 충동을 받는다고 한다.

"만약 [과학자가] 이 차가운 전율이 그의 등골을 스쳐 내려가고, 그 숨결이 그를 감동시켜 눈물을 흘리게 만드는, 보이지 않는 거대한 얼굴과 맞닥뜨리는 경험을 일생에 최소한 몇 차례 하지 않았다면, 그는 과학자가 아니다."[7]

스스로 불가지론자로 공언한 칼 세이건(Carl Sagan)조차 차가프가 말한 '신비스러운 직관'과 무관하지 않은 것으로 보인다. 자신의 소설 『접촉(Contact)』에서 주인공인 과학자 엘리 애로웨이는 옛날의 신비주의자들이 이해할 수 있는 용어를 사용해 자신이 겪은 심오한 개인적 경험에 대해 묘사한다.

나는 증명할 수 없는 어떤 것을 경험했다. 나는 그것을 설명할 수조차 없지만, 내가 인간으로서 알고 있는 모든 것과 나를 이루고 있는 모든 것은 그것이 현실이었다고 말해준다. 나는 어떤 놀라운 것의 일부였는데, 그것은 나를 영원히 변화시켰다. 우리 모두가 얼마나 작고 하찮으면서도 얼마나 귀하고 소중한지 말해주는 우주의 환상을 보았다. 우리는 자신보다 더 큰 어떤 것에 속해 있다고 말해주는 환상, 우리는 혼자가 아니고, 우리 중 어느 누구도 혼자가 아니라고 말해주는 환상을.[8]

논리적으로 생각한다면, 꿈이 꿈꾸는 사람의 마음에 포함되어 있듯이, 덜 실재적인 것은 더 실재적인 것에 포함되어야 한다. 따라서, 만약 절대적 일체 상태가 정말로 주관적 현실이나 객관적 현실보다 더 실재적이라면(즉, 외부 세계와 자아의 주관적 인식보다 더 실재적이라면), 자아와 세계는 절대적 일체 상태의 현실 속에 포함되어 있어야 하고, 어쩌면 그것에 의해 생겨난 것인지도 모른다.

물론 우리는 절대적 일체 상태가 실제로 존재한다는 것을 객관적으로 증명할 수는 없지만, 뇌에 대해 우리가 알고 있는 지식과, 실재하는 것이 어떤 것인지 뇌가 우리를 위해 판단해주는 방식에 비춰볼 때, 더 높은 절대적인 실체 또는 힘의 존재는 최소한 순수한 물질 세계의 존재만큼 합리적으로 가능하다는 주장은 상당히 설득력이 있다.[9]

우리가 살고 있는 현실보다 더 실재적인 실체가 존재한다는 개념은 개인적으로 체험해보지 않은 사람으로서는 받아들이기 힘들지만, 마음이 자아의 요구와 세계의 물질적 현혹에 빠져 있는 주관적 편견을 버린다면 더 큰 실체를 지각할 수 있다. 신비주의자들의 실체는 마음의 생각과 기억, 감정과 사물들보다 더 깊은 곳에, 자아로 생각하는 주관적인 인식보다 더 깊은 곳에, 주체와 객체의 한계를 뛰어넘어 볼 수 있고, 모든 것이 하나가 된 우주에 머물고 있는 순수한 인식의 상태, 곧 더 깊은 자아가 있다고 주장하며, 신경학은 이를 부정하지 않는다.

싯다르타는 귀를 기울였다. 이제 그는 모든 것에 흡수된 채 주의를 기울이고 완전히 몰두하여 텅 빈 마음으로 듣고 있었다. 그는 이제 듣는 기술을 완전히 체득했다고 느꼈다. 그는 이 모든 것을, 강물에서 나는 이 모든 수많은 목소리들을 전에도 종종 들은 적이 있었지만, 오늘은 다르게 들렸다. 그는 이제 더 이상 서로 다른 목소리들 – 즐거운 목소리와 흐느끼는 목소리, 어린아이의 목소리와 어른의 목소리 등 – 을 구별할 수 없었다. 그리워하는 자의 한탄과 현자의 웃음, 분노의 고함과 죽어가는 자의 신음 등 그 모든 것들이 서로에게 섞여들었다. 그것들은 모두 천 가지 방식으로 서로 얽히고 설켰다. 그리고 그 모든 목소리와 모든 목표와 모든 즐거움과 모든 선과 악, 그 모든 것이 함께 세계를 이루었다. 그 모든 것이 함께 사건들의 흐름이 되고, 생명의 음악이 되었다. 싯다르타가 이 강물에, 천 가지 목소리에 주의를 집중해 들을 때, 비탄과 웃음에 귀를 기울이지 않을 때, 자신의 영혼을 어떤 특별한 목소리에 묶어 그것을 자신의 자아 속으로 빨아들이지 않고, 그 모든 것을 들을 때, 전체와 일체 그리고 천 가지 목소리의 위대한 노래는 하나의 단어로만 이루어져 있었다.[10]

신비주의자의 지혜는 오늘날 신경학이 밝혀내고 있는 진실을 이미 수천 년 전부터 예언해온 것처럼 보인다. 즉, 절대적 일체 상태에서는 자아가 타자와 혼합되고, 마음과 물질은 하나이자 똑같은 것이 된다는 사실을.

9
신은 왜 우리 곁을 떠나지 않는가

신의 은유와 과학의 신화

당신을 읊고, 파에디아의 환상을 꿈꾸고,
(내가 알기로는) 당신의 속성이 아닌 상징들을 마음속에 품으면서.
말로 표현할 수 없는 이름을 알려고 시도할 때,
내가 절을 하는 그 사람만이 내가 누구에게 절을 하는지 압니다.
따라서, 민간에 떠도는 꿈의 덧없는 이미지로 경배하고,
드리는 모든 기도에서 자기 기만에 빠져
그들 자신의 조용하지 못한 생각이 만들어낸 말을 지껄이는
모든 기도는 말 그대로 받아들이면 언제나 불경스러운 것입니다.
서툰 재주로 엉뚱한 곳을 겨냥한 우리의 화살을
당신께서 자석과 같은 자비로써 비켜가게 하시지 않는다면.
그리고 만약 당신이 그들의 말을 당신의 말로 받아들이신다면,
모든 사람들은 귀먹은 우상에게 들리지 않게
소리치는 우상 숭배자들입니다.
오, 주여, 우리의 말을 말 그대로 받아들이지 마소서.
주여, 당신의 커다란 무언의 말로써
우리의 절름발이 은유를 해석하소서.

— 루이스(C. S. Lewis), 「모든 기도에 덧붙이는 각주」

기독교의 유명한 호교 교부 루이스는 자신의 신비적 감성 때문에 유명해진 적은 결코 없다. 그는 지성과 꼼꼼한 학식에 바탕을 두어 자신의 신앙을 변호한 옥스퍼드 대학의 학감(學監)이었으며, 전세계의 수백만 기독교도들이 그의 글을 읽었다. 그러나 위에 소개한 시에서 루이스는 정통파의 입장을 뛰어넘어 신비주의자들의 본질인 초월적 지혜를 그대로 말하고 있다. 즉, 신은 모든 이해와 묘사를 초월하며, 알 수 없는 그의 본성에 대한 모든 해석은 더 깊고 신비스러운 진리를 가리키는 상징 이상이 될 수 없다고 이야기한다.

신의 불가지성은 신비주의 경향을 지닌 동양의 종교들에서는 특징적인 원리로 자리잡고 있다. 예를 들어 불교와 도교에서는 인격화된 신의 존재가 들어설 자리가 없다. 인격화된 개개의 신들을 숭배하는 힌두교에서조차도 개개의 신들은 하나의 최고신인 브라만을 대표하는 것에 불과하며, 형태와 묘사를 초월한 존재인 브라만은 "모든 설명이 불완전하며, 진리는 말로 표현할 수 없다."[1]

알 수 없고 이해할 수 없는 신이라는 개념은 서양의 일신론적 종교들에서는 더욱 어려워진다. 유대교, 기독교, 이슬람교는 모두 유일한 절대자인 신의 계시에 기초를 두어 세워졌다. 그 신은 자연계와는 따로 떨어진 특별한 초자연적 실체로서 이름과 역사와 자기 백성을 위한 특별한 계획을 갖고 있다. 서양의 신은 성경이나 예언자를 통해 세상에 이야기하며, 기분과 감정을 갖고 있으며, 극적이고도 경험적으로 '실재'하는 것으로 믿어진다. 신이 지닌 그러한 강한 인격 때문에 초월적 해석을 하기는 쉽지 않으나, 서양의 3대 종교의 신비주의자들은 동양의 가르침과 같은 맥락에서, 신의 궁극적인 본질은 인간의 이해 범위를 넘어서는 것이라고 일관되고도 공통적으로 주장해왔다.

예를 들어 카발라 신비주의의 최고신은 힌두교의 브라만과 비슷한 존재로 보인다. 즉, 형태도 한계도 없고, 특별한 개인적 속성도 전혀 지니지 않은, 사람의 이해 범위를 넘어서는 신성한 개념이다. 카발라에서는 이 신을 아인소프(Ein-Sof)라 부르는데, 직역하면 '끝이 없는' 또는 '무한'이라는 뜻이다.

『카발라의 본질(The Essential Kabbalah)』에서 유대인 학자 다니엘 마트(Daniel Matt)는 아인소프로서의 신은 한계와 비교를 넘어선다고 설명한다. "볼 수 있고, 생각으로 파악할 수 있는 어떤 존재는 경계를 지닌다. 경계가 있는 것은 유한하다. 유한한 것은 차이가 없을 수가 없다. 반대로, 경계가 없는 것은 아인소프, 곧 무한이라고 부른다. 그것은 완벽하게 아무런 차이가 없는 상태이고, 변화가 없는 하나의 상태이다."라고 그는 말한다.

이슬람교 신비주의자들 역시 무한하고 말로 표현할 수 없는 신의 속성을 이해했고, 알 수 없는 그의 본성을 설명하려는 시도가 쓸데없는 짓이라고 표현하였다. 18세기의 이슬람교 성인인 라비아 알 아다위야(Rabi'a al-Adawiyya)는 이렇게 말했다.

설명하는 자는 거짓말을 하는 것이다.
그의 존재 속에서 네가 지워져버리고,
그리고 그의 존재 속에서 네가 여전히 존재하는,
어떤 것의 진정한 형태를 어떻게 묘사할 수 있겠는가?[2]

영적 체험을 경험한 기독교 신비주의자들도 하느님을 구체적인 어떤 존재로 이해하려는 충동은 단지 우리를 잘못된 길로 인도할 뿐이라고 결론내렸다. 카톨릭교의 신비주의자 마이스터 에크하르트는 이렇게 말했다.

"만약 당신이 완전해지고 죄를 범하고 싶지 않다면, 하느님에 대해 그 어떤 것도 이해하길 바라서는 안 된다. 하느님은 모든 이해를 뛰어넘는 존재이기 때문이다. 어떤 수도자는 '만약 내가 이해할 수 있는 하느님을 내가 믿는다면, 나는 그를 하느님으로 여기지 않을 것이다.'라고 말했다. 만약 당신이 하느님에 대해 어떤 것을 이해한다면, 하느님은 그 속에 있지 않다. 그리고 하느님에 대해 뭔가를 이해한다면, 당신은 무지에 빠지는 것이다."[3]

신비주의자들의 결론은 명백해 보인다. 신은 그 본질상 알 수 없는 존재이다. 신은 객관적인 사실도 실제적인 존재도 아니다. 신은 존재 그 자체이자 절대자이며, 모든 존재의 기반인 차이가 없는 하나이다. 우리가 이 진리를 이해할 때, 모든 종교는 우리를 더 깊은 신성한 이 힘에 연결시켜준다고 신비주의자들은 주장한다. 우리가 이것을 이해하지 못하고, 인격적이고 알 수 있는 신의 편안한 이미지 – 나머지 피조물과는 완전히 별개로 존재하는, 특별한 개인적인 존재로서의 신 –

에 집착한다면, 신의 궁극적인 실재성을 축소시키고, 그의 신성을, 루이스의 시가 날카롭게 꼬집은 것처럼, 조그마한 '귀먹은 우상'으로 떨어뜨리는 격이 될 것이다.

신비주의자들은 신의 진정한 본성은 직접적인 신비적 접촉을 통해서만 알 수 있다고 주장한다. 이블린 언더힐은 "순수한 형태의 신비주의는 궁극적인 원리들의 과학이며, 오로지 절대자하고만 일체를 이루는 과학이다."라고 말했다. 또, "신비주의자는 그러한 일체에 대해 이야기하는 사람이 아니라, 거기에 도달하는 사람이다. 일체에 대해 '아는' 것이 아니라, 그러한 상태가 '되는' 것이 바로 진정한 입문자의 표지이다."라고 말했다.[4]

그러나 이것은 나머지 사람들이 신비주의자들이 공유하고 있는 직관을 이해할 수 없다는 것을 의미하지는 않는다. 캐런 암스트롱은 "비록 우리는 신비주의자들이 도달한 높은 의식 단계에 이르지는 못할지라도, 예컨대 신이 단순한 의미로 존재하는 것이 아니며, '신'이라는 바로 그 단어는 표현 불가능하게 우리를 초월하는 실체를 나타내는 하나의 상징에 불과하다는 사실을 이해할 수는 있다."라고 말한다.

수천 년이 넘게 그러한 실체의 존재를 뒷받침해온 것은 오직 신비주의자들의 주장뿐이었다. 과학은 전통적으로 그들의 주장을 받아들이지 않았지만, 우리의 연구 결과는 신비주의자들이 절대적 일체 상태의 형태로 묘사하는 영적 통합은 최소한 다른 현실 경험과 마찬가지로 구체적이고 실재적으로 느껴질 수 있음을 시사한다. 이 신념과 신경학적으로 그리고 철학적으로 관계되는 주장들은 절대적 일체 상태는 궁극적인 통합의 상태이자 어떤 구별도 없는 하나의 상태임 분명히 밝히고 있다. 그것은 온갖 종류의 차이가 용해되고, 비교가 불가능해지는 존재의 차원이다. 절대적 일체 상태에서는 모든 것이 순수하고 완전하게 통합된 것 또는 무(無) 외에는 아무것도 경험할 수 없다. 전체로서의 하나는 다른 것과 별개로 존재하지 않기 때문에, 개인의 존재와 물체들의 존재는 지각할 수 없다. 이기적인 자아도 존재할 수 없는데, 그 자체를 정의하는 데 필요한 대응 개념인 '비자아'가 없기 때문이다. 마찬가지로, 신은 이 궁극적인 하나와는 별개로 확인 가능하고 인격을 가진 존재가 될 수 없다. 그렇게 된다면 신은 절대적인 실체보다 모자란 존재가 되기 때문이다.

따라서, 절대적 실체를 지각하기 위해서는 신을 알 수 있는 존재를 넘어서는 존재로 생각하는 것이 필요하며, 신을 인격화하려는 모든 시도는 이해할 수 없는 것을 이해하기 위한 상징적인 시도라는 것이 분명해진다. 그러나 인격화된 신의 개념이 아무 의미가 없거나 완전히 사실과 다르다는 것을 의미하는 것은 아니다. 그 대신에, 절대적 일체 상태는, 햇빛 한 줄기가 태양의 영광을 암시하는 것처럼, 그것을 경험하는 사람에게 우리가 알 수 있는 신은 더 높은 영적 실체의 단면에 불과하다는 사실을 깨닫게 해준다. 이러한 의미에서 인격화된 모든 화신은 마음이 경험할 수 있는 가장 깊고 숭고한 실재성의 감각인 더 큰 실체의 지각에 뿌리를 두고 있다. 물질적 존재와 주관적 경험을 넘어선 곳에 존재하는 이 궁극적인 실체 속에서 모든 갈등이 해결되고, 모든 종교의 기본적인 약속이 이루어진다. 즉, 고통은 끝나고, 일체와 지극한 행복이 영원히 계속된다.

『신비주의자의 마음』에서 웨인 티스데일은 인격화된 신에 대한 믿음과 비인격적인 높은 실체를 인정하는 것 사이에 존재하는, 도저히 화해할 수 없는 것처럼 보이는 갈등에 대해 이야기한다. '겉보기에 대립하는 이 견해들을 해결하기 위해서,' 그는 다음과 같이 말한다.

> 우리는 앞으로 신성에 대해 더 적절한 견해 – 신비 체험 속에서 증명될 수 있는 어떤 것 – 는 인격적인 실체와 초인격적인 실체를 모두 포함한다는 사실을 발견하게 될 것이라고 나는 생각한다. 신은 동정심이 있고 지혜롭고 친절하고 자비롭고 사랑을 베푸는 존재이자, 카르마(karma, 업)와 슈야타(shuyata, 공(空))와 니르바나(nirvana, 열반)의 기초를 이루는, 의식의 궁극적 조건인 비인격적 원리이기도 하다. 이것들은 똑같은 원천의 양면인 두 가지 기본적인 직관, 궁극적 신비가 두 가지 신비 현상으로 실현된 것을 나타낸다.[5]

다시 말해서, 신의 다양한 화신은 똑같은 영적 실체 – 절대적 일체 상태로 경험되는 실체 – 의 은유적 해석이다. 신에 대한 어떤 해석이 이 큰 퍼즐(근본적으로 실재하는 것의 신비적 이해에 바탕을 둔)의 한 조각이라는 사실을 우리가 깨달을 때, 모든 종교는 형제가 되고, 모든 믿음은 진실된 것이 되고, 신의 모든 화신은 실재하는 것으로 이해할 수 있다.

그러나 우리가 이 중요한 직관을 부정한다면, 알 수 있는 존재이자 나머지 현실과는 다른 특별한 존재로서의 신의 이미지에 집착한다면, 우리는 잘해야 루이스의 시에서 '절름발이 은유'라고 묘사한 신과 함께 남게 될 것이다. 최악의 경우에는 우리를 일체와 동정으로부터 멀리 떼어내 분열과 투쟁으로 인도하는 신을 만들어낼 것이다.

　인류의 역사에 끼친 영향에 비추어볼 때, 인격화된 신의 개념이 반드시 부정적인 것만은 아니다. 『신의 역사』에서 캐런 암스트롱은 실제로 바로 그러한 신의 존재가 서유럽 문화에 아주 긍정적인 기여를 했다고 지적했다.

　"인격화된 신은 일신론자들에게 신성하고 양도할 수 없는 개인의 권리를 소중히 여기게 하고, 개성에 대한 인식을 발달시키는 데 도움을 주었다. 따라서, 유대교와 기독교의 전통은 서유럽에서 그들이 그렇게 가치 있게 여기는 자유주의적 인본주의가 자리잡는 데 도움을 주었다."

　그러나 똑같이 인격화된 신이 중대한 오류를 낳을 수도 있다고 암스트롱은 경고한다. "[인격화된 신은] 우리의 모습으로 조각한 단순한 우상이 될 수도 있다."고 그녀는 지적하였다.

　우리의 유한한 필요와 두려움과 욕망을 투영한 것이 될 수 있다. 신도 우리가 사랑하는 것을 사랑하고, 우리가 미워하는 것을 미워한다고 가정할 수 있으며, 그렇게 함으로써 우리의 편견을 초월하는 것이 아니라, 그것을 합리화할 수 있다. 신이 재앙을 막지 못하거나 심지어는 비극을 원하는 것처럼 보인다면, 신은 냉혹하고 잔인하게 비칠 수 있다. 재앙은 신의 뜻이라는 편리한 믿음은 우리로 하여금 근본적으로 받아들일 수 없는 일들을 받아들이게 할 수 있다. 사람처럼 신도 성(性)을 갖고 있다는 사실 자체도 제한적이다. 이것은 인류 중 절반의 성은 여성의 희생 위에서 신성한 것으로 자리잡는다는 것을 의미하며, 사람들의 성 관습에 신경증적이고 부적절한 불균형을 가져올 수 있다. 따라서, 인격화된 신은 위험할 수 있다. 우리를 우리의 한계를 뛰어넘게 이끌어주는 대신에, '그'는 그 한계 속에서 편안하게 지내라고 조장할 수 있다. '그'는 우리를 '그'의 모습처럼 잔인하고 냉혹하고 독선적이고 편파적으로 만들 수 있다. 발달된 모든 종교의 특징인 동정심을 고취하는 대신에 '그'는 우리로 하여금 재판하고 비난하고 내팽개치도록 조장할 수 있다.[6]

암스트롱이 묘사한 신은 신이 허락했다는 확신을 가지고서 수행되는 마녀 사냥, 종교 재판, 성전(聖戰), 근본주의자들의 불관용, 수많은 형태의 종교적 박해를 조장하는 신이다. 그러한 잔학 행위를 저지르는 권위는 그들의 신만이 유일신이며, 그들의 종교만이 진리에 이르는 유일한 길이라는 가정에 뿌리를 두고 있다. 신에게 선택받은 민족으로서 그들은 '신의 적'에 반대할 권리, 심지어는 의무를 지니고 있으며, 그래서 자신들과 같은 신앙을 갖지 않은 사람들을 덜 신성하고 덜 인간적인 개인들로 묘사한다.

역사는 종교적 불관용이 주로 무지와 두려움, 외국인을 배척하는 편견, 인종 차별적인 국수주의에 바탕을 둔 문화 현상임을 암시한다. 그러나 우리는 불관용이 단순히 편협한 마음이 아니라 그보다 더 깊은 무엇에 뿌리를 두고 있다고 믿는다. 우리는 그것이 인격화된 파당적인 신의 절대적 우월성을 믿도록 조장하는 똑같은 초월적 체험에 기초를 두고 있다고 믿는다.

앞에서 살펴본 것처럼, 초월적 상태는 낮은 단계에서부터 궁극적으로 통합이 절대적으로 이루어지는 일체 상태에 이르기까지 폭넓게 존재한다. 절대적 일체 상태에서는 서로 경쟁하는 진리들이 없다. 오직 진리 그 자체만 존재하며, 서로 다투는 믿음들이나 그것으로 인한 어떤 종류의 갈등도 가능하지 않다.

그러나 신비주의자가 절대적 일체에 미치지 못한다면(신경학적 용어로, 정위영역의 수입로 차단이 완전하게 일어나지 않으면), 주관적 인식이 살아남게 되고, 신비주의자는 그 경험을 자아와 다른 신비적 타자가 표현할 수 없는 방식으로 통합된 것으로 해석할 것이다. 우리는 능동적 명상에 대해 논의할 때, 그러한 상태(우니오 미스티카)의 신경생물학을 살펴보았다.

모든 고차원의 일체 상태처럼 이 신비스러운 통합은 아주 깊은 실재감을 느끼게 한다. 신비주의자는 자신이 절대적인 실체 속에 서 있다는 사실을 본능적으로 직감할 수 있다. 기독교도는 이 진리를 예수라 부를 것이고, 이슬람교도는 알라라는 이름을 떠올릴 것이며, 원시 문화들에서는 어떤 강력한 자연의 정령으로 해석될 수도 있겠지만, 어떤 경우든 그것은 다른 모든 진리와는 구별되면서 그것들을 초월하는 영적 진리로 경험된다.

우리는 신비 체험을 통해 그러한 진리를 발견한 사람들은 다른 방법으로는 도저히 제어 불가능한 운명을 제어할 수 있다는 강한 느낌을 갖게 된다는 것을 보았다. 강력한 영적 원군의 존재는 신자들에게 그들의 삶이 이해할 수 있는 어떤 계획의 일부이며, 선이 세계를 지배하며, 죽음조차 궁극적으로는 정복할 수 있다는 신념을 준다.

그들이 이러한 믿음을 공허한 꿈 이상의 것으로 확신하는 것은, 직접적인 신비 체험을 통해 신이 절대적인 진리로 그들 뒤에 서 있다는 사실이 증명되었다고 믿기 때문이다. 따라서, 그러한 진리의 확실성에 대한 어떤 도전도 신의 개념에 대한 공격일 뿐만 아니라, 신을 실재하게 만드는 더 깊은 신경생물학적 보증에 대한 공격이기도 하다. 만약 신이 실재하지 않는다면, 우리의 희망과 구원의 가장 강력한 원천 역시 실재하지 않는다. 절대적인 진리는 오직 한 가지만 있을 수 있다. 그것은 존재론적 생존에 관한 문제이다. 나머지 모든 것들은 가장 기본적인 종류의 위협이며, 그것들은 사기꾼으로 간주해야 한다.

다시 말해서, 종교적 불관용의 토대가 되는 '배타적인' 진리라는 가정은 신경생물학적 초월이 불완전하게 이루어진 상태에서 생겨날 수 있다. 아이러니컬하게도, 초월 과정을 논리적, 신경생물학적 극단으로 치닫게 하면, 마음은 절대적이고 비타협적인 일체 상태에 직면하게 되는데, 거기서 모든 갈등과 모순과 서로 경쟁하는 다양한 진리의 변형들은 사라지고, 조화롭고 일신론적인 하나로 통합된다. 만약 우리의 생각이 옳다면, 만약 종교들과 종교들에서 정의하는 신들이 실제로 초월적 경험의 해석이라면, 신에 대한 모든 해석은 궁극적으로 초월적 일체라는 똑같은 경험에 뿌리를 두고 있다. 이것은 궁극적인 실체가 실제로 존재하든지, 또는 비정상적인 뇌의 상태에 의해 생겨난 신경학적 지각에 불과하든지 간에 상관 없이 성립한다. 따라서, 모든 종교는 서로 친척이다. 어떤 종교도 독점적으로 실재적인 실체를 소유할 수는 없지만, 모든 종교는 최상의 경우, 가슴과 마음을 올바른 방향으로 나아가게 할 수 있다.

인간의 역사를 돌아보면, 그렇게 모든 것을 포함하는 도량 큰 견해를 가지려고 한 종교는 거의 없었으며, 오히려 갈등이 일반적이었다는 사실을 알 수 있다. 그러나 고무적인 징후도 있다. 많은 중요한 종교 사상가들이 모든 종교가 공통의 영적 유대를 공유한다는 가능성, 심지어는 약속을 받아들이기 시작하고 있다.

"사람은 선천적으로 서로 다른 관심과 경향을 가진 존재이다."라고 달라이 라마는 말한다.

따라서, 다른 사고 방식과 행동 방식을 지닌 서로 다른 종교 전통들이 아주 많이 존재하는 것은 놀라운 일이 아니다. 그러나 이러한 다양성은 모두가 행복해지기 위한 하나의 방법이다. 만약 우리가 빵만 가지고 있다면, 밥을 먹는 사람들은 제외될 것이다. 다양한 음식이 있기 때문에 우리는 서로 다른 모든 사람의 요구와 기호를 충족시킬 수 있다. 그리고 사람들이 밥을 먹는 이유는 그들이 사는 곳에서 쌀이 가장 잘 자라기 때문이지, 밥이 빵보다 더 낫거나 못해서가 아니다.[7]

"세계의 모든 전통적인 종교들은 똑같은 본질적인 목적을 공유하고 있기 때문에, 우리는 모든 종교들 사이에서 존경과 조화를 유지해야 한다."[8] 자신의 저서 『신비주의자의 마음』에서 웨인 티스데일은 달라이 라마가 촉구한 것과 같은 종교 간 존경과 조화의 출발점으로 생각하는 것을 이렇게 묘사하고 있다. 티스데일은 세계 종교들 사이에 점증하는 대화와 화해의 분위기를 묘사하고, 모든 종교들이 공유하는 본질적인 영성에 주의를 촉구하기 위해 '영성제(靈性際, interspirituality)'라는 용어를 만들어냈다.

"영성제는 세계의 종교적 표현의 풍부한 다양성을 없애기 위한 것이 아니다. 영성제는 균일한 초영성을 위해 개개 종교 전통들의 개성을 거부하기 위한 것이 아니다. 그것은 새로운 형태의 영적 문화를 만들기 위한 시도가 아니다. 그보다는 영적 여행이 취하는 모든 형태를 모든 사람에게 이용하도록 하기 위한 시도이다."라고 티스데일은 말한다.

티스데일에게 그 여행은 종교가 존재하면서 그것을 정의하기 이전부터 사람들이 추구한 진리인, 더 크고 모든 것을 포함하는 진리와 신비적 일체를 추구하는 사람의 근원적인 충동에서 시작된다.

"세계 종교들이 사회적 기구로서 역사에 들어오기 전 수천 년 동안 신비주의적인 삶이 꽃을 피웠다."고 티스데일은 말한다. 신적 존재와 연결을 원하는 이 신비주의적인 갈망은 모든 진정한 신앙의 핵심을 이루며, 모든 종교의 본질이라고 티스데일은 믿는다.

"인류의 진정한 종교는 영성 그 자체라고 말할 수 있다. 왜냐하면, 신비적 영성은 세계의 모든 종교의 원천이기 때문이다."라고 티스데일은 주장한다.

티스데일의 믿음은 신앙과 신비주의자로서 겪은 개인적 경험에 기초를 두고 있지만, 그의 영적 접근 방법을 신경학도 지지해준다는 결론에 이르렀다. 즉, 모든 종교는 초월적 체험에서 비롯되고 그것에 의해 유지되며, 따라서 모든 종교는 서로 다른 경로를 따라 전체성과 일체라는 똑같은 목표를 향해 우리를 인도하고, 거기서 개개 신앙의 특별한 주장들은 절대적이고 차이가 없는 전체로 수렴한다.

영성제의 지지자들에게 이 근본적인 일체에 대한 인식은 깊은 영적인 의미를 지니지만, 그것은 심오한 실용적인 의미도 지니고 있다. 저술가이자 종교학자인 베아트리스 브루토(Beatrice Bruteau) 박사는 『신비주의자의 마음』에 쓴 서문에서, 신비주의는 수많은 세월 동안 고통과 투쟁을 낳았던 탐욕과 불신과 자기 보호적인 두려움을 극복하도록 함으로써 세계에 더 행복한 미래에 대한 마지막 최선의 희망을 제공할지도 모른다고 주장한다.

"지배와 탐욕, 잔혹성, 폭력, 그리고 그 밖의 모든 악들이 불충분하고 불안정한 존재라는 느낌에서 생겨난다는 사실을 생각해보라."라고 브루토는 말한다.

나는 더 많은 힘과 재산과 존경과 찬양을 요구한다. 그러나 그것은 결코 충분치 않고, 두려움은 항상 존재한다. 두려움은 사방에서 밀려온다. 다른 사람들로부터, 경제 상황으로부터, 사상과 관습과 신념 체계로부터, 자연 환경으로부터, 우리 자신의 육체와 마음으로부터. 이 모든 '다른 것'들은 우리를 협박하고 위협하고 불안하게 만든다. 우리는 그것들을 제어할 수 없다. 그것들은 정도의 차이는 있지만 우리에게 이질적인 것들이다. 우리는 내가 있는 곳은 '나'로, 그것들이 있는 곳은 '내가 아닌 것'으로 경험한다.

브루토에 따르면, 신비주의는 이러한 자기 중심적인 두려움을 초월하도록 해준다. 신비적 전체성의 인식은, 우리가 서로 그렇게 근본적으로 유리되어 있는 것이 아니며, 실제로 우리는 행복하기 위해 필요한 모든 본성을 다 가지고 있다는 것을 보여준다. 이 신비적 일체의 이해가 표면으로 나타날 때, "우리의 동기와 감정과 행동은 물러남, 의심, 거부, 적대감, 지배로부터 개방성, 신뢰, 포함, 배려, 교우로 변한다."고 브루토는 말한다.

"이러한 일체성 – 유리와 불안정으로부터의 자유 – 은 더 나은 세계를 위한 확실한 토대이다."라고 그녀는 말한다. 그것은 우리가 서로를 해치기보다는 서로 도우려고 노력해야 한다는 것을 의미한다.

신문을 보는 사람이라면 – 예컨대 르완다, 코소보, 카슈미르, 골란 고원에 관한 뉴스를 본 사람이라면 – 브루토의 낙관론이 지나치게 순진하다고 느낄지도 모른다. 우리는 본성적으로 생존을 경쟁과 정복의 문제로, 적자 생존의 문제로, 이전투구의 무자비한 게임으로 여기게끔 만들어져 있는 것처럼 보인다. 결국 사람의 뇌는 주로 우리를 잔인할 정도로 효율적인 경쟁자로 만들려는 목적으로 진화했다. 우리가 얼마나 그것들을 좁고 이기적으로 정의하든지 간에, 우리는 위협을 규정하고, 적에게 이름을 붙이고, 자신의 최대 이익을 격렬하게 보호하는 데에는 선천적인 천재성을 타고났다.

그러나 이것은 우리가 천성적으로 불화와 부조화의 세계에 살도록 운명지어져 있다는 뜻은 아니다. 우리로 하여금 과도하게 이기적인 행동을 취하도록 하는 바로 그 뇌가 자아를 초월할 수 있는 기구도 제공해주기 때문이다. 그 궁극적인 영적 성격이 무엇이든 간에, 이러한 초월 상태에서는 의심과 불화는 표현할 수 없는 일체의 평화와 사랑 속에서 사라진다. 베아트리스 브루토는 이러한 일체 상태가 지닌 변화의 힘이야말로 신비주의가 인간의 행동을 개선시킬 수 있는 가장 실용적이고 효과적인 희망으로 떠오르는 이유라고 믿는다. "만약 우리가 내면으로부터 에너지를 조정할 수 있다면, 만약 우리가 더 자주 우리의 친구들을 돌보고 그들의 복지를 위한다면, 우리의 고통은 훨씬 적어질 것이다. 신비주의가 하는 일은 바로 내면으로부터 에너지를 재배치하는 것이다."라고 그녀는 말한다.

인간 사회가 이러한 혁신적인 생각을 받아들일 준비를 갖추려면 몇 세대가 더 지나야 할지도 모른다. 그러나 만약 그러한 때가 온다면, 과연 뇌가 그러한 이상을 현실로 만드는 데 필요한 기구를 갖추고 준비가 되어 있을 것인지 알아보는 것은 흥미롭다.

초월의 신경학은 최소한 그 안에서 모든 종교들이 화해할 수 있는 생물학적 틀을 제공할 수 있다. 그러나 만약 뇌가 가능하게 해주는 일체 상태가 더 높은 실체를 얼핏 엿본 것이라면, 종교들은 단순히 신경학적 통합을 반영한 것일 뿐만 아니라, 더 깊은 절대적 실체를 반영한 것이기도 하다.

같은 맥락에서 신경학은 과학과 종교가 각자 똑같이 궁극적 실체에 이르는 강력하지만 불완전한 길이라는 사실을 보여줌으로써 양자 사이의 틈을 메울 수 있다. 과학과 신앙 사이의 갈등은 과학 시대의 위대한 발견들로 인해 가열되었는데, 흔히 갈릴레이가 코페르니쿠스의 태양 중심설을 뒷받침하는 주장을 펼치면서 시작되었다고 본다. 우리를 맹목적으로 사랑하는 창조자가 지구를 우주의 중심에 놓아둔 것이 아니라는 충격적인 주장은 그 당시의 정통 기독교 교리에 결정적인 타격을 가했다. 교회측이 갈릴레이를 이단자로 선언함으로써 그의 입을 다물게 하려고 했을 때, 많은 이성적인 사람들의 눈에 교회 측이 진리보다는 도그마에 더 매달리는 것으로 보인 것은 상황을 더욱 악화시켰다.

시간이 지나면서 이전에는 신의 섭리로만 설명되던 수수께끼들에 대해 과학과 철학이 점점 더 합리적인 설명을 제시하게 되자, 이성적인 사람들은 점점 신에 대한 믿음을 유지하기가 힘들어졌다. 그리고 19세기 중반에 이르러 과학은 과학 시대에 신의 존재를 부적절해 보이게 만든 두 가지 혁명적 이론을 내놓았다.

첫 번째 이론은 1830년에 출판된 찰스 라이엘(Charles Lyell)의 『지질학 원리(Principles of Geology)』에서 나타났다. 라이엘의 연구는 자연 지형은 신의 손이 아니라, 지질학적 힘들에 의해 만들어졌으며, 지구의 나이는 성경에서 이야기하는 것보다 훨씬 오래 되었다는 것을 보여주었다. 그로부터 29년 뒤에 『종의 기원』이 출판되었는데, 생명체가 신의 창조적 에너지에 의해 순식간에 만들어진 것이 아니라, 수백만 년에 걸친 생물학적 적응을 통해 진화했다는 다윈의 혁명적인 이론은 세상을 발칵 뒤집어놓았다.

이러한 과학적 발견이 이루어지는 와중에 니체는 신은 죽었다고 선언했다. 그렇지만 과학이 죽였다고 그가 생각한 신, 더 이상 합리적 사고와 양립할 수 없게 된 신은 성경에 나오는 인격화된 창조주 하느님이라는 사실을 인식하는 게 중요하다. 과학이나 이성도 더 높은 신비적 실체의 개념을 부정할 수 있는 것은 아무것도 발견하지 못했다.

그렇다고 해서 신비적으로 발견된 실체의 가능성에 주류 과학이 두 팔을 벌리고 환영했다는 뜻은 아니다. 결국 과학의 권위는 물질적 현실이 가장 높은 형태의 실체이며, 우주를 이루고 있는 물리적, 물질적 재료보다 더 실재적인 것은 없다는 가정에 뿌리를 두고 있다. 그러나 과학적 견지에서 보더라도, 물질적 현실의 본질은 상식으로 생각하는 것보다 훨씬 애매하다. 아인슈타인은 분명히 그렇게 생각했다. 1938년, 그는 물리적 세계를 과학적으로 해석하는 것은 합리적 물질주의자들이 믿고 싶어하는 것만큼 확고한 것이 아닐지도 모른다는 자신의 믿음을 피력했다.

물리적 개념은 사람의 마음이 자유롭게 만들어낸 것이며, 설사 그렇게 보인다 하더라도 외부 세계에 의해 유일하게 결정되지 않는다. 실체를 이해하려고 노력하는 우리는 닫힌 뚜껑 속에 들어 있는 시계의 메커니즘을 이해하려고 하는 사람과 비슷하다. 그는 시계의 문자판과 움직이는 바늘들을 볼 수는 있지만, 뚜껑을 열어볼 수는 없다. 만약 그가 뛰어난 천재성을 지녔다면, 자신이 관찰하는 모든 것을 설명할 수 있는 어떤 메커니즘을 떠올릴 수 있겠지만, 자신이 생각한 것이 관찰 사실을 설명할 수 있는 유일한 것인지는 결코 확신할 수 없다. 그는 자신이 생각한 것을 실제 메커니즘과 비교해볼 수 있는 기회가 결코 없을 것이며, 그러한 비교가 어떤 의미를 지닐지 그 가능성조차 상상할 수 없다.[9]

과학이 우리에게 줄 수 있는 최선의 것은 실재 세계에 대한 은유적인 그림이며, 비록 그 그림은 그럴듯해 보이긴 해도 반드시 옳은 것은 아니다. 이 경우에 과학은 존재의 수수께끼들을 해결하고 삶의 도

전들에 대처하도록 도와주는, 설명적인 이야기들을 모아놓은 일종의 신화이다. 이것은 설사 물질적 현실이 실제로 가장 높은 단계의 실체라고 하더라도 마찬가지이다. 왜냐하면, 비록 과학이 객관적으로 검증된 진리에 집착한다 하더라도, 사람의 마음은 순수하게 객관적인 관찰을 할 수 없기 때문이다. 우리의 모든 지각은 본질상 주관적이고, 아인슈타인의 시계 속을 들여다볼 수 있는 방법이 없는 것과 마찬가지로, 우리가 뇌의 주관성에서 자유롭게 벗어나 외부에 실제로 있는 것을 바라볼 수 있는 방법은 없다. 따라서, 모든 지식은 은유적이다. 주위의 세계에 대한 우리의 가장 기본적인 감각 지각조차도 뇌가 만들어낸 설명적 이야기로 생각할 수 있다.

따라서, 과학은 신화적 성격을 띠고 있고, 모든 신화의 신념 체계와 마찬가지로 다음의 기본 가정을 바탕으로 하고 있다. 실재하는 모든 것은 과학 측정을 통해 검증할 수 있으며, 따라서 과학으로 검증할 수 없는 것은 실제로 실재하는 것이 아니다.

하나의 체계가 무엇이 진실인지를 가려내는 유일한 조정자라고 보는 이러한 종류의 가정은 과학과 종교를 양립할 수 없게 만든다. 만약 절대적 일체 상태가 실제로 존재한다면, 과학과 종교는 역설적인 상황에 처하게 될 것이다. 각자의 기본 가정을 문자 그대로 받아들일수록 양자는 서로 더욱 깊이 충돌하게 되고, 궁극적인 실체로부터 더 멀리 떨어질 것이다. 그러나 우리가 각자의 직관이 지닌 은유적인 성격을 이해한다면, 양자의 불일치를 화해시킬 수 있고, 각자 더욱 강력하고 초월적인 실재가 될 수 있다.

만약 절대적 일체 상태가 실재한다면, 사람들이 알고 있는 온갖 인격화된 형태의 신은 단지 은유에 불과하게 될 것이다. 그러나 루이스의 시에서 말한 것처럼, 은유는 무의미한 것이 아니며, 아무것도 아닌 것을 가리키는 것이 아니다. 신의 은유가 영속적인 의미를 지닐 수 있는 것은 그것이 무조건적으로 실재하는 것으로 경험되는 무엇에 뿌리를 두고 있기 때문이다.

영적 초월의 신경생물학적 뿌리는 절대적 일체 상태가 아주 그럴듯한, 심지어는 매우 유력한 가능성이라는 것을 보여준다. 우리의 이론이 제시하는 모든 놀라운 사실(신화는 생물학적 충동에 의해 만들어지며, 의식(儀式)은 직관적으로 일체 상태를 촉발시키도록 되어 있으며, 결국 신비주의자들은 반드시 미친 것이 아니며, 모든 종교는 똑같은 영적 나무의 다른 가지들이라는 것 등) 중에서도 궁극적인 일체 상태를 합리적으로 입증할 수 있다는 사실이 가장 큰 흥미를 끈다. 절대적 일체 상태의 실재성은 더 높은 차원의 신이 존재한다는 것을 결정적으로 증명해주는 것은 아니지만, 사람의 존재에는 단순히 물질적인 존재를 넘어서는 무엇이 있다는 것을 강하게 뒷받침해준다. 우리의 마음은, 고통이 사라지고 모든 욕망이 잠잠해지는, 이 깊은 실체의 직관, 일체라는 이 완전한 느낌에 끌린다. 우리의 뇌가 지금처럼 만들어져 있다면, 우리의 마음이 더 깊은 실체를 느낄 수 있는 한, 영성은 계속 사람의 경험에 영향을 미칠 것이며, 그리고 신은, 우리가 그 웅장하고 신비스러운 개념을 어떻게 정의하든지 간에, 결코 사라지지 않을 것이다.

■ 노트

제1장 신의 사진?

1. 명상에서 '절정'에 이르는 순간은 주관적이기 때문에 그것을 확인한다는 것은 매우 어려우며, 그것을 측정한다는 것은 더더욱 어렵다. 그렇지만 절정에 이른 순간은 가장 큰 영적 의미를 지니며, 개인에게 가장 큰 영향을 미치는 상태이기 때문에 가장 흥미로운 순간이다. 절정에 이른 경험은 여러 측정치를 동시에 기록하는 열 가지 기구를 사용함으로써 가장 잘 포착할 수 있다. 뇌혈류량이나 뇌의 전기 활동, 혈압이나 심박동 같은 신체 반응에서 특이한 변화를 포착하는 것이 그러한 상태를 확인하는 최선의 방법일지 모른다. 우리는 초기 연구에서 그것을 경험하는 개인의 주관적인 느낌도 알아내려고 했다. 그래서 우리는 명상에 들어가는 사람들에게 실을 감아 그들이 가장 깊은 명상 단계에 이르렀을 때 그들의 명상을 방해하지 않으면서도 어떤 신호를 보낼 수 있도록 했다. 우리가 실험 대상으로 삼은 명상가들은 고도의 수행을 닦은 사람들이어서 몸에 실을 감아도 명상에 몰입하는 데 별로 지장을 느끼지는 않았다. 명상에 몰입한 상태들을 탐구하기 위해서는 더 많은 연구가 필요할 것이다. 절정의 상태가 언제 어떻게 도달하는지 정확하게 결정하는 것은 어렵지만, 그러한 상태를 연구하거나 최소한 그보다 약간 낮은 '다른' 상태들로부터 추론하는 것은 가능하다고 말할 수 있다. 우리말고도 이 연구에 중요

한 역할을 한 사람이 두 사람 있는데, 나의 다소 유별난 모든 연구 활동을 적극 지원해준 펜실베이니아 대학병원의 핵의학과 과장인 어베이스 알라비(Abass Alavi) 박사와 펜실베이니아 대학 소속의 내과 전문 의사이자 티베트 불교 신자인 마이클 베임(Michael Baime)이다.
2. 여기서 사용된 '영혼(soul)'이라는 단어는 넓은 뜻으로 사용된 것이며, 종교와 영성(靈性, spirituality)에 관한 동서양의 개념과 혼동해서는 안 된다. 서양 기독교의 틀 안에서 불교를 이해하기는 매우 어렵고 복잡하다. 그러나 우리는 이 책에서 이 개념들을 단순화하려고 노력했다.
3. 우리의 피실험자들이 가장 많이 보고한 체험의 특징은 세계와의 일체감, 자아의 해체, 대개 지극히 평온한 상태와 관련이 있는 강한 감정적 반응 등이 있다.
4. 일반적으로, 과학에서는 어떤 것이 '실재'적인 것이 되기 위해서는 측정 가능해야 한다.
5. 여기서 사용한 '실재적'이란 단어는 반드시 체험과 관련된 외부적인 실체가 존재해야 한다는 것을 의미하지는 않는다. 여기서는 다만, 체험은 최소한 내면적으로는 실재적이라는 것을 의미한다.
6. 그것은 단순히 '사진을 찍는 것'보다 훨씬 복잡하다는 사실을 우리도 알고 있지만, 이것이 실제로 일어나는 일의 요점이다. 강렬한 신비적 체험의 순간을 포착하는 것은 쉽지 않다. 우리의 피실험자가 수행하는 명상이 사전에 계획된 것임에도 불구하고, 어떤 상태가 얼마나 오래 지속될지 또는 얼마나 강할지 정확하게 알거나 예측하는 것은 매우 어렵기 때문이다. 그럼에도 불구하고, 명상 과정에 관계하는

뇌의 메커니즘을 밝혀내고, 명상 동안 뇌의 환상적인 작용에 대한 명확한 그림을 얻는 게 가능한 것으로 보인다.

7. SPECT 영상 외에도 뇌의 기능을 측정하는 데 사용할 수 있는 것과 비슷한 기술이 여러 가지 있다. 예를 들면, 양전자방출단층촬영(PET: positron emission tomography), 기능적 자기공명영상(fMRI : functional magnetic resonance imaging)이 있다. 이 방법들은 다른 방법들에 비해 각각 장단점이 있다. 우리의 연구에서는 SPECT 영상이 명상을 수행하는 피실험자의 영상을 찍는 데 가장 현실적인 환경을 제공해주었다. 왜냐하면, 이 방법으로는 피실험자가 촬영 장치 밖에서 명상을 수행할 수 있기 때문이다. PET나 fMRI의 경우에는 이것이 불가능하다.

8. 일반적으로, 혈류는 활동의 증가와 관련이 있다. 왜냐하면, 뇌는 추가적인 에너지 요구를 수용하기 위해 혈류를 자동적으로 조절하기 때문이다. 그러나 항상 그런 것은 아니다. 뇌졸중이나 머리의 외상은 혈류와 활동 사이의 밀접한 관계를 분리시킬 수 있다. 또, 일부 신경 세포들은 뇌의 어느 부분에 흥분을 야기하는 반면, 다른 신경 세포들은 억제하는 역할을 한다. 따라서, 혈류의 증가는 전반적인 기능 감소를 가져오는 억제의 증가를 의미할 수도 있다.

9. 이 책에서 사용되는 용어들 중 많은 것은 엄밀한 과학 용어라기보다는 뇌의 복잡한 작용을 이해하기 쉽도록 선택한 것이라는 점을 밝혀 두고자 한다. 그렇지만 관심을 가진 사람들을 위해 정확한 과학 용어를 참고로 밝히고자 노력했다.

10. 이 책 전체를 통해 우리는 뇌의 다른 부분들이 담당하는 여러 가지 기능들에 대해서도 언급할 것이다. 어떤 기능을 담당하는 뇌의 각 부

분의 위치를 어느 정도까지 알아내는 것이 가능하기는 하지만, 뇌의 각 부분이 정상적으로 작용하기 위해서는 다른 부분들을 필요로 하며, 뇌는 하나의 전체적인 단위로서 작용한다는 사실을 명심하는 것이 중요하다.

11. 이러한 종류의 입력 정보 차단은 정상적인 상태와 병리학적 상태 모두에서 일어나는 것으로 밝혀졌다. 또, 입력 정보의 차단은 뇌 전체에서 일어나는 다양한 억제적 영향을 통해 다양한 뇌 구조에서 일어날 수 있다. 이 점에 관해서는 뒤에서 더 자세히 살펴볼 것이다.

12. Easwaran 1987에서 인용.

13. 비록 모든 피실험자가 정위영역에서의 특별한 활동 감소를 보인 것은 아니지만, 전두엽(주의를 집중시키는 일에 관여하는 부분)과 정위영역의 활동 증가 사이에는 강한 반비례 관계가 성립했다. 이것은 피실험자가 명상 도중에 집중을 잘 할수록 정위영역에 들어오는 정보를 잘 차단할 수 있음을 시사한다. 정위영역의 특별한 활동 감소가 모든 피실험자에서 나타나지 않은 이유에 대해서는 두 가지 설명이 가능하다. 첫째, 감소를 보이지 않은 피실험자는 다른 사람들처럼 성공적으로 명상에 몰입하지 못했을 수 있다. 우리는 피실험자가 명상에 얼마나 깊이 몰입했는지 측정하려고 노력했지만, 그것은 너무나도 주관적인 경지여서 측정하기가 매우 어려웠다. 둘째, 우리는 이 연구에서 명상의 한 시점만을 살펴보아야 하는 제약을 받았다. 명상의 초기 단계에서 피실험자가 시각적인 물체에 주의를 집중하는 동안 정위영역에서 실제로 활동 증가가 일어났을 가능성이 있다. 따라서, 우리는 피실험자가 몰입한 명상 단계에 따라 단순히 증가하거나

변화가 없거나 또는 감소한 정위영역을 포착했을 수도 있다(비록 피실험자 자신은 스스로 깊은 단계에 몰입했다고 묘사하더라도). 이 사실이 지닌 의미에 대해서는 신비적 체험을 다루는 장에서 좀더 자세히 살펴볼 것이다.

14. 이 실험들에 대해 더 자세한 것은 다음을 참고하라. Newberg et al. 1997, 2000.
15. 하느님은 남성이나 여성을 초월한 것으로 생각되지만, 전통적인 방식에 따라 남성으로 표기하기로 한다.
16. 이 연구들은 영적 체험의 신경생물학을 실험적으로 탐구한 초기의 연구에 불과하다. 그러나 우리가 얻은 결과는 다른 연구자들이 얻은 결과들(Herzog et al. 1990-1991, Lou et al. 1999 참고)과 함께 우리 가설에서 일부 중요한 요점들을 지지해주었다.

제2장 뇌의 기구

1. 물론 전능한 신이 놀랍도록 복잡한 뇌의 구조를 만들었을 가능성도 있다. 어느 쪽이든 간에, 유기적 뇌는 외부 세계에서 들어온 감각 정보를 처리하여 유동적인 현실을 만들어내는 데 훨씬 뛰어나다. 그렇지만 이 책에서는 진화를 통해 발달해왔다는 과학적 해석을 사용할 것이다.
2. 신경 세포의 기능은 종에 따라 차이가 있다. 그러나 기본적인 전기화학적 과정은 놀라울 정도로 비슷하다. 사실, 우리가 현재 신경 세

포의 생물학에 대해 알고 있는 많은 지식은 다른 동물들을 연구한 데서 얻은 것이다. 사람의 뇌에는 신경 세포가 수십억 개 이상 있는 반면, 지렁이나 연체동물과 같은 간단한 동물들에게는 겨우 수천 개밖에 없기 때문에 연구하기가 쉽다. 신경 세포들은 뇌 속에서 서로 다르게 분화하여 각자 다른 역할을 하고, 서로 다른 화학 물질을 신경 전달 물질(신경 세포 간의 연락 방법)로 이용하게 되었다. 예를 들면, 일부 신경 세포는 도파민(dopamine)이라는 물질을 이용하고, 어떤 세포들은 아세틸콜린(acetylcholine)이라는 물질을 이용하지만, 이 세포들은 모두 들어오는 자극에 반응해 어떤 형태의 출력 신호를 만들어 낸다. 이러한 활동 중 많은 것은 세포 표면에서 이동하는 나트륨이나 칼슘 같은 여러 이온들의 움직임에 의해 조절된다. 마지막으로, 뇌에는 다른 종류의 세포들이 있는데, 특히 미엘린(myelin : 신경 세포의 축색을 둘러싸는 지방성 물질) 세포는 신경 세포 사이의 신호 전달에 중요한 역할을 한다. 다발성 경화증 같은 장애는 미엘린 세포들이 파괴된 결과로 발생하는데, 미엘린 세포가 파괴되면 신경 세포들이 서로 연락을 취하지 못해 인지나 운동에 관련된 다양한 신경 장애를 초래하게 된다.

3. 플라나리아류는 중추 신경계가 발달한 최초의 종으로 생각된다(Colbert 1980 ; Jarvic 1980). 이들의 중추 신경계는 수억 년 전에 처음으로 발달한 것으로 추정된다(Joseph 1993).

4. 다만, 복잡성의 증대로 나아가는 길은 반드시 직선적인 것은 아니다. 다시 말해서, 그 다음에 진화한 동물이 반드시 더 크고 복잡한 뇌를 가지는 것은 아니다. 그러나 전체적인 추세는 진화가 진행될수록 뇌

의 크기(몸의 크기에 대해 상대적으로)와 복잡성이 점진적으로 증가하며, 그것은 늘 변화하는 환경에서 더 유연한 적응을 가능하게 해준다. 뇌의 진화에 관해 더 완전한 설명을 원하면 Joseph 1996을 참고하라.

5. 영적 체험과 관련이 있는 것으로 밝혀질 가능성이 있는 구조들은 그 밖에도 시상(視床), 망상 활성화계, 중격(中隔) 핵, 소뇌 등이 있다. 영적 체험과의 연관성에 대해서는 광범위한 연구가 이루어지지 않았지만, 뇌의 전반적인 기능에서 이 구조들이 중요한 역할을 하기 때문에 향후의 연구에서 이 구조들이 영적 체험에서도 중요한 역할을 하는 것으로 밝혀질지도 모른다. 그래서 우리는 최소한 이 구조들이 어떤 일을 하는지에 대해서는 간략하게 소개할 필요가 있다고 생각한다. 시상은 서로 다른 뇌 구조들 사이에서 중계 역할을 한다. 시상은 전두엽을 변연계에 연결시켜주고, 신피질의 많은 부분을 피질하 구조들 및 신체의 나머지 부분들과 연결시켜준다. 이러한 중요한 연결 때문에 시상은 복잡한 뇌 기능 중 중요한 역할을 담당한다. 망상 활성화계(RAS : reticular activating system)는 척수 꼭대기에 신경 세포들이 머리카락 숱처럼 모여 있는 집단이다. RAS는 각성 반응(감각 자극에 반응하는 상태)의 조절을 돕는다. 비정상적인 각성 과민 상태에 RAS가 관계하고 있을 가능성이 높다. 중격 핵은 시상하부와 해마회(海馬回)라는 구조와 함께 작용하여 각성과 변연계의 기능을 억제하는 영향을 미친다. 이것은 중격 핵이 선택적인 주의와 기억 형성도 돕는다는 것을 의미한다. 뇌 아랫부분에서 뒤쪽에 있는 소뇌는 오랫동안 주로 운동계와 관계 있는 것으로 믿어져왔다. 그렇지만 최근에

뇌의 영상을 연구한 결과에 따르면, 소뇌는 많은 기능에 관여하고 있으며, 특히 그 중에서도 주의, 학습, 체내 시간 조절에 중요한 역할을 한다는 것을 시사한다. 그러나 현 시점에서는 고차원적인 뇌의 기능과 특히 종교적 체험에서 소뇌가 담당하는 역할은 명확하게 밝혀지지 않았다.

6. 두 반구가 담당하는 기능들의 차이점에 대해 더 자세한 내용을 알고 싶으면 Kandel, Schwartz, and Jessell 2000이나 Joseph 1996을 참고.

7. 뇌가 문제를 해결하는 능력은 실제로는 훨씬 더 복잡하다. 그러나 이 예는 정상적으로 연결되었을 때조차 두 반구가 매우 구체적인 정보를 공유하지 않고, 좀더 모호한 방식으로 커뮤니케이션한다는 사실을 보여준다.

8. 이 연결 구조들이 정보를 전달하는 실제 능력은 아주 복잡하다. 예를 들면, 두 반구를 연결하는 주요 구조인 뇌량(腦粱)은 정보의 전달을 가능하게 하는 반면, 정보를 제한하기도 한다(Selnes 1974). 따라서, 정보는 전달 과정에서 상실되거나 훼손될 수도 있다(Marzi 1986). 또, 전달된 정보조차도 그것을 수신한 반구에서 잘못 해석될 수도 있다(Joseph 1988 ; Gazzaniga and LeDoux 1978).

9. Kandel, Schwartz, and Jessell 2000 참고.

10. 역사적인 기술을 살펴보고 싶으면 Sperry 1966을 참고하라.

11. 뇌량의 단절 증후군과 연결에 관해 더 자세한 것을 알고 싶으면, Gazzaniga, Bogen, and Sperry 1962와 Joseph 1988을 참고하라.

12. 구조와 기능에 따라 분류할 때 뉴런의 종류는 40여 종이나 된다. 그러나 모든 신경 세포는 전기화학적 변화를 통한 정보 전달에 관계하

는 기본적인 생리학적 기능을 많이 공유하고 있다. 뉴런과 뉴런의 서로 다른 기능들에 대한 자세한 내용은 Kandel, Schwartz, and Jessell 2000을 참고하라.

13. 대부분의 감각계는 처리를 위한 고유의 신경 구조들을 갖고 있다. 이것들은 단 한 가지 감각 처리 과정에만 관여하기 때문에 뇌의 단일 모드 영역(unimodal area)이라 부른다. 뇌의 다른 부분들은 서로 다른 감각계에서 온 정보들을 결합하기 때문에 다중 모드 영역이라 부른다. 위의 책 참고.

14. Weiskrantz 1986, 1997 참고.

15. Gloor 1990과 Penfield and Perot 1963 참고.

16. 이것들은 해당 연합영역을 가리키는 정확한 전문 용어가 아니지만, 이 용어들이 기능을 더 잘 나타내며, 신경생물학을 간략하게 하는 데 도움이 되기 때문에 이 책에서는 이 용어들을 계속 사용할 것이다. 그리고 뇌에서 이 각각의 영역들이 실제로 위치하는 장소도 알려주려고 노력할 것이다.

17. 기능적 자기공명영상(fMRI)을 사용한 많은 뇌 영상 연구들은 3차원 공간을 다루는 것이 필요한 일을 할 때 이 영역이 어떻게 활성화되는지, 그리고 이 영역이 주의연합영역과 함께 공간적 기억을 위해 어떻게 작용하는지 보여주었다(Cohen et al. 1996 ; d'Esposito et al. 1998). 정위연합영역에 대한 더 자세한 내용은 Joseph 1996을 참고.

18. 론 조지프(Rhawn Joseph)도 이러한 결론에 도달한 최초의 신경과학자 중 한 사람이다. 그러나 자아를 완전히 확인하기 위해서는 다른 구조들, 특히 자아의 기본적 유지에 관계하는 피질하 영역에 있는 구

조들도 필요하다는 것을 잊어서는 안 된다. 사람의 뇌가 진화하면서 우리가 자아에 대한 풍부한 감각을 느낄 수 있도록 이 기능은 정위 연합영역의 기능에 포함되고 더 향상되었을 가능성이 높다.

19. 전전두엽 피질은 실제로는 복잡한 기능을 많이 지니고 있다. 그러나 이 책의 목적상 여기서는 우리에게 주의를 집중시키는 것을 도와주는 능력만 주로 살펴볼 것이다.

20. 주의연합영역의 기능을 알아보기 위해 실시된 초기의 한 연구(Ingvar and Philipson 1977)에서는 손을 의도적으로 리드미컬하게 움켜쥐는 동작을 할 때와 그런 동작을 상상만 할 때 피실험자들의 뇌 혈류량을 조사하였다. 첫 번째 조건에서는 운동영역에 뚜렷한 활동 증가가 나타났고, 두 번째 조건에서는 주의연합영역에 활동 증가가 나타났다. 동작을 상상만 할 때에는 운동영역에 아무런 활동 증가가 나타나지 않았다. 프리스 등이 한 PET 연구(Frith et al. 1991)에서는 의도적인 행동은 단지 주의연합영역의 활동 증가를 초래할 뿐만 아니라, 뇌의 어떤 부분들에서는 활동 감소를 초래한다는 사실이 드러났다 (감각 및 운동이 따르는 일을 수행할 경우에는 후측두엽과 후두정엽을 포함해). 이것은 모댈리티(modality) 특이성 기능들에 관계된 다른 영역들에서도 발견되었다. 뇌 영상 연구는 특정 생물학적 기능들을 측정하지만, 실제로 일어나는 일을 정확하게 반영한 것이 아닐 수도 있다는 점을 잊지 말아야 한다. 예를 들면, PET 영상에서 억제 뉴런들의 대사 활동 증가는 흥분 뉴런들의 활동 증가와 똑같은 모습으로 나타나지만, 인식상의 결과는 아주 다르게 나타난다. 주의연합영역은 또한 여러 부분으로 나뉘어 있다. 여기서는 그 각각의 부분이 담

당하는 특정 기능을 다루지는 않겠지만, 주의연합영역은 많은 기능을 담당하며, 그 중 어떤 것은 아주 미묘하다는 점을 알아두는 것이 중요하다. 다른 영상 연구들에서도 비슷한 결과가 나왔는데, 그 중에는 마이클 포스너(Michael Posner)와 그의 동료들이 한 연구(1990, 1994)와 다른 사람들이 한 연구(Padro et al. 1991)가 있다.

21. 론 조지프는 주의연합영역을 의지의 산실로 언급한 최초의 신경과학자 중 한 사람이다. 그러나 그와 비슷한 연결 관계를 지적한 다른 연구와 연구자들도 있었다(Libet, Freeman, and Sutherland 1999와 Frith et al. 1991을 참고하라).

22. Pribram and McGuinnes 1975와 Pribram 1981을 참고하라.

23. 전두엽은 감정과 깊은 연관 관계가 있으며, 감정에 가장 직접적으로 관여하는 뇌 부분인 변연계와 밀접하게 연결되어 있다는 사실이 밝혀졌다. 전두엽은 감정을 촉발하고 제어하고 감시하는 데 매우 중요한 역할을 하는 것으로 믿어진다. 따라서, 전두엽은 변연계와 아주 많은 상호 반응을 한다. 피니어스 게이지(Phineas Gage)의 고전적인 사례에서처럼, 전두엽을 다친 사람들은 일반적으로 개성을 잃기 시작하며, 결국에는 자신의 감정을 조절하는 데 문제를 나타내거나 감정이 무뎌진다(Damasio 1994). 전두엽에 광범위한 손상을 입으면 무관심, 감정적 반응의 상실, 사회적 관심의 상실 등이 나타난다 (Damasio 1994 ; Kandel, Schwartz, and Jessell 2000). 그러나 일부분만 손상을 입었을 경우, 특히 감정을 제어하는 부분이 손상되었을 경우에는 자제심 상실, 과민 반응, 자아 도취, 정서 불안 등이 나타난다. 살인자들의 뇌를 PET로 조사했더니 전두엽의 포도당 대사가 감소한

결과가 나왔다는 사실은 흥미롭다(Raine et al. 1994).

24. 이 실험(Ryding et al. 1996)에서는 큰 소리로 수를 세는 경우와 입을 다물고 조용히 수를 세는 경우를 비교 연구했다. 큰 소리로 수를 세는 경우에는 입과 혀, 입술을 움직이는 데 관여하는 운동영역에 활동 증가가 나타났다. 조용히 수를 세는 경우에는 주의연합영역에 활동 증가가 나타났다. 이 연구들은 오늘날 사용하는 것과 같은 고해상도 방법을 사용한 것은 아니었지만, 다른 행위들을 의도적으로 수행하는 데 주의연합영역이 중요한 역할을 담당한다는 사실을 보여주었다.

25. Newberg et al. 1997, 2000과 Herzog et al. 1990-1991 참고.

26. Hirai 1974 참고.

27. 측두엽과 두정엽이 만나는 부분인 언어개념연합영역에 대한 자세한 논의는 Kandel, Schwartz, and Jessell 2000을 참고하라.

28. 이 환자들은 또한 종교적 문제에 대해 비정상적인 강박증을 보였으며, 심지어 우주와의 일체감을 느낀 것으로 보고되었다. 온타리오 주의 로렌시안 대학의 마이클 퍼싱어는 측두엽 간질 발작과 종교적 체험 사이의 관계를 연구했다(Michael Persinger 1993, 1997). 그는 측두엽 간질 발작이나 심지어 전기 자극을 통해서도 명상에 빠진 사람이나 임사 체험을 한 사람들이 말하는 것과 비슷한 체험을 일으킬 수 있다는 것을 보였다. 그러한 체험에는 환각이나 감정적 반응, 유체이탈 등이 포함된다.

29. 데카르트의 이원론에서 보는 바와 같이, 이원론은 마음과 뇌를 분리한다. 다마시오는 『데카르트의 실수(*Descartes' Error*)』(1994)에서 마음

과 뇌 사이의 관계를 고찰하면서 좀더 유물론적인 견해를 제시했다. 완고한 유물론자들은 마음은 뇌라고 믿는다. 좀더 구체적으로 말하자면, 마음은 완전히 뇌의 작용으로부터 유래하는 것이라고 믿는다. 우리는 마음이 뇌로부터 유래한다는 데에는 동의하지만, 상호 작용은 훨씬 복잡하고 흥미로운 것이라고 믿는다. 『뇌, 상징 그리고 경험 (*Brain, Symbol, and Experience*)』(Laughlin, McManus, and d'Aquili 1992)에서 이 관계는 다음과 같이 정의되었다. "(우리의 가설은) 좀더 엄밀하게 말해서 '마음'과 '뇌'는 똑같은 현실의 두 가지 견해라고 주장한다. 즉, 마음은 뇌가 스스로의 작용을 경험하는 방식이며, 뇌는 마음의 구조를 제공한다." 이것은 유물론자의 견해와는 조금 다르며, 이원론자의 견해와도 확연한 차이가 있다. 그러나 우리는 이 책에서 마음과 뇌를 언급할 때 이것이 가장 정확한 개념을 전달하는 방법이라고 생각한다. 이 책의 나머지 부분에서도 우리는 '마음'과 '뇌'라는 용어를 우리의 정의에 따라 사용하겠지만, 양자는 같은 것을 서로 다르게 표현하는 것이라는 사실을 염두에 두기 바란다.

제3장 뇌의 구조

1. 설사 신이 의사 소통을 할 수 있는 영혼이 존재한다고 하더라도, 뇌가 없다면 그것은 우리에게 아무런 인지적 의미도 주지 못할 것이다.
2. 자율 신경계에는 창자를 조절하는 세 번째 요소가 있지만, 영적 체험을 다루는 이 책의 목적상 여기서는 교감 신경계와 부교감 신경계

만을 언급하고자 한다.

3. 자율 신경계의 일반적인 기능에 대해 더 자세한 것을 알고 싶으면 Kandel, Schwartz, and Jessell 2000을 참고하라.

4. 자율 신경계의 서로 다른 가지들 사이의 상호 반응에 대해 더 상세히 알고 싶으면 Hugdahl 1996을 참고하라. 약물 자극을 사용해서 자율 신경계의 가지 중 하나만을 활성화할 때, 반드시 비정상적인 감정적, 인지적 상태를 초래하는 것은 아니라는 사실은 흥미롭다(비록 때로는 그런 경우도 있긴 하지만). 따라서, 다음에서 우리가 이야기하는 상태들이 자율 신경계에 일어나는 활동으로 설명되더라도, 그러한 상태들은 뇌의 다른 관련 구조들과 함께 작용함으로써 나타날 수도 있다.

5. 신체적인 것이든 감정적인 것이든, 또는 감각적인 것이든 인지적인 것이든 간에, 본질적으로 어떤 반복적인 자극도 그러한 상태를 일으킬 잠재적 가능성이 있다(Gellhorn and Kiely 1972).

6. 명상 동안에 일어나는 자율 신경계의 변화에 대한 자세한 내용은 Jevning et al. 1992, Corby et al. 1978, MacLean et al. 1994를 참고하라. 종교적 체험들의 복잡성과 그 때 일어나는 자율 신경계의 반응의 종류가 다르기 때문에 명상 수행법을 모든 종교적 체험으로 확대 적용하기는 어렵지만, 이 책에서는 종교적 체험과의 관계를 더 자세히 알아보기 위해, 다른 뇌 구조들에 대한 관계뿐만 아니라 자율 신경계 사이의 관계에 대해 더 자세히 살펴볼 것이다.

7. 이 특별한 자율 신경계의 상태들에 대한 자세한 내용은 Gellhorn and Kiely 1972, 1973과 Lex 1979를 참고하라.

8. 이 상태들에 대해서는 앞에서 언급한 바 있다(d'Aquili and Newberg 1999와 d'Aquili and Newberg 2000을 참고하라). 이 상태들(특히 영적 행위와 관련된)에 대한 구체적인 증거는 완전한 것이 아니다. 자율 신경계에 나타나는 근소한 차이의 활동은 측정하기 어렵기 때문이다. 일반적인 측정 대상에는 심박동, 혈압, 그 밖의 생리학적 기능 등이 포함된다. 문제는 이러한 측정값들의 변화에 담긴 의미를 해석하는 데서 생긴다. 예를 들면, 심박동의 증가는 흥분계의 활동 증가나 억제계의 활동 감소 어느 쪽으로도 연관지을 수 있다. 따라서, 자율 신경계의 양쪽이 동시에 자극을 받을 때에는 측정하기가 매우 어렵다. 일부 연구자들은 신체의 생리학적 측정값들뿐만 아니라 뇌 활동의 변화에 근거하여 흥분계와 억제계의 활동이 동시에 일어난다는 증거를 얻었다. 다시 말해서, 명상 동안에는 억제계가 활동한다는 증거가 있지만, 명상 동안에 주의력을 유지하고 집중하게 해주기 때문에 흥분계도 활동한다는 분명한 증거가 일부 있다. 이것은 명상 동안의 심박동 변화를 조사한 최근의 연구에서 증명되었는데, 명상 동안에 심박동의 증가가 보고되었다(Peng et al. 1999). 이것은 그러한 상태에서는 자율적인 활동이 매우 가변적이며, 명상과 같은 수행 도중에 일어나는 자율적 활동은 매우 복잡할 수 있다는 것을 시사한다.

9. Czikszentmihalyi 1991 참고.

10. Weingarten et al. 1997, Horowitz et al. 1968, Halgren et al. 1978을 참고하라.

11. Lilly 1972, Zuckerman and Cohen 1964, Shurley 1960을 참고하라.

12. 론 조지프(2000)는 같은 제목의 책에서 이 구절을 사용했다. 그는 종

교 현상에서 변연계의 중요성을 강조했다. V. S. 라마찬드란과 마이클 퍼싱어(1993, 1994) 같은 다른 연구자들은 변연계를 종교적 체험의 주연으로 지목했다. 그러나 우리는 오로지 측두엽과 그 속에 들어 있는 변연계만이 복잡하고 다양한 그러한 체험을 일으키는 원인은 아니라고 주장한다. 그러한 체험에 관계하는 구조들은 그 밖에도 아주 많다고 우리는 생각한다. 『선과 뇌(Zen and the Brain)』라는 책에서 제임스 오스틴(James Austin)은 명상과 관련이 있는 구조들 중 일부를 기술했는데, 거기에는 시상과 측두엽도 포함시켰다. 그는 또한 신경 전달 물질계 일부도 관련이 있다는 것을 밝히려고 시도했다. 우리는 이러한 시도가 다소 때이른 것일지도 모른다고 생각한다. 왜냐하면, 우리는 아직 관련된 특정 구조들을 완전히 설명하지 못했고, 특정 신경화학적 과정을 밝히려고 시도하기 전에 그것을 먼저 해야 할 필요가 있다고 생각하기 때문이다. 그럼에도 불구하고, 그러한 상태들에서 자율 신경계가 담당하는 역할의 중요성에 대해 우리보다 확신을 덜 가진 것처럼 보이기는 하지만, 그의 이론은 우리의 이론과 정확하게 일치한다. 우리는 이 모든 것들이 중요하며, 매우 다양한 종교적 체험 및 영적 체험을 설명하기 위해서는 이 모든 것이 필요하다고 믿는다.

13. 시상하부는 상대적으로 작은 구조이지만, 우리가 살아가는 데 아주 중요한 기능을 여러 가지 담당하고 있다. 흥분계와 억제계를 조절하는 능력 외에 시상하부는 공격성, 성욕, 그리고 생존과 관련된 일부 행동들을 조절하는 데 관여한다. 시상하부는 생식 호르몬, 갑상선 자극 호르몬, 성장 호르몬을 비롯해 신체의 많은 호르몬계도 조절하며,

면역 기능과 배고픔, 갈증, 체온을 완화시키는 역할도 한다. 따라서, 시상하부는 광범위한 뇌 기능에 아주 중요하고 필요하다. 시상하부의 기능에 대해 더 자세한 내용을 알고 싶으면 Kandel, Schwartz, and Jessell 2000을 참고하라.

14. MacLean et al. 1994 참고.
15. 소뇌편도의 기능을 증명해주는 신경 영상 연구에 대한 논의와 소뇌편도와 감정, 동기 유발, 주의력 사이의 관계에 대한 자세한 신경생물학적 검토는 Gazzaniga 2000을 참고하라.
16. Halgren 1992 참고.
17. 흥분계의 반응에서 소뇌편도와 시상하부가 담당하는 기능에 대해 더 자세한 것은 Kandel, Schwartz, and Jessell 2000을 참고하라.
18. 시상하부가 감정을 상과 기억과 어떻게 연결시키는지에 대한 자세한 내용은 Joseph 1996을 참고하라.
19. 감각 입력 정보를 차단하기 위해 해마회가 시상과 어떻게 상호 작용하는지에 대해 자세한 내용은 Kandel, Schwartz, and Jessell 2000과 Joseph 1996을 참고하라.
20. 인지적 오퍼레이터에 대한 구체적인 개념은 우리가 앞서 한 연구에서 뇌의 일반적인 기능들을 설명하기 위한 하나의 방법으로 개발된 것이다. 이것은 양자 모두 기능을 나타내며, 뇌의 특정 영역에서 그 위치를 찾을 수 있다는 점에서 인지적 모듈의 개념과 유사하다. 그러나 우리는 뇌가 다양한 감각적 또는 인지적 입력 정보를 바탕으로 작동하는 일반적인 방법을 가리킬 때 인지적 오퍼레이터라는 용어를 계속 사용할 것이다. 인지적 모듈 개념의 사용을 뒷받침해주는 대부

분의 증거들은 인지적 오퍼레이터에도 적용된다는 점을 밝혀두고자 한다. 우리는 이 책에서 언급된 인지적 오퍼레이터가 사실은 뇌가 정보를 처리하는 특별한 방식이고, 이러한 방식은 뇌가 기능을 발휘하는 데 필수적인 부분이라는 사실을 뒷받침하는 증거를 제시할 것이다. 따라서, 인지적 오퍼레이터(또는 모듈)가 왜 존재하는지에 대해 훌륭한 생물학적 및 진화론적 이유가 있다고 주장할 수 있다. 마틴 등(Martin, Ungerleider and Haxby 2000)은 '형체, 색, 동작, 움직임에 대한 정보를 처리하고 저장하는' 언어 이전의 방식이 있으며, '공간, 시간, 수, 감정값'의 처리에 관해 훌륭하게 설명할 수 있다고 주장했다. 우리는 인지적 오퍼레이터 개념이 어떻게 이러한 기술과 들어맞는지 뒤에서 살펴볼 것이다.

21. 인지적 오퍼레이터는 스티븐 핑커(Pinker, 1999) 등의 신경과학자들이 만든 용어인 인지적 모듈(cognitive module)과는 다르다. 우리 생각에는 인지적 모듈은 어떤 뇌 구조에 자리잡고 있는 특정 기능을 나타내는 것으로 보인다. 예를 들면, 수학과 관련이 있는 모듈은 기초 산술과 같은 한 가지 뇌 기능만을 가리키는 반면, 계량적 오퍼레이터는 수학적으로 연관이 있는 뇌의 많은 기능들을 모두 한꺼번에 가리킨다.

22. 전체론적 오퍼레이터에 대한 증거는 지각과 문제 해결에 더 전체론적인 적용을 보여주면서 우뇌의 기능을 탐구한 연구에서 나온다 (Schiavetto, Cortese, and Alain 1999 ; Sperry, Gazzaniga, and Bogen 1969; Nebes and Sperry 1971 ; Gazzaniga and Hillyard 1971 ; Bogen 1969). 환원주의적 오퍼레이터는 대개 좌뇌의 측두엽–두정엽 영역에 위치하

는 것으로 언급되는 우리의 연역적 추론 능력과 분명히 관련이 있다 (Luria 1966 ; Basso 1973). 추상적 오퍼레이터는 좌뇌의 하두정엽 영역에 위치하고 있는 것으로 생각되는데, 각회(角回) 근처에 있을 가능성이 가장 높으며, 언어축에서 중요한 부분을 형성하고 있다(Luria 1966 ; Geschwind 1965 ; Joseph 1996). 계량적 오퍼레이터의 기원은 우리가 앞에서 이야기한 것보다 다소 복잡하다. 좌뇌와 우뇌 양쪽의 하두정엽 영역이 관계하고 있을지도 모르기 때문이다. 좌뇌는 특정 수학적 기능과 더 많은 관련이 있는 반면, 우뇌는 수를 비교하는 데 더 뛰어난 능력을 발휘하는 것으로 보인다. 뇌의 계량적 능력에 대한 더 완전한 논의는 Dehaene 2000을 참고하라. 그 책에서 그는 "수의 생성, 이해, 계산 과제에 대한 연구는 모듈 조직에 대한 강한 증거를 제시해주었다."라고 주장했다. 우리가 계량적인 것을 다루는 데 관여하는 더 구체적인 모듈이 있을지도 모르는데도 불구하고, 우리의 인지적 오퍼레이터 개념은 단지 좀더 국제적인 용어로 사용되었다. Pesenti et al. 2000을 참고하라. 인과론적 오퍼레이터는 비록 약간 오래 된 연구들로부터 나온 것이긴 하지만, 많은 과학적 지지를 받고 있다(Pribram and Luria 1973 ; Mills and Rollman 1980 ; Swisher and Hirsch 1971). 최근의 한 연구(Wolford 2000)는, 사람은 사건들이 임의적인 것이라는 말을 듣고 나서도 사건들의 순서를 매기려고 한다는 사실을 보여주었다. 게다가, 이 기능은 주로 좌뇌의 기능으로 드러났다. 이분법적 오퍼레이터는 개념적 기초가 있는 것으로 보이며 (Murphy and Andrew 1993), 좌뇌의 하두정엽 영역에서 일어나는 것으로 보인다(Gardner et al. 1978 ; Gazzaniga and Miller 1989). 이 영역은 또 수에 관해 '~보다 큰' 또는 '~보다 작은'이라는 개념을 구별할 줄 아는 것으로 보인다(Dehaene 2000). 존재론적 오퍼레이터는 이전에는 기술된 바 없었지만, 사람의 지각에서 중요한 측면을 차지하고 있는 것으로 보인다. 우리가 지각하는 물체가 실제로 존재한다고 믿는다는 바로 이 사실은 뇌의 가장 기본적인 기능 중 하나이지만, 환각에 의해 실수를 할 수도 있고, 마술사에게 이용당할 수도 있다. 안토니오 다마시오의 연구(1994, 1999)는, 사람의 행위와 추론에서 감정이 중요한 역할을 담당한다는 증거를 감정적 가치 오퍼레이터라는 표현으로 제시했다. 그의 신체 표지 가설(somatic marker hypothesis)에서는 사람이 결정을 내리거나 합리적으로 생각하는 걸 돕는 데 감정이 중요한 역할을 한다고 주장한다. 감정적 가치 오퍼레이터라고 부르는 것이 우리가 세계를 질서 있는 것으로 만들고 우리를 세계와 연관짓는 데 아주 중요한 역할을 한다는 사실에는 동의한다. 더구나, 감정은 인지적 오퍼레이터가 만들어내는 모든 산물에 상대적인 가치를 부여하는 데 필요한 것처럼 보인다. 종교적 체험과 관련하여, 일부 사람들은 변연계를 '영혼이 머무는 곳'일지도 모른다고 시사했는데, 다양한 경험에 감정적 가치나 세기를 부여하고, 그것들을 정신적인 것으로 표시하는 역할을 하기 때문이다(Joseph 2000, Saver and Rabin 1997). 어떤 경험들에 가치를 부여하는 데 변연계가 아주 중요한 역할을 하며, 심지어는 그러한 경험들의 실체를 평가하는 데 관여하고 있는 것으로 생각되기 때문에 우리의 모형도 이 주장을 지지한다. 이 사실은 나중에 아주 중요하게 부각될 것이다. 현재로서는 감정적 가치 오퍼레이터가 수행하는 기능의 기초가 되는 변연계가, 우리가 세계를 질서 있는 것으로 만들고 세계에 반응하는 데 극히 중요한 역할을 한다고 언급하는 것만으로 충분할 것 같다. 변연계는 '비합리적인' 생각뿐만 아니라 합리적인 생각에도 어떤 역할을 담당한다.

23. 수학 계산을 하는 아이들의 능력을 조사한 연구들에 대한 논의는 Bryant 1992를 참고하라.
24. 이 실험을 완전하게 다룬 글은 Spelke et al. 1992를 참고하라.
25. Damasio 1999 참고.

제4장 신화만들기

1. 사후의 삶을 믿는 종교적 활동 또는 믿음에 관한 증거는 아주 많은데, 그것들은 장례 의식과 관련된 유적에서 발견된다(Belfer-Cohen and Hovers 1992, Butzer 1982, Rightmire 1984, Smirnov 1989). 그러한 유적들은 유럽과 아프리카 곳곳에 흩어져 있으며, 그러한 의식이 광범위하게 퍼져 있었다는 것을 보여준다. 그러한 의식에 대한 더 자세한 논의는 Joseph 2000을 참고하라.
2. Kurten 1976과 Joseph 2000 참고.
3. Campbell 1972에서 인용.
4. 위의 책 참고.
5. 두려운 상황에 관한 고차원의 사고를 위해서는 현 상황에서 변연계의 활성화와 관련이 있는, 과거의 외상적 사건에 대한 기억이 필요하다는 사실은 매우 흥미롭다. 흥미롭게도, 기억과 변연계의 기능은

모두 주로 소뇌편도에 의해 조정되며, 종종 해마회도 함께 관여하기도 한다. 더 자세한 내용은 Damasio 1999와 Joseph 1996, 그리고 LeDoux 1996을 참고하라.

6. 사회적 귀속을 추구하는 것은 적응적인 행동일 뿐만 아니라, 모든 아이들이 느끼는 강한 접촉 욕구에서 볼 수 있듯이 우리의 뇌 속에 자리잡고 있다. 그러한 접촉 욕구는 어머니에 대해서뿐만 아니라, 아이가 접촉하는 모든 사람들에 대해 나타난다. 게다가, 사회적 격리 상태에서 키운 동물은 무생물 물체나 심지어는 포식동물에게서 사회적 접촉 관계를 찾으려고 한다(Harlow 1962와 Cairns 1967 참고).

7. 인지적 오퍼레이터와 마찬가지로, 인지적 명령은 그 자체가 어떤 구체적인 물체가 아니라, 거의 자동적인 방식으로 우리의 세계에 질서를 부여하기 위한 뇌의 기능을 일컫는다. 달리 말하자면, 뇌는 완전히 끌 수 있는 컴퓨터와 같은 것이 아니다. 잠을 자는 도중에도 뇌는 항상 뭔가 일을 하고 있다.

8. 인지적 명령이라는 개념은 원래는 유진 다킬리가 1972년에 사용하였다. 인지적 명령의 존재에 대한 증거는 아주 많다. 그 중에는 물러서려고 하지 않는 새로운 입력 정보에 대해 인지적 명령이 좌절하는 것도 있는데, 이 경우에 인지적 명령은 근심으로 이어지는 것으로 드러났다. 실제로, 고등 동물의 뇌는 새로운 정보와 과잉 정보 사이에 균형을 추구하는 경향이 있다는 연구 결과가 나왔다(Berlyne 1960 ; Suedfeld 1964). 새로운 정보가 너무 많으면 입력 정보를 더 간단한 범주들로 분류하려는 시도가 일어난다. 반면에, 새로운 정보가 너무 적으면 뇌는 따분함을 느껴 불확실성이나 복잡성을 만들어내게 된다.

일단의 과학자들이 '목적론적 갈망'이라고 이름 붙인, 세계의 기본적인 성질을 이해하려는 욕구에서도 인지적 명령의 증거를 발견할 수 있다(Larson, Swyers, and McCullough 1997 참고). 인류학자 미시아 란다우(Landau, 1984)는 인지적 명령에서 비롯된 불안감을 극복하기 위해서는 '우리의 경험을 조직하기 위해 기본적인 이야기나 깊은 구조들을' 가져야 한다고 주장한다. 마지막으로, 윌슨(E. O. Wilson)은 이야기를 하는 것이 어떻게 '실제 경험을 다루도록 진화한 모든 인지적, 감정적 회로들을 작동하게' 하는지 설명했다(Shermer 2000에서 인용). 따라서, 인지적 명령의 기능과 함께 우리는 그 기능의 수행을 돕기 위해 이야기를 만들어내고, 결국에는 신화를 만들어냄으로써 세계와 세계에 대한 우리의 경험을 조직하지 않을 수 없게 된다.

9. 신화의 틀에 대한 자세한 이야기는 d'Aquili 1978, 1983과 d'Aquili and Newberg 1999를 참고하라.

10. 사람 뇌의 진화와 다른 영장류와 비교한 주요 특징에 대한 자세한 논의는 Preuss 1993, 2000을 참고하라.

11. 초기 호미니드의 뇌 구조를 살펴보는 유일한 방법은 두개골 내부 모형을 사용하는 것이다(LeGros Clark 1947, 1964와 Holloway 1972 참고). 두개골 안쪽 표면에 남아 있는 구조들의 곡선과 흔적을 사용해 그 구조들 옆에 붙어 있던 구조들을 추측할 수 있다. 그러나 실제 뇌의 모습이나 수행할 수 있었던 기능을 추정하는 데 이 방법을 사용하는 것에 반대하는 연구자들도 있다(Jerison 1990).

12. 다른 영장류나 호미니드 조상들의 하두정엽 영역(베르니케 영역)에 인간처럼 언어와 말을 할 수 있게 해줄 정도로 복잡성을 가진 구조

는 발달하지 않은 것으로 보인다. 이 결론은 오늘날의 영장류에 대한 해부학적 연구와 인류 조상들의 두개골 내부 모형에 대한 연구에 기초하여 내려진 것이다(Holloway 1972 ; Joseph 1993). 짧은꼬리원숭이류 같은 일부 영장류는 사람의 두정엽 영역과 유사한 구조를 가지고 있다(Galaburda and Pandya 1982). 그러나 짧은꼬리원숭이류의 이 구조는 사람과 비슷한 정도로 복잡하지 않으며, 언어를 사용할 수 있을 만큼 다른 영역들과의 상호 연결도 충분하지 못하다.

13. 호모 에렉투스가 진화한 마지막 단계인 약 50만 년 전에 뇌용량이 갑자기 커졌다(Rightmire 1990).
14. d'Aquili, Laughlin, and McManus 1979 참고.
15. 우리가 여기서 설명한 문제 해결 과정은 물론 아주 간략화된 것이다. 그래도 이것은 사람의 문제 해결 능력에 관한 현재의 연구와 일치한다고 우리는 생각한다. 분석적 문제를 해결하기 위해 우뇌가 본능적이고 자율적인 신체상의 정보를 이용한다는 개념은 다마시오의 신체 표지 가설과 일치한다.
16. 신화와 원형적 구성 개념(archetypal construct)에 대한 융의 생각에 대한 탁월한 검토와 논의는 Jung 1958을 참고하라.
17. *Myths to Live By* (Campbell 1972) 참고.

제5장 종교 의식

1. 음악이 뇌에 어떤 영향을 미칠 수 있는가에 대한 자세한 기술은

Iwanaga and Tsukamoto 1997을 참고하라.

2. 어떤 공연에서 연주되는 드럼의 리듬은 개인적인 기본 리듬의 차이를 수용할 수 있을 정도로 아주 다양하기 때문에 대부분의 청자들에게 반응을 불러일으킬 수 있다(Neher 1962). 따라서, 각 개인은 자신과 공명하는 특정 리듬을 포착한다. 이것은 리드미컬한 단체 의식이 전세계적으로 큰 효과를 거두고 있는 이유가 된다. 의식 도중의 신체의 움직임은 자기 수용기(체내에서의 자극을 전달하는 감각 수용기-옮긴이)를 자극하여 균형과 평형을 유지하는 전정계(前庭系)에 현기증과 요동을 야기한다. 반복적인 근육 수축과 이완 역시 감정적 반응을 야기할 수 있다(Gellhorn and Kiely 1972, 1973). Neher는 리듬에 관여하는 감각 양식은 여러 가지가 있으며, 단식이나 호흡 항진(호흡 증대에 의한 혈중 이산화탄소의 감소), 여러 가지 냄새와 같은 요인들도 신체의 생리학에 영향을 미칠 수 있다는 것을 보였다. 다른 연구자들(Walter and Walter 1949)도 반복적인 청각 및 시각 자극은 피질의 리듬에 영향을 주어 사람에게 즐겁고 표현할 수 없는 강한 경험을 일으킬 수 있음을 보였다. 반복적인 자극은 흥분계와 억제계 모두에 강력한 발산을 야기할 수도 있다. 최근의 연구에서는 명상 수행 도중에 일어나는 심박동의 큰 변화를 지적하면서, 이것은 단지 이완 반응이 아니라, 자율 신경계에 중요한 변화가 일어남을 시사한다고 주장했다(Peng 1999).

3. d'Aquili, Laughlin, and McManus 1979 참고.

4. 번스와 래플린(Burns and Laughlin 1974)은 의식이 어떻게 사회적 통제 메커니즘의 기능을 하고, 사회적 갈등을 해결하고, 사회적 단결과 계

층을 유지하고, 어떤 사회의 권력 구조를 유지시키는지 보여주는 연구들에 대한 풍부한 검토를 제공한다. Turner 1969와 Blazer 1998도 참고하라.

5. d'Aquili, Laughlin, and McManus 1979 참고.
6. 위의 책 참고.
7. d'Aquili and Newberg 1999와 d'Aquili 1983 참고.
8. Smith 1979 참고.
9. Bastock 1967 참고.
10. Smith 1979 참고.
11. d'Aquili, Laughlin, and McManus 1979 참고.
12. Smith 1979 참고.
13. d'Aquili and Newberg 1999와 d'Aquili 1983 참고.
14. d'Aquili and Newberg 1999 참고. 일부 유목민 사회에서는 초월이 의식의 목표가 아니라는 사실은 흥미롭다(Berman 2000). 그러나 이것은 이 집단에 속하는 사람들이 이미 세계와의 일체감을 느끼고 있기 때문인지도 모른다. 그러한 일체감을 느끼지 못하는 문화들에서는 그 목적을 위해 종종 의식을 사용한다.
15. Larsen, Swyers, and McCullough 1997; Koenig 1999; Corby 1978; Jevning 1992 참고.
16. 해마회가 뇌의 여러 부분, 특히 변연계의 기능이 지나치게 발휘되는 것을 막기 위해 어떻게 작용하는지는 앞에서 설명한 바 있다.
17. 우리의 연구에 참여한 많은 사람들은 '매우 평온한', '황홀감', '아주 평화로운', '즐거움'과 같은 표현을 사용했고, 심지어는 두려움이나

분노와 같은 부정적인 감정도 가끔 언급했다. 그 밖의 많은 사람들도 의식과 명상의 효과를 나타내기 위해 강한 감정적 표현들을 사용했다.

18. Gellhorn and Kiely 1972, 1973 참고.

19. d'Aquili and Newberg 1993 참고.

20. 후각과 후각 피질에 대한 자세한 기술은 Kandel, Schwartz, and Jessell 2000을 참고하라.

21. 이 연구에 관한 자세한 내용은 Vernet-Maury et al. 1999를 참고.

22. Gellhorn and Kiely 1972, 1973 참고.

23. Joseph 1996, Savitzky 1999, Collet et al. 1997, Smith et al. 1995 참고. 부교감 신경계의 효과에 대해서는 Porges et al. 1994를 참고.

24. Secknus and Marwick 1997 참고.

25. 이 개념은 앞에서 소개한 바 있는 안토니오 다마시오의 신체 표지 가설과 비슷해 보인다. 그러나 그의 이론은 다양한 감각 기관에서 오는 입력 신호를 강조한다. 우리는 이 분석에 동의하지만, 자율적인 기능도 중요한 요소라고 생각한다.

26. Telles, Nagarathna, and Nagendra 1995, 1998 참고.

27. Campbell 1988에서 인용.

28. 위의 책에서 인용.

29. Lajonchere, Nortz, and Finger 1996 참고.

30. 위의 책 참고.

31. 반향언어증, 그리고 그것과 전두엽 기능 장애의 관계에 대한 논의는 Hadano, Nakamura, and Hamanaka 1998과 Vercelletto et al. 1999를 참

고하라.

32. 우리의 행위와 행동을 시각화하는 것의 중요성을 보여준 연구는 아주 많다. 그 중에는 뇌 영상 연구를 사용한 것도 있다(Jeannerod and Frak 1999와 Lotze et al. 1999 참고). 그 결과들은, 상상 행동은 적응적인 행동이며 단지 행동을 일으키는 데에만 사용되는 뇌 부분들과 비슷하지만, 다른 부분들을 사용한다는 것을 시사한다.

제6장 신비주의

1. Cooper 1992에서 인용.
2. 프로이트가 종교를 어떻게 생각했으며, 그의 종교 이론의 기초는 어떤 것이었는지에 대한 자세한 논의는 Kung 1990을 참고하라.
3. Underhill 1990 참고.
4. 위의 책 참고.
5. Nicholson 1963에서 인용.
6. Underhill 1999에서 인용.
7. Kabat-Zinn 1994에서 인용.
8. 위의 책에서 인용.
9. Teasdale 1999에서 인용.
10. Epstein 1988에서 인용.
11. 위의 책에서 인용.
12. Hodgson 1974 참고.

13. James 1963 참고.
14. Greeley 1987 참고. 추후의 연구에서도 비슷한 결과가 나왔다.
15. Saver and Rabin 1997 참고.
16. 임사 체험을 한 사람들에게서 나타난 정신적 건강의 개선과 인생관의 변화에 관한 연구는 Greyson 1993, Bates and Stanley 1985, Noyes 1980, Ring 1980을 참고하라. 일반적인 종교적 체험에 대해서는 Koenig 1999를 참고하라.
17. Lilly 1972, Shurley 1960, Zuckerman and Cohen 1964 참고.
18. Underhill 1990에서 인용.
19. 우리는 앞에서 빠른 의식과 느린 의식 사이의 차이점에 대해, 그리고 이것들이 자율 신경계의 흥분계와 억제계의 활동에 어떤 영향을 미치는지 설명한 바 있다(d'Aquili and Newberg 1999 참고).
20. 이 두 가지 접근 방법은 매우 폭넓고 포괄적인 것이다. 물론 명상의 방법에는 수천 가지가 있고, 그 중에는 이 두 종류의 기법을 조합한 것도 있다. 그러나 그러한 상태들에 대한 신경학적 모형을 고안하려는 실용적인 목적을 위해서는 다른 종류의 명상들 사이에서 기본적인 구조적 측면을 발견하는 것이 필요하다. 가장 중요한 것은, 이 모형이 다양한 명상 기법들이 얼마나 광범위한 경험들을 초래할 수 있는지 논의를 시작할 수 있는 일반적인 기초를 세우기 위한 시도라는 사실이다. 그러한 경험들 사이에는 분명히 유사점들이 있기 때문에 자연적인 경험을 포함해 서로 다른 명상 방법들은 비록 방식은 서로 약간 다르다 하더라도 비슷한 신경 경로를 활성화할 가능성이 높다. 명상 방법이 서로 차이가 나고, 그 결과로 경험하는 체험도 서로 다

른 것은 이러한 방식의 차이 때문이다. 우리는 이 모형을 1993년에 《Zygon》지에 발표한 논문에서 자세히 기술했고, 1999년에 출간한 우리의 책에서 더 정교하게 다듬었다.

21. 많은 EEG(뇌파기록법) 연구는 다양한 종류의 명상에서 전두엽에 전기적 활동이 증가한다는 것을 보여주었다(Benson et al. 1990, Anand et al. 1961, Banquet 1972 참고).

22. 이 수입로 차단은 많은 상황에서 일어나는 것으로 알려져 있지만, 명상 수행 도중에 일어나는 것은 완전하게 증명되지 않았다. 그러나 티베트 불교 명상가들을 대상으로 한 우리의 연구와 요가의 명상을 대상으로 한 뇌 영상 연구는 전두엽의 상대적 증가와 후두정엽의 상대적 감소를 보여주었다(Newberg et al. 1997, 2000과 Herzog et al. 1990-1991 참고).

23. 다양한 명상 방법들을 조사한 많은 연구들은 자율 신경계의 활동 시간이 증가하는 것과 감소하는 것을 모두 보여주었다(Jevning et al. 1992, Benson et al. 1990, Peng et al. 1999, Sudsuang et al. 1991 참고).

24. Komisaruk and Whipple 1998, Knobil and Neill 1994 참고.

제7장 종교의 기원

1. 신앙심과 관련된 심리적 이득에 대한 깊은 논의는 Koenig 1999와 Worthington, Kurusu, McCullough, and Sandage 1996을 참고하라. 이 연구들은 사회적 지원 증가와 삶의 의미에 대한 감정 증가와 같은 가

능한 메커니즘들에 대해 논의하고 있다.

2. American Psychiatric Association DSM-IV 1994 참고.

3. Koenig 1999와 Worthington, Kurusu, McCullough, and Sandage 1996를 참고하라.

4. 사회적 지원과 종교 행위 사이의 관계에 대해 수많은 연구가 있지만, 몇 가지 특정 논문들을 참고할 수 있다(Krause et al. 1999와 Oman and Reed 1998 참고).

5. Jevning, Wallace, and Beidebach 1992와 Kesterson 1989 참고.

6. 영성과 건강에 관한 NIHR 여론 보고서 참고(Larson, Swyers, and McCullough 1997).

7. Teasdale 1999 참고.

제8장 현실보다 더 실재적인

1. Armstrong 1993에서 인용.

2. Blofield 1970에서 인용.

3. Kabat-Zinn 1994에서 인용.

4. 물질적 현실과 주관적 현실을 비교한 더 자세한 논의는 d'Aquili 1982와 Newberg 1996을 보라.

5. Hoffman 1981에서 인용.

6. Schrödinger 1964에서 인용.

7. Reagan 1999에서 인용.

8. Sagan 1986에서 인용.
9. 절대적 일체 상태를, 주관적인 실체와 객관적인 실체가 유래한 우주의 근원적인 존재라고 보는 주장은 아주 복잡한 철학적 논의이다. 절대적 일체 상태가 실제로 주관적인 실체와 객관적인 실체가 유래한 우주의 근원적인 존재라는 개념은 현재로서는 증명할 수는 없지만, 실체의 여러 상태들에 대한 우리의 현상학적 분석에 기초를 두고 생각해본다면 그것은 합당한 결론처럼 보인다. 또, 모든 것을 포함하고 창조적이고 초월적인 실체의 존재는 객관적 실체와 주관적 실체로는 헤아릴 수 없는 문제들을 쉽게 해결해줄 수 있다. 예를 들어 왜 우리는 의식을 가졌으며, 왜 우주는 존재하는가와 같은 문제에 답을 제시할 수 있다. 절대적이고 구별이 없는 하나인 절대적 일체 상태는 모든 존재론적 문제들을 해결하고, 우리로 하여금 신화를 만들게 하고, 우리의 모든 영적 노력의 초점을 이루는 대립되는 것들 – 삶과 죽음, 선과 악, 영혼과 육체, 신과 인간 – 의 딜레마를 해결해줄 수 있다.
10. Kabat-Zinn 1994에서 인용.

제9장 신은 왜 우리 곁을 떠나지 않는가

1. 힌두교 경전인 『바시스타 요가』에서 인용.
2. al-Adawiyya 1988 참고.
3. Davies 1994 참고.
4. Underhill 1990에서 인용.

5. Teasdale 1999 참고.

6. Armstrong 1993 참고.

7. 달라이 라마(Dali Lama)가 인용.

8. Teasdale 1999 참고.

9. Zukav 1979에서 인용.

■ 참고문헌

Aggleton, J. P., ed. 1992. *The Amygdala.* New York: Wiley-Liss.
al-Adawiyya, R. 1988. *Doorkeeper of the Heart: Versions of Rabia,* tran. Charles Upton. Putney, Vt.: Threshold Books.
American Psychiatric Association. 1994. *Diagnostic and Statistical Manual of Mental Disorders: DSM-IV, 4th ed.* Washington, D.C. : American Psychiatric Association.
Anand, B. K., G. S. China, and B. Singh. 1961. Some aspects of electroencephalographic studies on Yogis. *Electroencephalography and Clinical Neurophysiology* 13:452–56.
Angela of Foligno. 1993. *Complete Works,* tran. Paul Lachance. Mahwah, NJ: Paulist Press.
Armstrong, E., and D. Faulk, eds. 1982. *Primate Brain Evolution.* New York: Plenum Press.
Armstrong, K. 1993. *A History of God.* New York: Ballantine Books.
Austin, J. 1998. *Zen and the Brain: Toward an Understanding of Meditation and Consciousness.* Cambridge, Mass.: MIT Press.
Banquet, J. P. 1972. EEG and meditation. *Electroencephalography and Clinical Neurophysiology* 33:454.
Basso, A., et al. 1973. Neuropsychological evidence for the exis-

tence of cerebral areas critical to the performance of intelligence tasks. *Brain* 96:715–728.

Bastock, M. 1967. *Courtship: An Ethological Study.* Chicago: Aldine Press.

Bates, B. C., and A. Stanley. 1985. The epidemiology and differential diagnosis of near-death experience. *American Journal of Orthopsychiatry* 55:542–549.

Belfer-Cohen, A., and E. Hovers. 1992. In the eye of the beholder: mousterian and Natufian burials in the levant. *Current Anthropology* 133:463–471.

Benson, H., M. S. Malhotra, R. F. Goldman, G. D. Jacobs, and P. J. Hopkins. 1990. Three case reports of the metabolic and electroencephalographic changes during advanced Buddhist meditation techniques. *Behavioral Medicine* 16:90–95.

Berlyne, D. 1960. *Conflict, Arousal, and Curiosity.* New York: McGraw-Hill.

Berman, M. 2000. *Wandering God: A Study in Nomadic Spirituality.* Albany, N.Y.: State University of New York Press.

Blazer, D. G. 1998. Religion and academia in mental health. In *Handbook of Religion and Mental Health*, ed. Koenig. San Diego: Academic Press.

Blofield, J. 1970. *The Zen Teaching of Huang Po.* New York: Grove.

Bogen, J. E. 1969. The other side of the brain. II: An appositional mind. *Bulletin of Los Angeles Neurological Society* 34:135–162.

Bryant, P. E. 1992. Arithmetic in the cradle. *Nature* 358:712–713.

Burns, T., and C. D. Laughlin. 1979. Ritual and social power. In *The Spectrum of Ritual*, eds. d'Aquili, Laughlin, and McManus. New York: Columbia University Press.

Butzer, K. 1982. Geomorphology and sediment stratiagraphy. In *The Middle Stone Age at Klasier River Mouth in South Africa*, eds. Singer and Wymer. Chicago: University of Chicago Press.

Cairns, R.B. 1967. The attachment behavior of mammals. *Psychological Review* 73:409–426.
Campbell, J. 1968. *The Masks of God: Creative Mythology.* New York: Viking/Penguin.
———. 1972. *Myths to Live By.* New York: Viking Press.
———. 1988. *The Power of Myth.* New York: Doubleday Books.
Cohen, M. S., S. M. Kosslyn, H. C. Breiter et al. 1996. Changes in cortical activity during mental rotation: A mapping study using functional MRI. *Brain* 119:89–100.
Colbert, E. H. 1980. *Evolution of Vertebrates.* New York: John Wiley & Sons.
Collet, C., E. Vernet-Maury, G. Delhomme, and A. Dittmar. 1997. Autonomic nervous system response patterns specificity to basic emotions. *Journal of the Autonomic Nervous System* 62:45–57.
Cooper, D. A. 1992. *Silence, Simplicity, and Solitude.* New York: Bell Tower.
Corby, J. C., W. T. Roth, V. P. Zarcone, and B. S. Kopell. 1978. Psychophysiological correlates of the practice of Tantric Yoga meditation. *Archives of General Psychiatry* 35:571–577.
Czikszentmihalyi, M. 1991. *Flow: The Psychology of Optimal Experience.* New York: HarperCollins.
d'Aquili, E. G. 1972. *The Biopsychological Determinants of Culture.* Massachusetts: Addison-Wesley Modular Publications.
———. 1975. The biopsychological determinants of religious ritual behavior. *Zygon* 10:32–58.
———. 1978. The neurobiological bases of myth and concepts of deity. *Zygon* 13:257–275.
———. 1982. Senses of reality in science and religion. *Zygon* 17:361–384.
———. 1983. The myth-ritual complex: A biogenetic structural analysis. *Zygon* 18:247–269.

———. 1985. Human ceremonial ritual and the modulation of aggression. *Zygon,* 20:21–30.

d'Aquili, E. G., and A. B. Newberg. 1993. Liminality, trance, and unitary states in ritual and meditation. *Studia Liturgica* 23:2–34.

———. 1993. Religious and mystical states: A neuropsychological model. *Zygon* 28:177–200.

———. 1996. Consciousness and the machine. *Zygon* 31:235–252.

———. 1999. *The Mystical Mind: Probing the Biology of Religious Experience.* Minneapolis: Fortress Press.

———. 2000. The neuropsychology of aesthetic, spiritual and mystical states. *Zygon* 35:39–52.

d'Aquili, E. G., C. Laughlin, Jr., and J. McManus, eds. 1979. *The Spectrum of Ritual: A Biogenetic Structural Analysis.* New York: Columbia University Press.

Damasio, A. R. 1994. *Descartes' Error: Emotion, Reason, and the Human Brain.* New York: Avon Books.

———. 1999. *The Feeling of What Happens: Body and Emotion in the Making of Consciousness.* New York: Harcourt Brace & Company.

Davies, O., trans. 1994. *Meister Eckhart: Selected Writings.* New York: Penguin Books USA, Inc.

Dehaene, S. 2000. Cerebral basis of number processing and calculation. In *The New Cognitive Neurosciences,* ed. Gazzaniga. Cambridge, Mass: MIT Press.

D'Esposito, M., G. K. Aguirre, E. Zarahn, D. Ballard, R. K. Shin, and J. Lease. 1998. Functional MRI studies of spatial and nonspatial working memory. *Cognitive Brain Research* 7:1–13.

Easwaran, E. ed. 1987. *The Upanishads.* Tomales, Calif.: Nilgiri Press.

Eccles, J. C., ed. 1966. *Brain and Conscious Experience.* New York: Springer Verlag.

Epstein, P. 1988. *Kabbalah: The Way of the Jewish Mystic.* Boston: Shambhala Publications, Inc.

Filskov, S. K., and T. J. Boll, eds. 1981. *Handbook of Clinical Neuropsychology.* New York: Wiley.

Frith, C. D., K. Friston, P. F. Liddle, and R. S. J. Frackowiak. 1991. Willed action and the prefrontal cortex in man. A study with PET. *Proceedings of the Royal Society of London* 244:241–246.

Galaburda, A. M., and D. N. Pandya. 1982. Role of architectonics and connections in the study of brain evolution. In *Primate Brain Evolution*, eds. Armstrong and Faulk. New York: Plenum Press.

Gardner, H., J. Silverman, W. Wapner, and E. Surif. 1978. The appreciation of antonymic contrasts in aphasia. *Brain and Language* 6:301–317.

Gazzaniga, M. S., J. E. Bogen, and R. W. Sperry. 1962. Some functional effects of sectioning the cerebral commissures in man. *Proceedings of the National Academy of Sciences* U8:1765–1769.

Gazzaniga, M. S., and S. A. Hillyard. 1971. Language and speech capacity of the right hemisphere. *Neuropsychologia* 9:273–280.

Gazzaniga, M. S., and J. E. LeDoux. 1978. *The Integrated Mind.* New York: Plenum Press.

Gazzaniga, M. S., and G. A. Miller. 1989. The recognition of antonymy by a language-enriched right hemisphere. *Journal of Cognitive Neuroscience* 1:187–193.

Gazzaniga, M. S., ed. 2000. *The New Cognitive Neurosciences.* Cambridge, Mass.: MIT Press.

Gellhorn, E., and W. F. Kiely. 1972. Mystical states of consciousness: Neurophysiological and clinical aspects. *Journal of Nervous and Mental Disease* 154:399–405.

———. 1973. Autonomic nervous system in psychiatric disorder. In *Biological Psychiatry*, Mendels. New York: John Wiley & Sons.

Geschwind, N. 1965. Disconnexion syndromes in animals and man. *Brain* 88:585–644.

Gloor, P. 1990. Experiential phenomena of temporal lobe epilepsy. *Brain* 113:1673–1694.

Greeley, A. 1987. Mysticism goes mainstream. *American Health* 6:47–49.

Greyson, B. 1993. Varieties of near-death experience. *Psychiatry* 56:390–399.

Hadano, K., H. Nakamura, and T. Hamanaka. 1998. Effortful echolalia. *Cortex* 34:67–82.

Halgren, E. 1992. Emotional neurophysiology of the amygdala within the context of human cognition. In *The Amygdala*, ed. Aggleton. New York: Wiley-Liss.

Halgren, E., T. L. Babb, and P. H. Crandall. 1978. Activity of human hippocampal formation and amygdala neurons during memory tests. *Electroencephalography and Clinical Neurophysiology* 45:585–601.

Harlow, H. F. 1962. The heterosexual affectional system in monkeys. *American Psychologist* 17:1–9.

Herzog, H., V. R. Lele, T. Kuwert, K. J. Langen, E. R. Kops, and L. E. Feinendegen. 1990–91. Changed pattern of regional glucose metabolism during Yoga meditative relaxation. *Neuropsychobiology* 23:182–187.

Hirai, T. 1974. *Psychophysiology of Zen*. Tokyo: Igaku Shoin.

Hodgson, M. G. S. 1974. *The Venture of Islam, Conscience and History in a World Civilization*. Chicago: University of Chicago Press.

Hoffman, E. 1981. *The Way of the Splendor*. Boulder, Colo.: Shambhala Publications, Inc.

Holloway, R. L. 1972. Australopithecine endocasts, brain evolution in the Hominoidea, and a model of hominid evolution. In *The Functional and Evolutionary Biology of Primates*, ed. Tuttle. Chicago: Aldine.

Hoppe, K. D. 1977. Split brains and psychoanalysis. *Psychoanalytic Quarterly* 46:220–244.

Horowitz, M. J., J. E. Adams, and B. B. Rutkin. 1968. Visual imagery on brain stimulation. *Archives of General Psychiatry* 19:469–486.

Hugdahl, K. 1996. Cognitive influences on human autonomic nervous system function. *Current Opinion in Neurobiology* 6:252–258.

Ingvar, D. H., and L. Philipson. 1977. Distribution of cerebral blood flow in the dominant hemisphere during motor ideation and motor performance. *Annals of Neurology* 2:230–237.

Iwanaga, M., and M. Tsukamoto. 1997. Effects of excitative and sedative music on subjective and physiological relaxation. *Perceptual and Motor Skills* 85:287–296.

James, W. [1890] 1963. *Varieties of Religious Experience.* New York: University Books.

Jarvic, E. 1980. *Basic Structure and Evolution of Vertebrates.* Vol. 2. New York: Academic Press.

Jeannerod, M., and V. Frak. 1999. Mental imaging of motor activity in humans. *Current Opinion in Neurobiology* 9:735–739.

Jerison, H. J. 1990. Fossil evidence on the evolution of neocortex. In *Cerebral Cortex*, eds. Jones and Peters. New York: Plenum.

Jevning, R., R. Anand, M. Biedebach, and G. Fernando. 1996. Effects of regional cerebral blood flow of transcendental meditation. *Physiology and Behavior* 59:399–402.

Jevning, R., R. K. Wallace, and M. Beidebach. 1992. The physiology of meditation: A review. A wakeful hypometabolic integrated response. *Neuroscience and Biobehavioral Reviews* 16:415–424.

Johnson, C. P. and M. A. Persinger. 1994. The sensed presence may be facilitated by interhemispheric intercalation: relative efficiency of the Mind's Eye, Hemi-Sync Tape, and bilateral temporal magnetic field stimulation. *Perceptual and Motor Skills* 79:351-354.

Jones, E. D., and A. Peters, eds. 1990. *Cerebral Cortex: Comparative Structure and Evolution of Cerebral Cortex.* Vol. 8B. New York: Plenum.

Joseph, R. 1988a. The right cerebral hemisphere: emotion, music, visual-spatial skills, body image, dreams, and awareness. *Journal of Clinical Psychology* 44:630–673.

———. 1988b. Dual mental functioning in a split brain patient. *Journal of Clinical Psychology* 44:770–779.

———. 1992. *The Right Brain and the Unconscious.* New York: Plenum.

———. 1993. *The Naked Neuron: Evolution and the Languages of the Body and Brain.* New York: Plenum.

———. 1996. *Neuropsychiatry, Neuropsychology, and Clinical Neuroscience.* Baltimore: Williams & Wilkins.

———. 2000. *The Transmitter to God: The Limbic System, the Soul, and Spirituality.* San Jose: University Press California.

Jung, C. G. 1958. *Psyche and Symbol*, tran. V. S. Laszlo. New York: Doubleday Anchor Books.

Kabat-Zinn, J. 1994. *Wherever You Go, There You Are: Mindfulness Meditation in Everyday Life.* New York: Hyperion.

Kandel, E. R., J. H. Schwartz, and T. M. Jessell. 2000. *Principles of Neural Science.* 4th ed. New York: McGraw Hill.

Kesterson, J. 1989. Metabolic rate, respiratory exchange ratio and apnea during meditation. *American Journal of Physiology* R256:632–638.

Knobil, E., and J. D. Neill, ed. 1994. *The Physiologist of Reproduction.* New York: Raven Press.

Koenig, H. G., 1999. *The Healing Power of Faith.* New York: Simon & Schuster.

———. ed. 1998. *Handbook of Religion and Mental Health.* San Diego: Academic Press.

Komisaruk, B. R. and B. Whipple. 1998. Love as sensory stimulation: physiological consequences of deprivation and expression. *Psychoneuroendocrinology* 23:927–944.

Krause, N., B. Ingersoll-Dayton, J. Liang, and H. Sugisawa. 1999. Religion, social support, and health among the Japanese elderly. *Journal of Health & Social Behavior.* 40:405–21.

Kung, H. 1990. *Freud and the Problem of God.* New Haven: Yale University Press.

Kurten, B. 1976. *The Cave Bear Story.* New York: Columbia University Press.
Lajonchere, C., M. Nortz, and S. Finger. 1996. Guilles de la Tourette and the discovery of Tourette syndrome. Includes a translation of his 1884 article. *Archives of Neurology* 53:567–574.
Landau, M. 1984. Human evolution as narrative. *American Scientist* 72:262–268.
Larson, D. B., J. P. Swyers, and M. E. McCullough. 1997. *Scientific Research on Spirituality and Health: A Consensus Report.* Rockville, Md.: National Institute of Healthcare Research.
Laughlin, C. Jr., and E. G. d'Aquili. 1974. *Biogenetic Structuralism.* New York: Columbia University Press.
Laughlin, C. Jr., J. McManus, and E. G. d'Aquili. 1992. *Brain, Symbol, and Experience,* 2d ed. New York: Columbia University Press.
LeDoux, J. 1996. *The Emotional Brain: The Mysterious Underpinnings of Emotional Life.* New York: Simon & Schuster.
LeGros Clark, W. E. 1947. Observations on the anatomy of the fossil Australopithecinae. *Journal of Anatomy* 81:300.
———. 1964. *The Fossil Evidence for Human Evolution.* Chicago: University of Chicago Press.
Lex, B. W. 1979. The neurobiology of ritual trance. In *The Spectrum of Ritual,* eds. d'Aquili, Lauglin, and McManus. New York: Columbia University Press.
Libet, B., A. Freeman, and K. Sutherland, eds. 1999. *The Volitional Brain: Toward a Neuroscience of Free Will.* Thorverton England: Imprint Academic.
Lilly, J. C. 1972. *The Center of the Cyclone.* New York: Julian Press.
Lotze, M., P. Montoya, M. Erb, et al. 1999. Activation of cortical and cerebellar motor areas during executed and imagined hand movements: An fMRI study. *Journal of Cognitive Neuroscience* 11:491–501.

Lou, H. C., T. W. Kjaer, L. Friberg, G. Wildschiodtz, S. Holm, and M. Nowak. 1999. A 15O-H2O PET study of meditation and the resting state of normal consciousness. *Human Brain Mapping* 7:98–105.

Luria, A. R. 1966. *Higher Cortical Functions in Man.* New York: Basic Books.

MacLean, C. R. K., K. G. Walton, S. R. Wenneberg, et al. 1994. Altered responses to cortisol, GH, TSH and testosterone to acute stress after four months' practice of transcendental meditation (TM). *Annals of the New York Academy of Sciences* 746:381–384.

MacPhee, R.D.E., ed. 1993. *Primates and Their Relatives in Phylogenetic Perspective.* New York: Plenum Press.

Martin, A., L. G. Ungerleider, and J. Haxby. 2000. Category specificity and the brain: The sensory/motor model of semantic representations of objects. In *The New Cognitive Neurosciences*, ed. Gazzaniga. Cambridge Mass.: MIT Press.

Marzi, C. A. 1986. Transfer of visual information after unilateral input to the brain. *Brain and Cognition* 5:163–173.

Matt, D. C. 1997. *The Essential Kabbalah: The Heart of Jewish Mysticism.* San Francisco: Harper.

McCullough, M. E., K. I. Pargament, and C. E. Thoresen, eds. 2000. *Forgiveness: Theory, Practice, and Research.* New York: Guilford Press.

Mendels, J. 1973. *Biological Psychiatry.* New York: John Wiley & Sons.

Mills, L., and G. B. Rollman. 1980. Hemispheric asymmetry for auditory perception of temporal order. *Neuropsychologia* 18:41–47.

Murphy, G. L., and J. M. Andrew. 1993. The conceptual basis of antonymy and synonymy in adjectives. *Journal of Memory and Language* 32:301–319.

Nebes, R. D., and R. W. Sperry. 1971. Hemispheric disconnection syndrome with cerebral birth injury in the dominant arm area. *Neuropsychologia* 9:249–259.

Neher, A. 1962. A physiological explanation of unusual behavior in ceremonies involving drums. *Human Biology* 34:151–161.

Newberg, A., A. Alavi, M. Baime, P. D. Mozley, and E. d'Aquili. 1997. The measurement of cerebral blood flow during the complex cognitive task of meditation using HMPAO-SPECT imaging. *Journal of Nuclear Medicine* 38:95P.

Newberg, A., A. Alavi, M. Baime, and M. Pourdehnad. 2000. Cerebral blood flow during meditation: Comparison of different cognitive tasks. *European Journal of Nuclear Medicine.*

Newberg, A. B., and E. G. d'Aquili. 1994. The near-death experience as archetype: A model for "prepared" neurocognitive processes. *Anthropology of Consciousness* 5:1–15.

———. 2000. The creative brain/the creative mind. *Zygon* 35:53–68.

Nicholson, R. A. 1963. *The Mystics of Islam.* London: Routledge and Kegan Paul.

Noyes, R. 1980. Attitude change following near-death experiences. *Psychiatry* 43:234–242.

Oman, D., and D. Reed. 1998. Religion and mortality among the community-dwelling elderly. *American Journal of Public Health* 88:1469–75.

Pardo, J. V., P. T. Fox, and M. E. Raichle. 1991. Localization of a human system for sustained attention by positron emission tomography. *Nature* 349:61–64.

Penfield, W., and P. Perot. 1963. The brain's record of auditory and visual experience. *Brain* 86:595–695.

Peng, C. K., J. E. Mietus, Y. Liu, et al. 1999. Exaggerated heart rate oscillations during two meditation techniques. *International Journal of Cardiology* 70:101–107.

Persinger, M. A. 1993. Vectorial cerebral hemisphericity as differential sources for the sensed presence, mystical experiences and religious conversions. *Perceptual and Motor Skills* 76:915–930.

———. 1997. I would kill in God's name: Role of sex, weekly church attendance, report of a religious experience, and limbic lability. *Perceptual and Motor Skills* 85:128–130.

Pesenti, M., M. Thioux, X. Seron, and A. DeVolder. 2000. Neuroanatomical substrates of arabic number processing, numerical comparison, and simple addition: A PET study. *Journal of Cognitive Neuroscience* 12:461–479.

Pinker, S. 1999. *How the Mind Works.* New York: Norton.

Porges, S. W., J. A. Doussard-Roosevelt, and A. K. Maiti. 1994. Vagal tone and the physiological regulation of emotion. *Monographs of the Society for Research in Child Development* 59:167–186.

Posner, M. I., and S. E. Petersen. 1990. The attention system of the human brain. *Annual Review of Neuroscience* 13:25–42.

Posner, M. I., and M. E. Raichle. 1994. *Images of Mind.* New York: Scientific American Library.

Preuss, T. M. 1993. The role of the neurosciences in primate evolutionary biology: Historical commentary and prospectus. In *Primates and Their Relatives in Phylogenetic Perspective*, ed. MacPhee. New York: Plenum Press.

———. 2000. What's human about the human brain? In *The New Cognitive Neurosciences*, ed. Gazzaniga. Cambridge Mass.: MIT Press.

Pribram, K. H. 1981. Emotions. In *Handbook of Clinical Neuropsychology*, eds. Filskov and Boll. New York: Wiley.

Pribram, K. H., and A. R. Luria, ed. 1973. *Psychophysiology of the Frontal Lobes.* New York: Academic Press.

Pribram, K. H., and D. McGuinness. 1975. Arousal, activation, and effort in the control of attention. *Psychological Review* 82:116–149.

Raine, A., M. S. Buchsbaum, J. Stanely, et al. 1994. Selective reductions in prefrontal glucose metabolism in murderers. *Biological Psychiatry* 29:14–25.

Ramachandran, V. S., W. S. Hirstein, K. C. Armel, E. Tecoma, and

V. Iragui. 1997. The neural basis of religious experience. Paper presented at the Annual Conference of the Society of Neuroscience. Abstract #519.1. Vol. 23, Society of Neuroscience.

Reagan, M., ed. 1999. *The Hand of God.* Kansas City: Andrews McMeel Publishing.

Rightmire, G. P. 1984. *Homo sapiens* in Sub-Saharan Africa. In *The Origins of Modern Humans*, eds. Smith and Spencer. New York: Alan R. Liss.

———. 1990. *The Evolution of Homo erectus.* New York: Cambridge University Press.

Ring, K. 1980. *Life at Death: A Scientific Investigation of the Near-Death Experience.* New York: Quill Publishers.

Rothenbuhler, E. W. 1998. *Ritual Communication: From Everyday Conversation to Mediated Ceremony.* Thousand Oaks, Calif.: Sage Publications.

Ryding, E., B. Bradvik, and D. H. Ingvar. 1996. Silent speech activates prefrontal cortical regions asymmetrically, as well as speech-related areas in the dominant hemisphere. *Brain and Language* 52:435–451.

Sagan, C. 1986. *Contact.* New York: Pocket Books.

Saver, J. L., and J. Rabin. 1997. The neural substrates of religious experience. *Journal of Neuropsychiatry and Clinical Neurosciences* 9:498–510.

Savitzky, A. 1999. Cognition, emotion and the brain: A different view. *Medical Hypotheses* 52:357–362.

Schiavetto, A., F. Cortese, and C. Alain. 1999. Global and local processing of musical sequences: An event-related brain potential study. *Neuroreport* 10:2467–2472.

Schrödinger, E. 1964. *My View of the World.* London: Cambridge University Press.

———. 1969. *What Is Life? And Mind and Matter.* London: Cambridge University Press.

Secknus, M. A., and T. H. Marwick. 1997. Evolution of dobutamine echocardiography protocols and indications: Safety and side effects in 3,011 studies over 5 years. *Journal of the American College of Cardiology* 29:1234–1240.

Segal, R. A., ed. 1998. *The Myth and Ritual Theory*. Malden, Mass.: Blackwell Publishers.

Selnes, O. A. 1974. The corpus callosum: Some anatomical and functional considerations with special reference to language. *Brain and Language* 1:111–139.

Shermer, M. 2000. *How We Believe: The Search for God in an Age of Science*. New York: W. H. Freeman & Company.

Shurley, J. 1960. Profound experimental sensory isolation. *American Journal of Psychiatry* 117:539–545.

Singer, R., and J. Wymer, eds. 1982. *The Middle Stone Age at Klasies River Mouth in South Africa*. Chicago: University of Chicago Press.

Smirnov, Y. A. 1989. On the evidence of Neanderthal burial. *Current Anthropology* 30:324.

Smith, B. D., R. Kline, K. Lindgren, M. Ferro, D. A. Smith, and A. Nespor. 1995. The lateralizing processing of affect in emotionally labile extroverts and introverts: Central and autonomic effects. *Biological Psychology* 39:143–157.

Smith, F. H., and F. Spencer, eds. 1984. *The Origins of Modern Humans: A World Survey of the Fossil Evidence*. New York: Alan R. Liss.

Smith, W. J. 1979. Ritual and the ethology of communicating. In *The Spectrum of Ritual*, eds. d'Aquili, Laughlin, and McManus. New York: Columbia University Press.

Spelke, E. S., K. Breinlinger, J. Macomber, and K. Jacobson. 1992. Origins of knowledge. *Psychological Review* 99:605–632.

Sperry, R. 1966. Brain bisection and the neurology of consciousness. In *Brain and Conscious Experience*, ed. Eccles. New York: Springer Verlag.

Sperry, R. W., M. S. Gazzaniga, and J. E. Bogen. 1969. Interhemispheric relationships: The neocortical commissures; syndromes of hemisphere disconnection. In *Handbook of Clinical Neurology*, eds. Vinken and Bruyn. Amsterdam: North Holland Publishing Co.

Sudsuang, R., V. Chentanez, and K. Veluvan. 1991. Effect of Buddhist meditation on serum cortisol and total protein levels, blood pressure, pulse rate, lung volume and reaction time. *Physiology and Behavior* 50, 543–548.

Suedfeld, P. 1964. Conceptual structure and subjective stress in sensory deprivation. *Perceptual and Motor Skills* 19:896–898.

Swisher, L., and I. Hirsch. 1971. Brain damage and the ordering of two temporally successive stimuli. *Neuropsychologia* 10:137–152.

Teasdale, W. 1999. *The Mystic Heart: Discovering a Universal Spirituality in the World's Religions.* Novato, CA: New World Library.

Telles, S., R. Nagarathna, and H. R. Nagendra. 1995. Autonomic chances during "OM" meditation. *Indian Journal of Physiology and Pharmacology* 39:418–420.

———. 1998. Autonomic chances while mentally repeating two syllables—one meaningful and the other neutral. *Indian Journal of Physiology and Pharmacology* 42:57–63.

Turner, V. 1969. *The Ritual Process: Structure and Anti-Structure.* Ithaca, N.Y.: Cornell University Press.

Tuttle, R., ed. 1972. *The Functional and Evolutionary Biology of Primates.* Chicago: Aldine.

Underhill, E. 1990. *Mysticism.* New York: Doubleday.

———. 1999. *The Essentials of Mysticism.* Boston: Oneworld Publications.

Vazquez, M. I., and J. Buceta. 1993. Relaxation therapy in the treatment of bronchial asthma: Effects on basal spirometric values. *Psychotherapy and Psychosomatics* 60:102–112.

Vercelletto, M., M. Ronin, M. Huvet, C. Magne, and J. R. Feve. 1999. Frontal lobe dementia preceding amyotrophic lateral sclerosis: A neuropsychological and SPECT study of five clinical cases. *European Journal of Neurology* 6:295–299.

Venkatesananda, S., tran. 1993. *Vasistha's Yoga*. Albany, N.Y.: State University of New York Press.

Vernet-Maury, E., O. Alaoui-Ismaili, A. Dittmar, G. Dellhomme, and J. Chanel. 1999. Basic emotions induced by odorants: A new approach based on autonomic pattern results. *Journal of the Autonomic Nervous System* 75:176–183.

Vinken, P. J., and C. W. Bruyn, eds. 1969. *Handbook of Clinical Neurology*. Vol. 4. Amsterdam: North Holland Publishing Co.

Walter, V. J., and W. G. Walter. 1949. The central effects of rhythmic sensory stimulation. *Electroencephalography and Clinical Neurophysiology* 1:57–85.

Weingarten, S. M., D. G. Charlow, and E. Holmgren. 1977. The relationship of hallucinations to the depth of structures of the temporal lobe. *Acta Neurochirurgica* 24:199–216.

Weiskrantz, L. 1986. *Blindsight: A Case Study and Implications*. Oxford: Oxford University Press.

———. 1997. *Consciousness Lost and Found: A Neuropsychological Exploration*. New York: Oxford University Press.

Wolford, G., M. B. Miller, and M. Gazzaniga. 2000. The left hemisphere's role in hypothesis formation. *Journal of Neuroscience* 20:RC64.

Worthington, E. L., T. A. Kurusu, M. E. McCullough, and S. J. Sandage. 1996. Empirical research on religion and psychotherapeutic processes and outcomes: A ten-year review and research prospectus. *Psychological Bulletin* 119:448–487.

Zuckerman, M., and N. Cohen. 1964. Sources of reports of visual and auditory sensations in perceptual-isolation experiments. *Psychological Bulletin* 62:1034–1056.

Zukav, G. 1979. *The Dancing Wu Li Masters*. New York: Quill.

■ 찾아보기

가상 현실 30
갈릴레이, 갈릴레오(Galilei, Galileo) 243
감정적 가치 오퍼레이터 80, 81, 267
갑상선 자극 호르몬 70
객관적 실체 211, 279
게이지, 피니어스(Gage, Phineas) 258
계량적 오퍼레이터 74, 76, 77, 265, 266
교감 신경계→흥분계
구애 의식 126
굴드, 스티븐 제이(Gould, Stephen Jay) 181
그레고리오 성가 124
그리스 정교 신비주의 155, 156

그릴리, 앤드루(Greeley, Andrew) 159, 160
기능적 자기공명영상(fMRI) 81, 250, 256
기시 68

나비의 짝짓기 의식 125, 126
나트륨 이온 253
내면의 침묵 156
네안데르탈인 85, 86, 99, 101, 192
네안데르탈인의 장례 의식 86
뇌간 37, 69
뇌량 255
『뇌, 상징 그리고 경험(Brain, Symbol, and Experience)』 260
뇌 영상 연구 20, 48, 51, 60, 256,

257, 275, 277
뇌의 진화 21, 32, 54, 254, 270
뇌파기록법(EEG) 51, 277
뉴런 17, 31, 43, 49, 55, 56, 255, 256, 257
느린 의식 199, 276
능동적 명상 175, 178, 237
니르바나 234
니체, 프리드리히(Nietzsche, Friedrich) 186, 187, 244

다마시오, 안토니오(Damasio, Antonio) 81, 259, 267, 271, 274
다발성 경화증 253
다윈, 찰스(Darwin, Charles) 244
다중 모드 영역 256
다킬리, 유진(d'Aquili, Eugene) 13, 24, 123, 269
단일 모드 영역 256
단전자방출컴퓨터단층촬영(SPECT) 15, 16, 18, 20, 22, 23, 56, 60, 81, 183, 212, 213, 250
단절 증후군 255
달라이 라마(Dali Lama) 239, 280
대뇌피질 35~38, 42, 48, 91, 94
데르비시 136
『데카르트의 실수(Descartes' Error)』 259
데카르트의 이원론 259
도교 153, 154, 229
도파민 253
동물의 의식 124
두개골 내부 모형 270, 271
두정엽 38, 48, 52, 75, 76, 99, 100, 101, 217, 257, 259, 265, 271
디오니소스 96

라마찬드란(Ramachandran, V. S.) 53, 263
라벤더 132
라비아 알 아다위야(Rabi'a al-Adwiyya) 230
라빈, 존(Rabin, John) 151, 161, 163
라이엘, 찰스(Lyell, Charles) 244
라타 138, 139
란다우, 미시아(Landau, Misia) 270
래플린, 찰스(Laughlin, Charles) 123, 272
러셀, 버트런드(Russel, Bertrand) 187
로자리오 기도 142
루이스(Lewis, C. S.) 228, 229, 232, 234, 247

릴리, 존(Lilly, John) 222
마르크스, 카를(Marx, Karl) 187
마야의 피라미드 113
마트, 다니엘(Matt, Daniel) 230
마호메트 164, 196
만트라 172, 176, 195
망상 활성화계(RAS) 254
맥마너스, 존(McManus, John) 123
맹시 44~45
면역계의 기능 129, 188, 190
명상 기도 66, 131, 143, 147, 154, 171, 183, 195
물질적 현실 204, 245, 246, 278
미엘린 세포 253

바소프레신 70
반향언어증 139, 274
반향운동모방증 139
발작 41, 149, 163~165, 259
베르니케 영역 270
베임, 마이클(Baime, Michael) 249
변연계 51, 61, 67~69, 72, 79, 90, 91, 94, 102, 108, 109, 119, 120, 127, 130, 131, 168, 172, 173, 174, 176, 182, 254, 258, 263, 267, 268, 273
보어, 닐스(Bohr, Niels) 222
복종의 의식 125

복합적인 부분 발작 164
부교감 신경계→억제계
부두교 주술사 65
부신 62
분할뇌 환자 41
브라만 229, 230
브라만-아트만 175, 214
브루토, 베아트리스(Bruteau, Beatrice) 241, 242
블랙 엘크(Black Elk) 153
비스타미, 아부 이자드(Bistami, AbuYizad) 156

상대성 이론 222
『선과 뇌(Zen and the Brain)』 263
성 바울 164
성체성사 136
세속적인 의식 134
세이건, 칼(Sagan, Carl) 224
세이버, 제프리(Saver, Jeffrey) 151, 161, 163
소뇌 254, 255
소뇌편도 69~72, 102, 104, 108, 132, 264, 265, 269
수동적 명상 172, 175, 177, 178
수메르의 지구라트 113
수피족 129
슈뢰딩거, 에르빈(Schrödinger,

Erwin) 222, 223
스미스, 조지프(Smith, Joseph) 164
스베덴보리 에마누엘(Swedenborg,
　　　Emanuel) 164
스토아 학파 220
스페리, 로저(Sperry, Roger) 41
시상 72, 172, 254, 263, 264
시상하부 69~72, 109, 129, 133,
　　　173, 174, 176, 182, 254, 263,
　　　264
신경 세포 23, 32, 33, 250,
　　　252~255
신경전달물질 43
신비주의 145, 149, 150, 152~
　　　160, 171, 175, 196, 212, 229,
　　　241~243, 275
『신비주의(Mysticism)』 58
『신비주의자의 마음(Mystic Heart)』
　　　160, 196, 233, 239, 241
신의 불가지성 229
『신의 역사(History of God)』 87,
　　　156, 235
신체 표지 가설 81, 267, 271, 274
신피질 37, 69, 70, 72, 254

아도니스 96
아드레날린 62, 90
아빌라의 성 테레사 164, 166

아세틸콜린 253
아인소프 230
아인슈타인, 알베르트(Einstein,
　　　Albert) 32, 222, 223, 245, 246
아파나 사마디(Appana samahdi) 66
안바이젠하이트(Anweisenheit) 220
암스트롱, 캐런(Armstrong, Karen)
　　　87, 156, 157, 232, 235, 236
양자역학 222
양전자방출단층촬영(PET) 81, 250,
　　　257, 258
억제계 62~64, 66~69, 109, 129,
　　　131, 168, 174, 182, 190, 199,
　　　262, 263, 272, 276
언더힐, 이블린(Underhill, Evelyne)
　　　58, 150, 151, 232
언어개념연합영역 48, 52, 259
에브너, 마르가레타(Ebner,
　　　Margareta) 147~149, 178
에크하르트, 마이스터(Eckhart,
　　　Meister) 58, 59, 152, 231
엘레아자르, 랍비(Eleazar, Rabbi)
　　　154, 155
엡스타인, 펄(Epstein, Perle) 155
여유도 50
영성제 239~241
영장류 86, 101, 270, 271
오르가슴 66, 82

오스트랄로피테쿠스 100
오스틴, 제임스(Austin, James) 263
오시리스 96
오펜하이머, 로버트(Oppenheimer, Robert) 222
우니오 미스티카(Unio Mystica) 121, 178, 214, 237
우파니샤드 19
우파카라 사마디 65
원형의 해석 113
윌슨(Wilson, E. O.) 270
유대교 신비주의 153, 155
유레카 반응 109
유체 이탈 68, 163, 259
융, 카를(Jung, Carl) 112, 113, 222, 271
은빛표범나비의 짝짓기 의식 125
의식과 진화 124
이분법적 오퍼레이터 78, 79, 97～99, 104, 106, 266
이슬람교 135, 136, 156, 229, 230, 237
이원론 259
인격화된 신 178, 179, 223, 229, 233, 235, 236
인공 지능 28, 30
인과론적 오퍼레이터 77, 78, 96, 97, 99, 102, 103, 105, 106, 266
인사 의식 125
인지적 명령 93, 94, 98, 102, 106, 269, 270
인지적 모듈 264, 265
인지적 오퍼레이터 73～75, 80, 92, 96, 97, 104, 264～267, 269
일체 연속체 169, 170
임사 체험 46, 259, 276

자기 초월 120, 155, 167, 169, 172, 212
자연 선택 180, 192, 201
잔 다르크 164
전두엽 38, 51, 138, 183, 251, 254, 258, 274, 277
전전두엽 피질 50, 137, 257
전체론적 오퍼레이터 75, 265
절대적 일체 상태 175, 178～180, 184, 214～216, 220, 222, 225, 226, 232～234, 237, 246, 247, 279
접근 의식 65
『접촉(Contact)』 224
정신분열증 21, 159, 161
정위연합영역 17, 18, 48, 130, 256, 257

제임스, 윌리엄(James, William)
    158
조지프, 론(Joseph, Rhawn) 256,
    258, 262
존재론적 오퍼레이터 79, 80, 217,
    267
『종교적 체험의 종류(Varieties of
    Religious Experience)』 158
종말론 201
『종의 기원(Origin of Species)』 244
주관적 실체 279
중격 핵 254
『지질학 원리(Principle of Geology)』
    244

차가프, 에드윈(Chargaff, Edwin)
    224
척수 37, 254
초산 132
초월 명상 64
추상적 오퍼레이터 76, 217, 266
측두엽 35, 38, 52, 53, 70, 72,
    159, 163, 259, 262, 263, 265

카발라 신비주의 230
『카발라(Kabbalah)』 155
『카발라의 본질(Essential Kabbalah)』
    230

칼슘 이온 253
캘버리 성공회 117
캠벨, 조지프(Campbell, Joseph)
    86~88, 111, 113, 135~137
코르티솔 129
코에니그, 해럴드(Koenig, Harold)
    189
코페르니쿠스(Copernicus) 243
쿠와마라, 레슬리(Kuwamara, Leslie)
    219

타무즈 96
타울러, 요한(Tauler, Johann) 151
탄트라 요가 64
텅 빈 의식 175
테스토스테론 70
투레트, 기유 드 라(Tourette, Guilles
    de la) 138, 139
티베트 불교 명상 277
티스데일, 웨인(Teasdale, Wayne)
    196, 233, 239, 240

파나('말살') 156
판타시아 카탈립티카(phantasia
    catalyptica) 220
퍼싱어, 마이클(Persinger, Michael)
    259, 263
편형동물 32

포이어바흐, 루트비히(Feuerbach, Ludwig) 187
폴리네시아의 다산 춤 124
폴리뇨의 안젤라(Angela of Foligno) 20
프란체스코회 수녀 20, 59
프레이저, 제임스(Frazer, James) 187
프로이트, 지그문트(Freud, Sigmund) 148, 158, 160, 187, 189, 211, 275
피질하 구조 37, 254

하나의 마음 214, 215
하두정엽 78, 217, 265, 266, 270
할라지 후사인 이븐 만수르(Hallaj Husain ibn Mansur) 152
해마회 69, 72, 103, 130, 131, 168, 172, 173, 177, 254, 264, 269, 273
헤시키아(heschia) 156
호르몬 37, 70, 129, 190, 263
호모 에렉투스 101, 102, 271
호킹, 스티븐(Hawking, Stephen) 32
호흡 항진 131, 272
환각 여행 142
환원주의적 오퍼레이터 75, 265
활성화 연구 35
황포(Huang Po) 214
후각계 132
후두엽 35, 38, 52
흥분계 62~67, 69, 71, 108, 109, 129, 174, 176, 182, 190, 262~264, 272, 276
힌두교 19, 154, 158, 222, 229, 230, 279